Gemeinsame Spitze

Dr. Kai W. Dierke, ehemaliger McKinsey-Berater und früheres Vorstandsmitglied eines Schweizer Finanzkonzerns, ist geschätzter Sparringspartner von Top-Managern. *Dr. Anke Houben* ist gefragter Top-Management-Coach und Executive Coach am INSEAD Global Leadership Centre und am World Economic Forum. Als Dierke Houben Associates bilden sie ein starkes Duo im Leadership Consulting. Beide, mit Erfahrung als Manager, Berater und Coaches arbeiten seit über zehn Jahren mit Top-Teams von DAX 30- und internationalen Unternehmen. Ihr Markenzeichen: klare Worte, wirksame Provokation, wertschätzende Haltung.

Kai W. Dierke
Anke Houben

Gemeinsame Spitze

Wie Führung im TOP-TEAM gelingt

Peter alismus
dissiden I

Campus Verlag
Frankfurt / New York

ISBN 978-3-593-39837-2

Das Werk einschließlich aller seiner Teile ist urheberrechtlich geschützt.
Jede Verwertung ist ohne Zustimmung des Verlags unzulässig. Das gilt
insbesondere für Vervielfältigungen, Übersetzungen, Mikroverfilmungen
und die Einspeicherung und Verarbeitung in elektronischen Systemen.
Copyright © 2013. Campus Verlag GmbH, Frankfurt am Main.
Umschlaggestaltung: Anne Strasser, Hamburg
Satz: Campus Verlag, Frankfurt am Main
Gesetzt aus der Sabon und der Myriad Pro
Druck und Bindung: Beltz Bad Langensalza
Printed in Germany

Dieses Buch ist auch als E-Book erschienen.
www.campus.de

Inhalt

Vorwort 7

Teil I: Gemeinsame Spitze? 9

1. Was das Einfache schwierig macht 11
2. Ein komplett anderes Spiel 18
3. Heldendämmerung 32
4. Das Top-Team-Paradox 39
5. Top-Manager sind auch nur Menschen 53
6. Das Top-Team in der »Reflexion in Aktion« 66
7. Disziplinen des Gelingens 83

Teil II: Disziplinen des Gelingens 93

8. Das Problem erkennen 95
9. Den inneren Dialog verstehen 126
10. Den eigenen Schatten sehen 152
11. Die Aufgabe im Blick behalten 180
12. Die Autorität verdienen 205
13. Den Konflikt nutzen 228
14. Die Spannung regulieren 260

Anmerkungen 286
Literatur 296
Register 300

Vorwort

Im Jahre 1938 unternahm der große französische Anthropologe Claude Lévi-Strauss eine Forschungsreise in die Tiefen des brasilianischen Regenwalds – zu jener Zeit noch Terra incognita: nur von wenigen Forschern bereist, das Terrain undurchdringlich, seine Bewohner mysteriös. Auf seiner Suche nach der einfachsten Form des Zusammenlebens stieß er auf die Gesellschaft der Nambikwara – sie war so einfach, dass er »in ihr nur Menschen fand«. Unser Buch ist das Ergebnis einer mehr als zehnjährigen Entdeckungsreise in die Höhen der Vorstandsetagen – noch heute für viele eine Black Box, eine moderne Terra incognita. Aber auch hier fanden wir – in der wohl schwierigsten Form von Zusammenarbeit – nur Menschen.

Mit diesem Buch verfolgen wir zwei Absichten: Beschreibung dessen, was ist, und Befähigung zu dem, was sein könnte. *Erstens* geht es uns also darum, Licht in diese Black Box zu bringen. Für Außenstehende, um zu zeigen, dass man in der Black Box des Top-Managements – mangels besseren Wissens und von Vorurteilen geprägt – nicht fremdartige Völker mit seltsamen Riten vermuten muss. Für gegenwärtige und künftige Bewohner der Black Box geht es uns darum, ihren Blick auf das eigene Denken, Urteilen und Handeln zu schärfen: Man sieht mehr, wenn man es bei Licht betrachtet. *Zweitens* geht es uns darum, aufzuzeigen, wie das Team an der Spitze gemeinsam seine Chancen auf erfolgreiches Gelingen seiner Führungsaufgabe verbessern kann. Denn ebenso, wie der Fortbestand jeder Gesellschaft vom Gelingen des täglichen Zusammenlebens abhängt, gründet der Erfolg und damit der Fortbestand jedes Unternehmens auf dem Gelingen der täglichen Zusammenarbeit seiner Menschen an der Unternehmensspitze – seiner »Gemeinsamen Spitze«.

Der Erfolg einer solchen Reise hängt von Vielem ab, vor allem von der intellektuellen Ausrüstung und von den professionellen Begleitern. Unsere tiefe Dankbarkeit für eine Ausrüstung, die sich auch unter schwierigen Bedingungen bewährt hat, gilt vor allem Professor Ronald A. Heifetz, John F. Kennedy School of Government, Harvard University; Professor Manfred F. R. Kets de Vries, Gründer des IGLC INSEAD Global Leadership Centre; Professor Peter M. Senge, Massachusetts Institute of Technology / SoL Society for Organizational Learning; und Dr. Michael Jung, Director emeritus, McKinsey & Company, Inc. Auf ihrem Denken, ihrer Erfahrung und ihrer Inspiration im persönlichen Austausch gründet unsere Haltung und unser Ansatz – in der Arbeit mit unseren Klienten wie an diesem Buch. Unsere Wertschätzung und unser persönlicher Dank gelten unseren professionellen Begleitern Dr. Manfred Böcker und Tim Farin für ihr konstruktives Feedback, ihre wertvollen Anregungen und ihre Verbesserungen am Manuskript. Schließlich gilt unser besonderer Dank Stephanie Walter, unserer Lektorin im Campus Verlag: Mit ihrer persönlichen Begeisterung für unser Vorhaben hat sie Entscheidendes zu seinem Gelingen beigetragen.

Für alle Irrwege sind wir selbst verantwortlich.

Kai W. Dierke
kai.dierke@dierkehouben.com

Anke Houben
anke.houben@dierkehouben.com

www.dierkehouben.com

Zürich, im April 2013

Teil I

Gemeinsame Spitze?

1

Was das Einfache schwierig macht

»Es ist alles ... sehr einfach, aber das Einfachste ist schwierig ...
So ... bleibt man weit hinter dem Ziel.«

Carl von Clausewitz

Gemeinsame Spitze: Muss das sein?

»Ich bin frustriert« – dieser Satz markiert die Geburtsstunde dieses Buches. »Ich bin zutiefst frustriert über unsere Inkompetenz als Team!«
Die tiefe Irritation über die mangelnde Zusammenarbeit im Vorstandsteam brach ungebremst aus unserem Klienten hervor, dem Vorstandsvorsitzenden eines DAX-Konzerns. Das gesamte Vorstandsteam hatte sich fernab vom operativen Geschäft für zwei Tage zurückgezogen, um angesichts zunehmender Spannungen »eine nüchterne Bilanz der Performance im Leadership-Team zu ziehen«. Und in der Reaktion des CEO[1] mischte sich nun Ernüchterung mit Ratlosigkeit: 15 Jahre Erfahrung in der Führung von Großunternehmen seien ja wohl ein reicher Schatz an Managementpraxis, man habe früher auch all diese Führungstrainings absolviert, sogar regalweise Bücher über High-Performance-Teams zumindest quergelesen – und nun das: »Trotz aller Erfahrung und allem Wissen muss ich zusehen, wie die Zusammenarbeit in meinem Vorstandsteam kollabiert.«

Offenbar ist es nicht einfach, in solchen Top-Teams eine wirksame und produktive Zusammenarbeit zu entwickeln und zu erhalten. Zugegeben: Wenn es schon regalweise Bücher zum Thema »Team« gibt, die nicht dazu beitragen, dass Führung an der Unternehmensspitze gelingt – dann ist ein weiteres Buch über Führung in Top-Teams ein recht kühnes Unterfangen. Und wir tun es doch, ermutigt durch die Reaktion unserer Klienten. Wir sind überzeugt, einen neuen Akzent setzen zu können. Denn seit mehr als zehn Jahren unterstützen wir als Leadership Consultants Top-Teams an der Spitze von Großunternehmen darin, ihre Wirksamkeit in Führung und Zusammenarbeit systematisch zu verbessern.

Zwei Kernthesen leiten uns in diesem Buch wie in unserer Arbeit. *Erstens:* Manager an der Unternehmensspitze sind auch nur Menschen – und als solche handeln sie individuell weit weniger rational, als ihnen bewusst ist. In einer zunehmend komplexen Welt bringt ein Wechselspiel aus typischen Verhaltensmustern von Alphatieren, systematischen Wahrnehmungsfehlern und psychischen Grundmustern Situationen hervor, in denen Zusammenarbeit und Führung zu scheitern drohen. *Zweitens:* Dieses Risiko kann nur von Top-Teams bezwungen werden, deren Mitglieder spezifische Disziplinen des Gelingens erlernen. Erst das gemeinsame Meistern dieser Disziplinen bringt jene Qualität von Zusammenarbeit hervor, die wirksames Führen möglich macht.

> Manager sind auch nur Menschen – und handeln individuell weniger rational, als ihnen bewusst ist. Um im Top-Team erfolgreich zu führen, müssen sie spezifische Disziplinen des Gelingens erlernen.

Um gleich zu Beginn einer verlockenden Fehlinterpretation entgegenzutreten: Dieses Buch ist keine Managerschelte. Wer die gerade in Deutschland weit verbreitete populistische Mischung aus Enthüllung und Entrüstung sucht, sollte dieses Buch wieder aus der Hand legen. Aus unserer Arbeit haben wir ein tiefes Verständnis davon, vor welchen Herausforderungen und persönlichen Dilemmata unsere Klienten jeden Tag stehen, weil sie ihre Führung wirksam gestalten wollen. Führung in der komplexen Welt des Top-Teams ist anspruchsvoll, anstrengend und voller Risiken. Unsere Perspektive ist deshalb geprägt von Respekt und Wertschätzung gegenüber denen, die sich dieser Herausforderung immer wieder aufs Neue stellen.

Dieses Buch ist für all jene, die verstehen möchten, wie Führung als Teamleistung gelingt – gerade an der Spitze von Unternehmen. Und es ist für Manager, die in den Führungsetagen von Unternehmen Verantwortung tragen. Unser Ziel ist, den Blick auf kritische Führungssituationen zu schärfen und zu zeigen, wie Manager dazu beitragen können, ihr Unternehmen durch wirksame Zusammenarbeit im Team erfolgreicher zu machen.

Führen in der Friktion: Die Herausforderung für Top-Teams

Gemeinsame Spitze, also Führung an der Unternehmensspitze, ist die gemeinschaftliche Aufgabe des gesamten Top-Teams – in einer Umwelt, die gemeinschaftliches Handeln besonders erschwert. Teams an der Spitze von großen Organisationen tragen ein ganz besonderes Risiko des Scheiterns in sich. Das liegt an ihrer Zusammensetzung ebenso wie an den spezifischen Herausforderungen, mit denen sie in ihrer täglichen Arbeit konfrontiert sind. Denn ein »Team an der Spitze« ist nicht irgendeine Gruppe von hochkompetenten Managern, die die Flut der Aufgaben und Entscheidungen, die bis an die Spitze von Unternehmen »hochdelegiert« werden, möglichst effizient »durchmanagen«.

Ein echtes Team an der Spitze ist eine besondere Qualität gemeinschaftlichen Handelns im Sinne des Gesamtunternehmens. Echte Teams an der Spitze sind eine seltene Spezies – denn sie entstehen nicht von selbst und sind nicht aus sich heraus stabil.

Deshalb gehen wir in diesem Buch einer einzigen Frage nach: Wie müssen sich Manager in Top-Teams verhalten, um ihr Unternehmen dauerhaft zum Erfolg zu führen? Die Frage scheint auf den ersten Blick trivial – und entsprechend kommen auch die populären Lösungsansätze daher. Wer wie wir viel reist, wird in jeder Flughafenbuchhandlung förmlich erschlagen von zahllosen Ratgebern aus der Kategorie »Die 5 Geheimnisse erfolgreicher Teams«, »Zum High Performance-

> Ein echtes Team an der Spitze ist eine besondere Qualität gemeinschaftlichen Handelns im Sinne des Gesamtunternehmens. Echte Teams an der Spitze sind eine seltene Spezies – denn sie entstehen nicht von selbst und sind nicht aus sich heraus stabil.

Team in 7 Schritten« oder »Gewinner-Teams: Die 100 wichtigsten Regeln für den Teamerfolg«. Aber unseren Klienten helfen diese Managementratgeber nicht weiter. So eingängig und verführerisch Simplifizierungen auch sein mögen: Sie werden der Komplexität von Führung an oder direkt unterhalb der Unternehmensspitze nicht gerecht.

All die überaus populären »Pinguin-Prinzipien«, »Bären-Strategien« oder »Mäusestrategien für Manager« muss man wohl eher als Symptome deuten, als Ausdruck einer fast verzweifelt anmutenden Suche nach Patentrezepten und Erfolgsmärchen für die Bewältigung einer immer komplexeren Führungswirklichkeit, in der einfache Lösungen nicht greifen. Man ist unwillkürlich an den zugespitzten Befund des zeitgenössischen Philosophen Odo Marquard erinnert: »Wir werden nicht mehr erwachsen!«[2] Konfrontiert mit einer zunehmend komplexen Wirklichkeit sehen sich offenbar selbst erfahrene Manager mitunter auf die Stufe einer quasi-kindlichen Erfahrungs- und Orientierungslosigkeit zurückgeworfen. Da liegt der Griff nach simplen Heilsversprechen nahe.

Top-Management-Teams müssen in einer Welt erfolgreich handeln, deren Wesensmerkmal Carl von Clausewitz in seinem 1832 posthum erschienenen Standardwerk *Vom Kriege* als Friktion bezeichnet hat: »Es ist alles […] sehr einfach, aber das Einfachste ist schwierig. Diese Schwierigkeiten häufen sich und bringen eine Friktion hervor, die sich niemand richtig vorstellt. So […] bleibt man weit hinter dem Ziel.«[3] Uns geht es dabei nicht etwa darum, eine weitere populäre Parallele zwischen Krieg und Management zu ziehen. Und noch weniger darum, eine militärische Sicht auf Führung zu propagieren. Es geht uns einzig darum, die Wirklichkeit an der Unternehmensspitze anzuerkennen: Die scheinbar einfache Aufgabe einer erfolgreichen Zusammenarbeit und Führung im Top-Team ist eine komplexe Herausforderung.

Unser Blickwinkel ist dabei stark durch die gemeinsame Arbeit mit unseren Klienten geprägt: Wir richten unser Augenmerk besonders auf jene Faktoren, die das wirksame Führen in Top-Teams in der täglichen Praxis so schwierig gestalten. Und das sind in der Regel nicht die Rahmenbedingungen, nennen wir sie die organisatorische Statik eines Top-Teams. Die richtigen Leute an Bord zu haben, eine überzeugende strategische Ausrichtung, eine solide Struktur, klare Rollen und Verantwortlichkeiten, Regeln für die Zusammenarbeit und andere Bedingungen, die häufig als Erfolgsfaktoren bezeichnet werden – all das ist zweifellos notwendig.[4] Aber diese Statik reicht eben nicht aus für ein hochwirksames Team an der Unternehmensspitze.

Es ist vor allem die zutiefst menschliche Dynamik innerhalb eines Top-Teams – das meist verborgene Wechselspiel sich gegenseitig überlagernder individueller oder kollektiver Grundüberzeugungen und Verhaltensweisen – die den Unterschied macht zwischen einem ordentlichen und einem außerordentlichen Team an der Spitze.

Deshalb lautet die Kernherausforderung für erfolgreiche Top-Management-Teams nicht, Bedingungen zu schaffen, um schließlich das ideale Stadium eines High-Performance-Teams zu erreichen. Die besondere Qualität gemeinschaftlichen Handelns, die herausragende Top-Teams auszeichnet, entsteht nicht durch das Optimieren von Rahmenbedingungen. Die besondere Qualität gemeinschaftlichen Handelns entsteht vielmehr erst durch die Qualität des permanenten Prozesses, in dem das Team die komplexen Herausforderungen an der Unternehmensspitze angeht – eben durch eine gemeinsame Logik des Gelingens.[5]

> **Es ist vor allem die zutiefst menschliche Dynamik innerhalb eines Top-Teams – das meist verborgene Wechselspiel sich gegenseitig überlagernder individueller oder kollektiver Grundüberzeugungen und Verhaltensweisen – die den Unterschied macht zwischen einem ordentlichen und einem außerordentlichen Team an der Spitze.**

Eine gemeinsame Logik des Gelingens: Warum?

Warum braucht es gerade an der Spitze von Unternehmen eine gemeinsame Logik des Gelingens? Und was macht es so schwierig, diese Logik zu verankern und dauerhaft zu erhalten?

In Teil I dieses Buches beschreiben wir die Welt, in der Top-Teams erfolgreich führen müssen. In fünf Dimensionen umreißen wir die zentralen Herausforderungen für Zusammenarbeit und Führung an der

Spitze – und entwickeln einen Ansatzpunkt, wie Top-Teams ihnen erfolgreich begegnen können:

1. Ein komplett anderes Spiel Führen an der Unternehmensspitze ist von einer alles durchdringenden Herausforderung geprägt: dem Phänomen komplexer Probleme. Nirgendwo sonst im Unternehmen treffen die rasant zunehmende externe Komplexität von Kunden- und Finanzmärkten und die interne Komplexität großer Organisationen mit solcher Wucht aufeinander – und erzeugen ganz spezifische Anforderungen an wirksame Führung und Zusammenarbeit.

2. Heldendämmerung Die Zeit des heroischen CEO ist damit endgültig vorbei. Auch wenn noch immer alle Aufmerksamkeit auf die Person an der Spitze gerichtet ist: Niemand ist mehr in der Lage, den enormen Herausforderungen, denen Unternehmensführungen heute gegenüberstehen, praktisch im Alleingang zu begegnen. Wirksame Führung und Zusammenarbeit an der Unternehmensspitze werden damit mehr denn je zu einer kollektiven Aufgabe des Teams an der Spitze.

3. Das Top-Team-Paradox Erfolgreiche Top-Teams müssen mehr sein als bloß eine Gruppe hochkompetenter Manager. Die »Gemeinsame Spitze« entsteht erst durch eine besondere Qualität gemeinsamen Führungshandelns. Diese Qualität aber entsteht naturwüchsig nicht aus sich heraus. Im Gegenteil: An der Unternehmensspitze dominieren leistungsorientierte Alpha-Persönlichkeiten, denen gemeinsames Handeln aufgrund ihrer Konkurrenzorientierung schwerfällt. Und: Strukturen und Aufgaben an der Unternehmensspitze wirken einer erfolgreichen Zusammenarbeit im Team entgegen.

4. Top-Manager sind auch nur Menschen Menschen, so auch Manager an der Unternehmensspitze, handeln nicht rational. Ihr Denken und Handeln ist von einer ganz normalen Irrationalität geprägt – von individuellen Wahrnehmungsfehlern und erprobten Erfolgsroutinen aus der Vergangenheit, die wirksame Führung und Zusammenarbeit gerade in komplexen Situationen erschweren.

5. Das Top-Team in der »Reflexion in Aktion« Top-Teams können der individuellen Irrationalität, die wirksame Führung und Zusammenarbeit erschwert – wenn nicht sogar verhindert –, erfolgreich entgegentreten. Das bedeutet: Die Mitglieder des Top-Teams müssen ihre erprobten Routinen im Denken und Verhalten bewusst überwinden und lernen, als disziplinierte Reflexionsgemeinschaft zu handeln.

Auf einen Blick
Was das Einfache schwierig macht

Eckpunkte

▶ Führung und Zusammenarbeit in der komplexen Welt an der Unternehmensspitze ist eine Aufgabe, die von einem Top-Team nur in gemeinsamer Anstrengung gemeistert werden kann. Echte Teams an der Spitze sind mehr als nur eine Gruppe hochkompetenter Manager. Ein wirksames Top-Team zeichnet sich aus durch eine besondere Qualität des kollektiven Handelns.

▶ Leistungsfähige Top-Teams an der Unternehmensspitze sind eine seltene Spezies: Sie entstehen nicht von selbst und sie sind nicht aus sich heraus stabil. Denn die normale – menschliche – Irrationalität der Teammitglieder und die Strukturen an der Unternehmensspitze wirken einem erfolgreichen Arbeitsmodus als Top-Team entgegen.

▶ Wirksames Führen im Top-Team ist nicht das Resultat einer Optimierung von Rahmenbedingungen oder der organisatorischen Statik. Erfolgreiche Führung und Zusammenarbeit an der Unternehmensspitze entstehen erst aus einer wirksamen Dynamik im Top-Team – aus einer gemeinsamen Logik des Gelingens.

2

Ein komplett anderes Spiel

· »Die Zukunft ist ein verfluchtes Ärgernis nach dem anderen.«

Winston Churchill

Die Arena der komplexen Probleme

»Das ist ein komplett anderes Spiel. Die Welt, in der wir heute erfolgreich führen müssen, hat mit der Welt unser Vorgänger von vor zehn, 15 Jahren nichts mehr zu tun.« Bringen wir die Führungsherausforderung unserer Klienten auf einen gemeinsamen Nenner, so ist es dieser eine Satz. Formuliert wurde er von einem unserer CEO-Klienten am Rande eines Workshops mit seinem Top-Team; in ihm äußert sich eine Mischung aus Befremden und Entschlossenheit. Und wenn wir nachfragen, was dieses »komplett andere Spiel« denn sei, fallen die Antworten unserer Klienten über alle Industrien hinweg auffallend ähnlich aus.

> Die Welt an der Unternehmensspitze erscheint selbst den erfahrensten und erfolgreichsten Top-Managern immer unübersichtlicher, verwirrender, ja geradezu fremd.

Die Welt an der Unternehmensspitze erscheint selbst den erfahrensten und erfolgreichsten Top-Managern immer unübersichtlicher, verwirrender, ja geradezu fremd.

Die Unvorhersagbarkeit von Kunden- und Finanzmärkten erreicht neue Dimensionen, die externe Komplexität im Umfeld und die interne Komplexität innerhalb der Unternehmen explodieren. Und die Dynamik, mit der sich technologische, politische, soziale und ökonomische Veränderungen entfalten und gegenseitig beeinflussen, ist praktisch nicht mehr überschaubar, geschweige denn vorhersehbar. Konnten ihre Vorgänger noch mit manchmal günstigen, manchmal weniger günstigen Winden einen klaren Kurs verfolgen, sehen sich die CEOs der heutigen Generation mit ihrer Mannschaft immer häufiger in einem »perfekten Sturm«.

Nun ist der Dreiklang von Unsicherheit, Komplexität und dynamischer Beschleunigung nicht gerade eine herausragend originelle Klage. Tatsächlich haben diese Phänomene und ihre Vorläufer die Wahrnehmung des Zeitalters der Moderne von Beginn an geprägt, spätestens aber seit der Industriellen Revolution – immer untermalt mit einem Wechselspiel aus Fortschrittshoffnung und Katastrophenerwartung.[6] Zudem kann der diffuse, inflationäre Einsatz des Begriffs Komplexität den Verdacht nahelegen, es handle sich um so etwas wie eine Ausweichdiagnose, ähnlich etwa dem Burn-out als psychische Erkrankung – also um den Versuch, eine Vielfalt unspezifischer Symptome in einem pseudodiagnostischen Begriff zu vereinen.

Und dennoch: Gerade an der Spitze von Großunternehmen stoßen heute Wirklichkeit und Anspruch mit bisher nie dagewesener Wucht aufeinander. Eine Wirklichkeit, die von rapide zunehmender Unsicherheit, Komplexität und Beschleunigung geprägt ist, prallt auf den Anspruch von Stakeholdern – Eigentümern, Kunden, Mitarbeitern, Sozialpartnern, Politik: In einem »perfekten Sturm« hat das Top-Management eben »perfekt zu navigieren«. Das Problem der Komplexität prägt denn auch wie nie zuvor die Wahrnehmung von Managern an der Unternehmensspitze. Eine IBM-Studie aus dem Jahr 2010 mit mehr als 1 500 CEOs weltweit erbrachte einen eindeutigen Befund: 69 Prozent der CEOs gehen davon aus, dass die Welt dynamischer und risikoreicher wird, 65 Prozent diagnostizieren höhere Unsicherheit, 60 Prozent zunehmende Komplexität. Und die CEOs attestieren sich selbst eine Bewältigungslücke: Während 79 Prozent innerhalb der nächsten fünf Jahre hohe oder sehr hohe Komplexität erwarten, sehen sich nur 49 Prozent dieser Entwicklung tatsächlich gewachsen.[7]

Die Kernherausforderung, vor die sich unsere Klienten jeden Tag gestellt sehen, lautet: Führungskraft in einem Kontext entfalten, der von Unsicherheit, Komplexität und Dynamik beherrscht ist.

Die Kernherausforderung, vor die sich unsere Klienten jeden Tag gestellt sehen, lautet: Führungskraft in einem Kontext entfalten, der von Unsicherheit, Komplexität und Dynamik beherrscht ist.

Wenn wir die Agenden von Vorstandssitzungen analysieren und der Frage nachgehen, worauf der CEO und sein Top-Team ihre knappste Ressource, »Joint Management Attention«, fokussieren, stoßen wir vor allem auf eins: komplexe Probleme. Und das hat seine Berechtigung. Denn Fragestellungen, die mit organisatorischen Standardprozessen und Routineentscheidungen von den oft vielen Hundert Führungskräften auf den nachgelagerten Ebenen im Unternehmen gelöst werden können, sollten es (in der Regel) gar nicht bis ins oberste Entscheidungsgremium schaffen. Die Themenpalette einer einzigen Vorstandssitzung spannt nicht selten einen Bogen von der strategischen Akquisition im Ausland und der langfristigen Marken- und Produktstrategie über Finanzierungs- und Kapitalmarktfragen bis hin zu unternehmensweit angelegten Kosten- und Effizienzprogrammen sowie weitreichenden Umstrukturierungen größerer Unternehmensbereiche.

Gemeinsames Kennzeichen der Herausforderungen an der Unternehmensspitze – was also die Aufgabe von Top-Teams von den Aufgaben fast aller anderen Teams im Unternehmen unterscheidet – ist, dass sie zugleich in drei Dimensionen komplex sind: generativ, dynamisch und sozial.

Aber bei aller Mannigfaltigkeit haben all diese Themenkomplexe eines gemeinsam: ihre beinahe überwältigende dynamische Komplexität. Diese besondere Komplexität ist es, die das Urteilen, Entscheiden und Handeln an der Unternehmensspitze so schwierig macht. Die Probleme und Herausforderungen, auf die das Team an der Spitze gemeinsame Antworten finden muss, sind nicht die Sphäre der Gewissheiten, sie sind die Welt der »bekannten Unbekannten« und der »unbekannten Unbekannten«.[8] Donald Rumsfelds Begrifflichkeit wurde zunächst kritisiert und belächelt – tatsächlich aber ist sie eine brillant zugespitzte Formulierung des Phänomens, das 2007 von Nassim Taleb als »Schwarzer Schwan«[9] populär gemacht wurde.

Gemeinsames Kennzeichen der Herausforderungen an der Unternehmensspitze – was also die Aufgabe von Top-Teams von den Aufgaben fast aller anderen Teams im Unternehmen unterscheidet – ist, dass sie zugleich in drei Dimensionen komplex sind: generativ, dynamisch und sozial.[10]

Die drei Dimensionen der Komplexität

1. Generative Komplexität   Die Probleme, denen sich Teams an der Unternehmensspitze gegenübersehen, sind immer generativ hoch komplex. Hohe generative Komplexität bedeutet nichts anderes, als dass die Zukunft für Unternehmen zunehmend unbekannt und unvorhersehbar ist.

Die Belege, allein aus den vergangenen 15 Jahren, sind vielfältig: Der Terroranschlag vom 11. September 2001 mit seinen dramatischen Folgen für die gesamte Weltwirtschaft, die Bankenkrise im Gefolge des Zusammenbruchs von Lehman Brothers mit ihren noch immer nicht bewältigten Folgen für den Finanzsektor und weit darüber hinaus, die Euro-Staatsschuldenkrise mit ihren nicht absehbaren Konsequenzen für Millionen von Konsumenten – sie markieren die krisenhafte Seite der generativen Komplexität. Aber auch unvorhersehbare Chancen wie die Konversion von Technologien, zum Beispiel in der Kommunikationsindustrie hin zu Digitalisierung, Mobilisierung und »all, everything, everywhere«, stellen Unternehmen und ihre Führungsteams vor enorme Herausforderungen, denen sich bei Weitem nicht alle gewachsen zeigen.

Die zunehmende generative Komplexität hat gerade für die verantwortlich Handelnden an der Unternehmensspitze zwei gravierende Konsequenzen: galoppierende Erfahrungsveraltung und fortschreitenden Intuitionsverlust.

Die Bedingungen und Situationen, in denen die Top-Manager von heute ihre Erfah-

> Die Bedingungen und Situationen, in denen die Top-Manager von heute ihre Erfahrungen gesammelt und ihre Erfolge erzielt haben, sind von gestern. Und sie kehren nicht wieder: Erfahrung, die routinierte Lösungsmuster ermöglicht – eines der wichtigsten »Assets« an der Unternehmensspitze –, verliert rapide an Wert.

rungen gesammelt und ihre Erfolge erzielt haben, sind von gestern. Und sie kehren nicht wieder: Erfahrung, die routinierte Lösungsmuster ermöglicht – eines der wichtigsten »Assets« an der Unternehmensspitze –, verliert rapide an Wert.

Gleiches gilt für die Intuition, das oft zitierte »Gespür für die Märkte«, »das Gefühl für die Organisation« oder genauer: das vermeintlich richtige Urteilen und Handeln, ohne wirklich genau zu wissen, warum. Denn Intuition basiert wesentlich auf Erfahrung – und wo Erfahrung nicht mehr zukunftsfest ist, muss für die Intuition das gleiche gelten.[11]

2. Dynamische Komplexität

»Wir sind im tiefsten Herzen doch immer Ingenieure«, so fasste der CEO eines Anlagenbaukonzerns in einem Gespräch mit uns selbstkritisch sein Dilemma angesichts dynamischer Komplexität zusammen: »Für uns ist die Welt da draußen und unser gesamter Konzern noch immer eine Maschine – zugegeben: eine ziemlich komplizierte Maschine, aber letztlich doch eine Maschine.« Mit dieser Ansicht ist er sicher nicht allein: In den Vorstandsetagen der 50 größten deutschen Industrieunternehmen dominieren Ingenieure und Naturwissenschaftler (2005: 54 Prozent der CEOs) noch deutlich vor Wirtschaftswissenschaftlern (2005: 42 Prozent der CEOs).[12] Maschinen, selbst komplizierte Maschinen, produzieren Effekte, die unmittelbar wirken, klar beobachtbar und direkt beeinflussbar sind.

> **Komplexe Probleme unterscheiden sich fundamental von komplizierten Problemen. Denn bei Problemen mit hoher dynamischer Komplexität liegen Ursache und Wirkung weit auseinander – zeitlich und räumlich.**

Komplexe Probleme aber unterscheiden sich fundamental von komplizierten Problemen. Denn bei Problemen mit hoher dynamischer Komplexität liegen Ursache und Wirkung weit auseinander – zeitlich und räumlich.

Ein idealtypisches dynamisch komplexes Phänomen hält spätestens seit 2008 alle Top-Management-Teams weltweit in Atem: die globale Finanzkrise. An ihrem »Anfang« stand zu Beginn der 2000er Jahre die politische Absicht der US-Regierung, eine soziale Stabilisierung dadurch zu bewirken, dass auch ärmere Bevölkerungsschichten die Chance erhalten sollten, Grundeigentum zu erwerben. Mit den aus dieser Politik resultierenden »Sub-Prime-Risiken« war der Treibstoff für eine globale Finanzkrise geschaffen. Die weltweite Welle von Bankzusammenbrüchen der Jahre 2008 bis 2010, die größte Rezession seit dem Zweiten Weltkrieg, die weltweite Vernichtung von Werten und Vermögen bis 2009 in Höhe von etwa 10,5 Billionen Dollar (7,3 Billionen Euro) und die sich anschließende Staatsschuldenkrise – all das sind eher Wegmarken als Endpunkte einer dynamisch komplexen Verbundkrise, deren Folgen unabsehbar bleiben.[13]

Die globale Finanzkrise ist nur ein besonders gravierendes Beispiel für praktisch unkontrollierbare Phänomene, die der Managementforscher Russell Ackhoff als »Durcheinander oder Schlamassel«[14] bezeichnet: Probleme, die nur systemisch verstanden werden können – aus der nicht-linearen Wechselbeziehung ihrer einzelnen Komponenten und der Funktionsweise des Systems als Ganzem. Und die damit jeder Art von kontrolliertem Management, jeder Beherrschbarkeit entzogen sind.

3. Soziale Komplexität   »Führung heißt, Menschen dazu zu bewegen, das zu tun, was sie von vornherein hätten tun sollen« – dieses bekannte Diktum von Woodrow Wilson spielt ironisch genau auf das grundlegende Dilemma an, das aus der sozialen Komplexität von Zusammenarbeit und Führung an der Unternehmensspitze entsteht: Auf Basis unterschiedlicher Überzeugungen, Werte, Ziele und Erfahrungen können Führungskräfte und Mitarbeiter höchst unterschiedliche berechtigte Auffassungen davon haben, was man von vornherein hätte tun sollen.

Vor allem die soziale Komplexität prägt das Umfeld, in dem Top-Teams erfolgreich urteilen, entscheiden und führen müssen – die Komplexität also, die sich aus unterschiedlichen und oft widersprüchlichen Grundannahmen, Überzeugungen, Werten, Denkmustern und Zielsetzungen der Beteiligten innerhalb des Unternehmens ergibt.

Führungskräfte an der Unternehmensspitze begegnen einer sozialen Komplexität, die weit größer ist als irgendwo sonst im Unternehmen. In gut funktionierenden Abteilungen oder Projektteams haben die Teammitglieder zumeist eine ähnliche fachliche Sicht auf die Herausforderungen. Entsprechend weniger komplex ist es für den Leiter des Teams oder die Experten, Lösungen zu entwickeln, die von allen Beteiligten mitgetragen werden können. Faktoren wie klare gemeinsame Ziele, ein gemeinsamer Arbeitsmodus, klare Regeln und einander ergänzende Fähigkeiten begünstigen Teamarbeit auf der operativen Ebene. Ganz anders stellt sich dies an der Unternehmensspitze dar: Unterschiedliche Zielsetzungen, Grundüberzeugungen und individuelle Erfolgsmodelle führen gerade in Top-Teams dazu, dass die Mitglieder aus unterschiedlichen Blickwinkeln auf ein Problem schauen. Zusammenarbeit und Entscheidungen im Team müssen höchst unterschiedlichen Perspektiven Rechnung tragen. Mit der Folge, dass das Risiko, sich »festzufahren«, hier besonders hoch ist.

> **Vor allem die soziale Komplexität prägt das Umfeld, in dem Top-Teams erfolgreich urteilen, entscheiden und führen müssen – die Komplexität also, die sich aus unterschiedlichen und oft widersprüchlichen Grundannahmen, Überzeugungen, Werten, Denkmustern und Zielsetzungen der Beteiligten innerhalb des Unternehmens ergibt.**

Wie ein Brandbeschleuniger für soziale Komplexität an der Unternehmensspitze wirken die zunehmende Fragmentierung von Verantwortlichkeit und das immer kleinteiligere Expertentum, insbesondere in Großunternehmen. Top-Manager sind heute in aller Regel nicht mehr in der Lage, aus eigener Erfahrung und im Detail zu wissen, was sie entscheiden – und noch weniger, welche Konsequenzen ihr Führungshandeln auf den nachgelagerten Ebenen des Unternehmens tatsächlich auslöst. Zugespitzt formuliert: An der Unternehmensspitze macht das »Hörensagen« Karriere – das Entscheiden und Führen auf Basis von Fremdurteilen und Fremderfahrungen.[15]

Die Konsequenzen dieser dreidimensionalen Komplexität hat Hartmut Rosa bildhaft als »rutschende Abhänge« beschrieben. Die »Entscheidungslandschaft« entwertet stets von Neuem Erfahrungen und Wissensbestände – und sie macht es nahezu unmöglich vorherzusagen, welche Handlungschancen in der Zukunft relevant und wichtig sein werden: »Die Akteure operieren unter Bedingungen permanenten multidimensionalen Wandels, die Stillstehen durch Nicht-Handeln oder Nicht-Entscheiden unmöglich machen.«[16]

Goodbye, OODA-Loop

Vielen Managern ist die rapide zunehmende generative, dynamische und soziale Komplexität in ihren sichtbaren Auswirkungen bewusst. Weit weniger bewusst aber ist ihnen eine noch grundlegendere Herausforderung: Ist in hochkomplexen Situationen schon die Qualität der Entscheidung ein ernstes Problem, so gilt dies umso mehr für die Qualität des Prozesses, mit dem Urteile und Entscheidungen hervorgebracht werden. Komplexe Probleme, auf die ein Top-Team reagieren muss, erfordern ganz andere Entscheidungsprozesse als komplizierte Probleme.

Das typische Entscheidungsverfahren für komplizierte Probleme ist jedem Manager nur zu gut bekannt: Die Fachabteilung oder – je nach Aufgabe – ein Projektteam erhält vom Vorstand den Auftrag, »die Entscheidungsunterlage inklusive detailliertem Businessplan für das Projekt ›genesis 2.0‹ bis spätestens Ende des dritten Quartals vorzulegen«. Auf den Auftrag folgt die Analysephase: Drei Monate lang werden – unter Beteiligung der relevanten internen Fachexperten und externer Berater – Märkte und Wettbewerber analysiert, Unmengen an internen und externen Daten und Fakten in Exceltabellen zusammengetragen, dann konsolidiert, »Pros« und »Cons« erwogen, in den »Businessplan« integriert, eine »Implementierungs-Roadmap« aufgestellt und zu guter Letzt auf eine fünfseitige Vorstandsvorlage mit einer klaren Entscheidungsempfehlung eingedampft. Nach nur kurzer Befassung verweist der Vorstand die Vorlage zurück an das Projektteam – mit dem Auftrag, zwei weitere Szenarien (»Optimized Real Case« und

Komplexe Probleme, auf die ein Top-Team reagieren muss, erfordern andere Entscheidungsprozesse als komplizierte Probleme.

»Optimized Base Case«) durchzurechnen. Sechs Monate nach Auftragsvergabe an das Projektteam entscheidet der Vorstand schließlich nach nochmaliger Vorlage und nun intensiver Diskussion für eine Umsetzung entsprechend dem ursprünglichen »Base Case«.

Das Beispiel ist fiktiv, der zugrundeliegende Standardentscheidungsprozess in vielen Unternehmen allzu real. Nahezu alle uns bekannten Top-Teams folgen, ohne sich über die Implikationen klar zu sein, einem Standardentscheidungsprozess, der auf komplizierte, nicht aber auf komplexe Situationen ausgelegt ist: dem OODA-Loop. Der OODA-Loop wurde in den 1960er Jahren von John R. Boyd, einem der führenden Strategen und Berater der U.S. Air Force, zur Optimierung von Entscheidungen im Luftkampf entwickelt. Boyds Entscheidungszirkel zufolge besteht jeder Entscheidungsprozess aus vier Phasen: »Observation« (Sammlung von Daten und Fakten), »Orientation« (Analyse und Synthese auf Basis der eigenen mentalen Perspektive), »Decision« (Entschluss zu einer Handlung) und »Action« (physische Umsetzung des Entschlusses). Auch wenn der Entscheidungszirkel sich endlos wiederholt: Jede Entscheidung beginnt von neuem mit einer intensiven Observationsphase, dem Sammeln von Daten und Fakten (»zwei weitere Szenarien«) in der Erwartung, aktuellere und umfassendere Informationen führten zu einem substanziell besseren Ergebnis und zu höherer Erfolgssicherheit.

Die Folgen dieses Entscheidungsmodells spüren unsere Klienten ganz praktisch und sehr unmittelbar: »Ich habe in den 25 Jahren meiner Karriere noch nie so viel Zeit mit Analysen und der Diskussion über noch mehr Analysen zugebracht wie in den vergangenen fünf Jahren«, so formuliert der CFO eines globalen Finanzkonzerns sein persönliches Erleben im unendlichen OODA-Loop: »Wir debattieren im Top-Team die gleichen Entscheidungen immer wieder bis ins letzte Detail – mit dem Ergebnis, dass wir noch ein paar weitere Detailanalysen brauchen. Ich erlebe das als einen rasenden Stillstand.« Die Konsequenzen eines Entscheidungsmodells, das für komplexe Situationen nicht gemacht ist, können wir in unterschiedlichen Formen in nahezu jedem unserer Kliententeams diagnostizieren: Auf der einen Seite steht das Risiko der Paralyse durch Analyse, der Lähmung des Top-Teams durch immer mehr und immer granularere Analytik. Auf der anderen Seite lauert die »Decision Fatigue«, die Entscheidungsmüdigkeit.

»Decision Fatigue« und ihre Folgen

Gezwungen, immer mehr komplexe Entscheidungen immer schneller zu treffen, besteht für die Manager gerade an der Unternehmensspitze die Gefahr, aufgrund mentaler Erschöpfung zunehmend schlechte Entscheidungen zu treffen.[17] Die »Decision Fatigue« birgt gerade deshalb für Top-Teams eine besondere Gefahr, weil sie die Fähigkeit und die Bereitschaft einschränkt, Trade-off-Entscheidungen zu treffen – Entscheidungen also, in denen zwischen zwei Alternativen zu wählen ist, die beide gravierende positive wie negative Auswirkungen haben könnten. Gerade diese Art von Entscheidungen sind es eben, die das Team an der Spitze zu treffen hat – mehr als irgend jemand sonst im Unternehmen. Und so zählt denn auch die »Unfähigkeit zu Trade-off-Entscheidungen« in den vielen Team-Reviews, die wir in den vergangenen zehn Jahren mit Top-Teams durchgeführt haben, zu den am häufigsten genannten Punkten einer selbstkritischen Bestandsaufnahme.

Gerade an der Unternehmensspitze haben Lähmung durch Analyse und Entscheidungsermüdung gravierende Konsequenzen. Denn das Top-Team wirft – zumeist ohne sich dessen bewusst zu sein – einen langen Schatten in die Organisation. Und in Zeiten hoher Komplexität und Unsicherheit lesen und imitieren die Führungskräfte der nächsten Ebenen das Verhalten ihres Teams an der Spitze besonders genau.

Und was die nächsten Führungsebenen an ihrem Top-Team beobachten, bricht in den Interviews, die wir mit Führungskräf-

> Gerade an der Unternehmensspitze haben Lähmung durch Analyse und Entscheidungsermüdung gravierende Konsequenzen. Denn das Top-Team wirft – zumeist ohne sich dessen bewusst zu sein – einen langen Schatten in die Organisation. Und in Zeiten hoher Komplexität und Unsicherheit lesen und imitieren die Führungskräfte der nächsten Ebenen das Verhalten ihres Teams an der Spitze besonders genau.

ten im Rahmen unserer Arbeit führen, völlig ungeschminkt hervor: »Entropie«, »Politik des Nichtentscheidens«, »völlig defokussiert«, »die packen immer nur oben drauf«, »überfordert«, »Ad-hocismus«, »permanenter Krisenmodus« oder auch »keine Strategie, keine Linie«. Teams an der Spitze erhalten nicht selten eine ernste Diagnose von ihren Top-Führungskräften, die lautet: Führungsversagen durch Entscheidungsinfarkt.

Die Folgen können wir in vielen Unternehmen besichtigen. Eben jene Verhaltensmuster, die an der Spitze kritisch beobachtet und kommentiert werden, werden von den nächsten Führungsebenen imitiert – und durchdringen so top-down die gesamte Organisation. Hat sich das dysfunktionale Verhaltensvorbild im Unternehmen erst einmal festgesetzt, erweist es sich zumeist als resistent. Und ist oft das eigentliche Hindernis dafür, dass sich Verhaltensänderungen zum Besseren in Unternehmen so schwer von oben nach unten durchsetzen lassen. Denn die populären Instrumente des Veränderungsmanagements, seien es nun eine betont auf Konsistenz ausgerichtete Strategiekommunikation oder eine vermeintlich Orientierung vermittelnde Veränderungsstory, bewirken vor allem eines: Sie richten wie ein Scheinwerfer die Aufmerksamkeit der nachgeordneten Führungskräfte und Mitarbeiter schonungslos auf die ganz konkreten Verhaltensdefizite des Teams an der Spitze.

Chris Argyris, ehemals Managementprofessor in Harvard und Yale, hat dieses Phänomen schon vor rund 20 Jahren als Auseinanderklaffen von »Espoused Theory-of-Action« und »Theory-in-Use« bezeichnet: Vorgehens- und Verhaltensweisen, zu denen sich das Top-Team prinzipiell bekennt, stimmen nicht mehr überein mit den tatsächlich gelebten Verhaltensweisen. Widerspricht die »Espoused Theory« (beispielsweise die Kommunikation einer klaren Strategie durch das Top-Team) dann ganz offensichtlich der »Theory-in-Use« (Top-Team vermeidet das strategische Trade-off-Entscheidungen), aktiviert die gesamte Organisation alle Formen von Defensivmechanismen, bis hin zu Sarkasmus.[18]

Die Erkenntnis ist ebenso grundlegend wie unbequem: Top-Manager sind unbewusst in einem meist über Jahrzehnte hinweg erlernten mentalen Entscheidungsmodell gefangen, in dem sie komplexe Probleme mit komplizierten Problemen verwechseln. Das wird gerade an der Unternehmensspitze zunehmend dysfunktional, weil sich besonders hier ein schleichender, unaufhaltsamer Übergang vom Komplizierten zum Komplexen vollzieht. Das manifestiert sich in fast jeder größeren Entscheidung, die Unternehmen heute zu treffen haben.

Die persönliche und kollektive Herausforderung, die sich daraus ergibt, ist scheinbar paradox: Sie besteht, *erstens*, im Erlernen der Bereitschaft zu urteilen und zu handeln, bevor man genug weiß – also darin, richtige Entscheidungen mit weniger statt mehr Informationen zu treffen. Denn im Zeitalter der Komplexität schafft ein Mehr an Information vor allem eines: eine Präzisionsillusion. Und sie besteht, *zweitens*, in der Bereitschaft, sich mit Ambiguität (Vieldeutigkeit) anzufreunden. Denn wirklich komplexe Probleme sind opak, ihrem Wesen nach nun einmal undurchsichtig und vieldeutig.[19]

Mehr denn je wird Managern abgefordert, unter Bedingungen erfolgreich zu agieren, die Carl von Clausewitz als »Nebel des Krieges« bezeichnete: Sie müssen unter Zeitdruck und mit unvollständigen Informationen entscheiden – in einer Situation, in der »drei Vierteile derjenigen Dinge, worauf das Handeln [...] gebaut wird, im Nebel einer mehr oder weniger großen Ungewißheit liegen«.[20]

Im Zeitalter der Komplexität schafft zu viel Information eine Präzisionsillusion. Top-Teams müssen lernen, mit Vieldeutigkeit umzugehen.

Im Kontext komplexer, dynamischer Systeme müssen deshalb paradoxerweise der Einzelne und das Team an der Spitze zunehmend die wichtigen Integrations- und Koordinationsleistungen erbringen, die früher durch formale Systeme und Mechanismen sichergestellt wurden.[21] »Die nicht greifbare Dimension«, so schreibt denn auch der McKinsey-Direktor Michael Jung, »das heißt, die Sphäre menschlicher Handlungen und Beziehungen, rückt von der Peripherie in den Mittelpunkt.«[22]

Für die meisten Manager in Top-Teams und ihre Führungskräfte bedeutet diese Entwicklung eine Vertreibung aus ihrer Komfortzone, gegen die sie häufig alle verfügbaren Abwehrmechanismen aktivieren. Der am weitesten verbreitete dieser Abwehrmechanismen lautet: In Anbetracht von Komplexität und Risiko muss eine höhere Autorität die Dinge in die Hand nehmen. Und für das Team an der Spitze bleibt nur eine letzte Autorität: der CEO.

Auf einen Blick
Ein komplett anderes Spiel

Eckpunkte

▶ Teams an der Unternehmensspitze sind mit Herausforderungen konfrontiert, die zugleich in drei Dimensionen komplex sind – generativ, dynamisch und sozial: Durch hohe *generative Komplexität* ist Zukunft weniger vorhersehbar – und Erfahrung, die routiniertes Entscheiden ermöglicht, verliert rapide an Wert. Hohe *dynamische Komplexität* bedeutet, dass bei vielen Problemen Ursache und Wirkung weit auseinander liegen – und sie sich damit jeder Steuerung entziehen. Und die *soziale Komplexität*, bedingt durch die widersprüchlichen Zielsetzungen und Erfolgsmodelle der Manager an der Spitze, erschwert – unter hohem Entscheidungsdruck – ein gemeinsames Verständnis der Situation und konsistentes Führungshandeln.

▶ CEOs attestieren sich selbst eine Bewältigungslücke: In einer globalen Studie mit über 1500 CEOs sahen sich weniger als die Hälfte der zunehmend hohen Komplexität innerhalb der nächsten fünf Jahre tatsächlich gewachsen.

▶ Komplexe Probleme erfordern andere Entscheidungsprozesse als komplizierte Probleme. Hält das Top-Team trotzdem an erprobten Entscheidungsroutinen fest, entstehen zwei Risiken: zum einen das Risiko der Paralyse durch Analyse, der Lähmung des Top-Teams durch immer mehr Analytik; zum anderen das Risiko der »Decision Fatigue«, der Verschlechterung von Entscheidungen durch Entscheidungsmüdigkeit.

▶ Die persönliche und kollektive Herausforderung, die sich aus zunehmender Komplexität ergibt, ist scheinbar paradox: Manager müssen, erstens, die Bereitschaft entwickeln, zu urteilen und zu handeln, bevor sie genug wissen – also lernen, richtige Entscheidungen mit weniger statt mehr Informationen zu treffen. Und sie müssen, zweitens, dazu bereit sein, sich mit Ambiguität anzufreunden. Denn wirklich komplexe Probleme sind opak, ihrem Wesen nach undurchsichtig und vieldeutig.

3
Heldendämmerung

Der antike Held ist »ein Treffpunkt von ... Partialenergien,
die sich ... wie Besucher von weit her einfinden, um ihn für ihre Anliegen zu verwenden«.
Peter Sloterdijk

Der Mythos vom heroischen CEO

»Unser CEO, wer sonst!« Wann immer wir den oberen Führungskräften die Frage stellen, wer oder was in ihrem Unternehmen den entscheidenden Unterschied mache zwischen guter, erfolgreicher und schlechter Führung unter den Bedingungen höchster Komplexität, hören wir zu mehr als 90 Prozent diese Antwort. Begleitet zumeist von einer hochgezogenen Augenbraue als Zeichen leichten Zweifels, wie man eine solche Frage überhaupt stellen kann. Dass Vorstände oder Geschäftsführungen zumindest in Deutschland schon ihrem Wesen nach Kollegialorgane sind, fällt nicht ins Gewicht. Der Blick richtet sich fest auf den Mann an der Spitze (Frauen sind in dieser Position ja noch immer die viel zu rare Ausnahme). Die akademische Organisationsforschung beiderseits des Atlantiks schreibt schon seit Jahren das Ende des heroischen CEO[23] herbei – aber man ist unwillkürlich an das bekannte Bonmot von Mark Twain errinnert: »Die Berichte über meinen Tod sind reichlich übertrieben.«

Es ist faszinierend und irritierend zugleich, mit welcher Hartnäckigkeit sich selbst in modernen Unternehmen mit angeblich teamorientierten, netzwerkartigen, agilen Organisationen und flachen Hierarchien der Mythos des alles entscheidenden Führers an der Spitze hält.

Das hat viele Ursachen. Ein offenkundiger Grund liegt in einer zunehmenden Personifizierung in der Kommunikation – extern und intern. Die Botschaft wird immer mit der Person an der Spitze verbunden. Und obwohl jedem einleuchtet, dass die neue Unternehmensstrategie, die strategische Akquisition oder die bahnbrechende Innovation nicht vom CEO ad personam in die Welt gebracht wurde: Die Namen und Gesichter der CEOs dominieren die Wahrnehmung – sei es in den internen »Executive News« oder auf den Titelblättern von *Financial Times*, *Handelsblatt*, *Capital* oder *Manager Magazin*. Gleiches gilt – zumindest in der breiten Öffentlichkeit – für Misserfolge: »Du bist ein Produkt«, so bringt Daniel Vasella, heute Verwaltungsratspräsident und von 1996 bis 2010 CEO des Pharmakonzerns Novartis, diese Fixierung auf die Person des CEO auf den Punkt: »Und die Presse macht dich entweder zum Helden oder zum Bösewicht. Wenn sie dich heute zum Helden machen, solltest du darauf vorbereitet sein, dass sie dich morgen zum Bösewicht machen.«[24] Erfolg braucht *einen* Vater, Misserfolg *einen* Schuldigen.

Das erklärt, warum bei Misserfolgen die Ablösung des CEO noch immer als Mittel der Wahl und Ausdruck besonderer Entschlossenheit der Aufsichtsgremien gilt. Und immer häufiger wird davon Gebrauch gemacht. Es entbehrt nicht einer gewissen Ironie, dass mit dem Aufkommen des Bildes vom überlebensgroßen Vorstandsvorsitzenden seit Anfang der 1990er Jahre ein sprunghafter Anstieg der unehrenhaften Amtsenden von CEOs bei den 50 größten deutschen Industrieunternehmen einhergeht. Wie eine Studie des Max-Planck-Instituts für Gesellschaftsforschung gezeigt hat, fielen deutlich mehr als 50 Prozent aller unfreiwilligen Amtsenden seit 1945 in den Zeitraum 1990 bis 2004. Zwischen 1995 und 2004 musste immerhin rund ein Viertel aller CEOs seinen Platz unfreiwillig räumen, mehr als je zuvor – Tendenz seit 2005 weiter steigend.

Die Schlussfolgerung ist eindeutig: Die Toleranz der Aufsichtsgremien schwindet. »In zunehmendem Maße müssen die Vorstandsvorsit-

Es ist faszinierend und irritierend zugleich, mit welcher Hartnäckigkeit sich selbst in modernen Unternehmen mit angeblich teamorientierten, netzwerkartigen, agilen Organisationen und flachen Hierarchien der Mythos des alles entscheidenden Führers an der Spitze hält.

) WA mehr in die Verantwortung nehmen.

zenden die Unternehmensentwicklung *allein* und mit dem Verlust ihrer Position verantworten.«[25] Viele Aufsichtsräte teilen offenbar die Meinung, dass allein die Auswahl des »richtigen« CEO – und die Ablösung des »falschen« – grundlegende Probleme des Unternehmens löst. Dieser Auffassung scheinen sich Berater, Journalisten und sogar Analysten weitgehend anzuschließen: Nicht selten wird die Ablösung eines entweder »unfähigen« oder »untätigen«, vielleicht auch nur »glücklosen« Vorstandsvorsitzenden von der Börse mit einem kräftigen Kursaufschlag gefeiert – der sich dann ebenso häufig mit einsetzender Ernüchterung schnell wieder in Luft auflöst.

Mythen schaffen Erklärungen, wo Erklärungen fehlen – wo es keine Transparenz darüber gibt, was hinter den meist verschlossenen Türen des Boardrooms wirklich passiert. Und so erfüllt die Fokussierung auf ihren CEO auch für die Mitarbeiter und Führungskräfte der meisten Unternehmen eine wichtige psychische Hygienefunktion.

»In Zeiten von Komplexität wenden sich Menschen Autoritäten zu«, lautet die einfache Beobachtung des Harvard-Professors Ron Heifetz.[26] Gerade in hoch arbeitsteiligen, dynamischen Organisationen suchen sie in der Person des CEO jemanden, der Sinn stiftet, Sicherheit vermittelt oder zumindest Orientierung bietet – und der über den Rankünen des Tagesgeschäfts steht.

Einen besonders zweifelhaften Beitrag zu dieser noch immer verbreiteten CEO-Mania hat das Aufkommen der Spezies des Popstar-CEO mit dem Siegeszug des Shareholder-Value seit den 1980er Jahren im anglo-amerikanischen Raum geleistet. Im Gefolge von Lee Iacocca, Jack Welch und jüngst schließlich Steve Jobs hat sich eine hoch spezialisierte und breitenwirksame Publikationsindustrie entwickelt. Autobiografische Bestseller wie *Eine amerikanische Karriere* oder *Winning: Mein Know-how für Ihr Unternehmen* und auflagenstarke Rezeptbücher wie *Die Bill Gates Methode*, *What made Jack Welch*

> Mythen schaffen Erklärungen, wo Erklärungen fehlen – wo es keine Transparenz darüber gibt, was hinter den meist verschlossenen Türen des Boardrooms wirklich passiert. Und so erfüllt die Fokussierung auf ihren CEO auch für die Mitarbeiter und Führungskräfte der meisten Unternehmen eine wichtige psychische Hygienefunktion.

JACK WELCH oder *Steve Jobs* – *iLeadership* befeuern immer wieder äußert erfolgreich den Kult des heroischen CEO. Das Erklärungsmuster ist ebenso alt wie universell – und man fühlt sich an Bertolt Brecht erinnert, der seinen lesenden Arbeiter zweifelnd fragen läßt: »Wer baute das siebentorige Theben? In den Büchern stehen die Namen von Königen.« Keine Frage: Der CEO hat eine besondere Rolle im Team an der Spitze. Aber es ist ebenso zutiefst menschlich wie falsch, den Erfolgsbeitrag selbst großer Führungspersönlichkeiten zu überschätzen.

> Die Figur des heroischen CEO ist vor allem eines: eine äußerst praktische Fiktion. Der CEO dient als perfekte Projektionsfläche für die höchst unterschiedlichen, ja widersprüchlichen Ansprüche der verschiedensten Stakeholder.

Die Figur des heroischen CEO ist vor allem eines: eine äußerst praktische Fiktion. Der CEO dient als perfekte Projektionsfläche für die höchst unterschiedlichen, ja widersprüchlichen Ansprüche der verschiedensten Stakeholder. Für Aufsichtsräte, für die Öffentlichkeit, für Mitarbeiter und sogar für Kunden, die sich über die in Mode gekommenen Vorstandsbeschwerden mit ihren Anliegen direkt an den CEO wenden können – als vermeintlicher »Leader of Last Resort«[27] ist der heroische CEO wie schon sein homerisches Vorbild, der antike Held, eine Containerfigur: Eine »Behälterpersönlichkeit, […] ein Treffpunkt von Affekten und Partialenergien, die sich […] wie Besucher von weit her einfinden, um ihn für ihre Anliegen zu verwenden«.[28]

Ein kurzer Abgesang

In der Realität bietet sich ein völlig anderes Bild: »Im Geschäftsleben gibt es keine Helden mehr«, resümierte kürzlich Carlos Ghosn, CEO und Chairman der Renault-Nissan-Allianz, nicht ganz ohne Wehmut.[29] Erfolgreiche Führung in Großunternehmen ist nicht mehr Ergebnis einer »einsamen Spitze«, nicht das Resultat eines visionären, heroischen CEO. Die Anforderungen einer komplexen und dynamischen Unterneh-

*) Das muss man nicht erst ...
bewusst machen und nicht persönlich nehmen.

menswirklichkeit gehen weit über die Fähigkeiten einer einzelnen Person hinaus – wie herausragend diese auch immer sein mag.

Jim Collins, einer der bekanntesten Managementforscher der letzten 20 Jahre, hat seine breit abgestützten Forschungsergebnisse schon in seinem ersten Bestseller *Immer erfolgreich* klar auf den Punkt gebracht: Der Erfolg visionärer Unternehmen basiert auf den zugrundeliegenden Prozessen und den fundamentalen Dynamiken einer Organisation und ist nicht »das Ergebnis einer einzigen großen Idee oder irgendeines großartigen, allwissenden gottgleichen Visionärs, der großartige Entscheidungen getroffen hat, großartiges Charisma hatte und mit großer Autorität geführt hat«.[30]

Was für visionäre Unternehmen gilt, gilt für andere erfolgreiche Unternehmen umso mehr. Die Ergebnisse von Collins' umfangreicher Forschungsarbeit stehen in scharfem Kontrast zu noch immer populären Auffassungen: Ein Unternehmen nachhaltig zum Erfolg zu führen bedeutet eben nicht, als CEO die Lösung vorzugeben und dann alle Stakeholder zu motivieren, der messianischen Vision zu folgen. »Es bedeutet vielmehr, die Demut zu besitzen, sich mit den Fakten zu konfrontieren, die man noch nicht ausreichend verstanden hat, um Antworten geben zu können, und sodann die Fragen zu stellen, die zu den bestmöglichen Einsichten führen.«[31]

Kein CEO ist heute mehr in der Lage, für sein Unternehmen bestmögliche Ergebnisse zu erzielen: Kunden und Kapitalmärkte sind zu dynamisch, Unternehmen zu komplex und Stakeholder zu vielfältig, um richtige Antworten und richtige Entscheidungen im Alleingang zu finden.

»Ich glaube an die persönliche Führung«, so bekennt denn auch Josef Ackermann, bis 2012 CEO der Deutschen Bank, »aber kein CEO schafft all das allein. Du brauchst die Expertise, die Urteilskraft und das Buy-In deines Teams.«[32] Ackermann steht mit seiner Auffassung stellvertretend für eine Vielzahl von CEOs: In einer aktuellen globalen Studie mit über 1 700 CEOs bekannten sich 58 Prozent der Befragten zum »Führen im Team« als kritischen Erfolgsfaktor für einen CEO – ein klarer Rang 3 unter den wichtigsten Kompetenzen. Die gerade in Deutschland häufig in den Vordergrund gestellten Fähigkeiten »Finanzkompetenz« und »Technikkompetenz« rangieren mit 24 Prozent und 23 Prozent weit abgeschlagen auf den Rängen 10 und 11.[33]

Dem Team an der Spitze kommt also auch aus Sicht von CEOs eine Schlüsselfunktion für den Unternehmenserfolg zu: Es sind jene Top-Führungskräfte, die dem CEO »direkt berichten« und die gemeinsam im Team die Führungsherausforderungen meistern müssen, vor denen ihr Unternehmen tagtäglich aufs Neue steht.

Auf einen Blick
Heldendämmerung

Eckpunkte

▶ Der Mythos vom heroischen CEO an der Unternehmensspitze hält sich hartnäckig – selbst in modernen Unternehmen mit teamorientierten, netzwerkartigen, agilen Organisationen und flachen Hierarchien. Die Wirtschaftspresse, aber auch eine breitenwirksame Publikationsindustrie tragen durch die verbreitete Personifizierung dazu bei, dass die Vorstellung des allein entscheidenden Führers an der Unternehmensspitze immer wieder neu befeuert wird.

▶ Der CEO ist aber vor allem eines: Die perfekte Projektionsfläche für die höchst unterschiedlichen, ja widerstreitenden Ansprüche der verschiedensten Stakeholder außerhalb und innerhalb des Unternehmens. Für die Aufsichtsgremien gilt bei mangelndem Geschäftserfolg der Austausch des CEO noch immer als Beweis besonderer Handlungsstärke. Für die Mitarbeiter und Führungskräfte der meisten Unternehmen er-

füllt ihr CEO eine wichtige psychische Hygiene- und Identifikations-
funktion.

▶ Tatsächlich ist heute kein CEO mehr in der Lage, im Alleingang für sein
Unternehmen bestmögliche Ergebnisse zu erzielen: Kunden und Kapitalmärkte sind zu dynamisch, Unternehmen zu komplex und Stakeholder zu vielfältig. Der Mehrzahl aller CEOs ist das bewusst: 2012 be-
nannten in einer globalen Studie mit über 1700 CEOs 58 Prozent der
Befragten»Führen im Team« als kritischen Erfolgsfaktor für einen CEO.

4
Das Top-Team-Paradox

»Ich will die beste Elf, nicht die besten elf.«

Udo Lattek

Der verengte Blick auf die besten elf

Es überrascht immer wieder: Dem Team an der Spitze wird herausragende Bedeutung attestiert. In krassem Missverhältnis dazu steht die fast beiläufige Aufmerksamkeit, die darauf verwendet wird, diese heterogene Gruppe von Top-Managern zu einem wirklich wirksamen Team zusammenzuführen. Zu gern beschränken sich CEOs und Aufsichtsgremien auf die bloße Zusammenstellung des Teams unter dem Credo »die richtigen Leute an Bord holen«. Tatsächlich ist es nicht nur die Zusammensetzung, sondern vor allem die Zusammenarbeit, die den Unterschied macht zwischen erfolgreichen und weniger erfolgreichen Top-Teams.

Studienergebnisse einer angloamerikanischen Forschergruppe um Randall S. Peterson von der London Business School bestätigen unsere Erfahrungen: Die Verhaltensdynamik innerhalb eines Top-Management-Teams beeinflusst direkt die Performance eines Unternehmens. Und: Persönlichkeitsmerkmale und Verhaltensmuster des CEO prägen diese Teamdynamik maßgeblich.[34]

Wenn dem CEO eine besondere Bedeutung für den Unternehmenserfolg zukommt, dann diese: das Schaffen einer wirksamen und produktiven Dynamik der Zusammenarbeit im Top-Team.

> Wenn dem CEO eine besondere Bedeutung für den Unternehmenserfolg zukommt, dann diese: das Schaffen einer wirksamen und produktiven Dynamik der Zusammenarbeit im Top-Team.

Für Aufsichtsräte, aber auch für Private-Equity-Firmen, die als aktive Investoren ihre Beteiligungen häufig operativ eng begleiten, ergibt sich daraus eine wichtige Erkenntnis: Anstatt sich primär mit rein quantitativen strategischen Planungsgrößen oder rückwärtsgewandten Ergebniskennzahlen zu befassen, sollten sie vielmehr einen stärker qualitativen Blick darauf richten, wie wirksam der CEO die Dynamik der Zusammenarbeit und Führung im Top-Team gestaltet.

Die bemerkenswerte Beiläufigkeit, mit der Aufsichtsgremien, CEOs, aber auch die Teammitglieder selbst dem Thema Zusammenarbeit im Top-Team begegnen, basiert auf zwei noch immer weit verbreiteten Grundannahmen – oder besser: Illusionen. *Erstens*: Erfahrene und kompetente Top-Führungskräfte wissen, wohin und wie sie das Gesamtunternehmen gemeinsam entwickeln wollen. *Zweitens*: Erfolgreiche Top-Führungskräfte arbeiten automatisch gut zusammen. Beide Grundannahmen sind falsch. *WARUM!?*

> Die Top-Team-Komposition ist wichtig, aber die Top-Team-Kollaboration ist entscheidend. Ein Team an der Spitze muss richtig zusammengesetzt sein – aber: Wie das Team an der Spitze zusammenarbeitet, entscheidet über Erfolg oder Misserfolg.

Die Komposition des Top-Teams ist wichtig, aber die Kollaboration ist entscheidend. Ein Team an der Spitze muss richtig zusammengesetzt sein – aber: Wie das Team an der Spitze zusammenarbeitet, entscheidet über Erfolg oder Misserfolg.

Die Alphas und ihre »nahen Feinde«

»Eines muss Ihnen klar sein: Das sind acht Alphatiere – ich gehe davon aus, dass Sie wissen, was Sie tun. Sie müssen die zu Ergebnissen treiben – um Ihretwillen!« In den mehr als zehn Jahren, seit denen wir mit Top-Teams arbeiten, verging kaum ein Gespräch mit einem unserer Klienten-CEOs ohne eine solche freundliche Mahnung. Kein Zweifel: Der Begriff »Alpha« – aus der Verhaltensbiologie übernommen, wo er das dominante Leittier einer Gruppe bezeichnet, zum Beispiel den Silberrücken in einem Gorillaclan – hat in den letzten Jahren Karriere gemacht. Und es bis in die Vorstandsetagen geschafft: Nicht wenige unserer Klienten outen sich gern in einem Anflug von Selbstironie, aber auch nicht ohne einen gewissen Stolz als Alphatiere. Und zumeist haben sie recht: Die Top-Etagen von Unternehmen sind mit Alphas dicht bevölkert. Es gibt zwar keine wirklich verlässlichen Zahlen, ihr Anteil dürfte bei Top-Führungskräften unserer Erfahrung nach aber mehr als 75 Prozent betragen.[35]

Alphas sind jener Typ Führungspersönlichkeit, der einen entscheidenden Beitrag zum Unternehmenserfolg leistet. Sie sind extrem erfolgs- und leistungsorientiert – und bereit, sich dort Herausforderungen zu stellen, wo andere längst zurückschrecken. Durch ihren Willen, ihre Kraft und ihren Erfolg ragen sie aus der Menge der Führungskräfte heraus und erzeugen so Gefolgschaft, ja oft sogar Bewunderung unter Mitarbeitern und Führungskräften. Sie sind die Herren im Ring.

Alphas sind für jedes Unternehmen ein zweischneidiges Schwert – unverzichtbare Ressource und unkalkulierbares Risiko zugleich.

Auf ihrer unverzichtbaren Aktivseite vereinen die dominierenden, machtvollen und autoritativen Alphas in sich höchst erfolgswirksame Verhaltensweisen: Sie sind erfolgsgetriebene Top-Leister, die von sich selbst und allen anderen ausschließlich herausragende Leistungen erwarten. Wie im Kapitel »Ein komplett anderes Spiel« gezeigt, dominieren in Vorstandsetagen Ingenieure, Naturwissenschaftler und Wirtschaftswissenschaft-

> Alphas sind für jedes Unternehmen ein zweischneidiges Schwert – unverzichtbare Ressource und unkalkulierbares Risiko zugleich.

ler. Sie sind von ihrer überlegenen analytischen Rationalität zutiefst überzeugt: Sie machen sich mit der Grundüberzeugung ans Werk, dass ihr analytisches Können ein universell taugliches Handwerkszeug ist – unabhängig von der konkreten Situation, in der sie es anwenden. Und sie gehen davon aus, so schrieb der britische Philosoph Stephen Toulmin, »dass sie von vornherein wissen, welche Dinge für ihre Entscheidungen relevant sind – und welche nicht«.[36]

So gerüstet verfolgen sie selbstsicher und mutig ihre Mission – mit großer Gestaltungskraft, höchster Entschlossenheit und enormem

Durchhaltewillen. Erster unter den Konkurrenten zu sein, ist ihre Triebfeder; wer nur den zweiten Platz erringt, ist bloß der erste Verlierer. Das heißt: Gut »funktionierende« Alphas sind nicht zu schlagen und für jedes Unternehmen von unschätzbarem Wert.

Wäre da nicht die Passivseite. Denn die dunkle Seite der Alphas kann zum unkalkulierbaren Risiko werden. Besonders in Stresssituationen tendieren Alphas dazu, aus einer Übersteigerung ihrer Stärken dysfunktionale Verhaltensweisen zu entwickeln, die in jedem Team und jeder Organisation enorme Schäden anrichten können. Die Managementforscher Kate Ludeman und Eddie Erlandson sprechen vom »Alpha Male Syndrome«: Dominanz und Selbstbewusstsein werden zu Einschüchterung und (Macht-)Arroganz, Leistungsorientierung kippt um in Überforderung (von sich selbst und anderen), analytische Stärke mutiert zu Rechthaberei, ja Verbohrtheit, Entschlossenheit schlägt um in engstirnige Verbissenheit, und Wettbewerbsgeist kann sich schließlich zu offenem Konkurrenzgebaren steigern, das mitunter ein Aggressionslevel erreicht, das jedes Team sprengen kann.

Schlecht »funktionierende« Alphas werden zu einer »loose cannon on deck«. Buddhisten nennen diese Schwächen die »nahen Feinde« der Stärken, aus denen sie entstehen. Und auch wenn sich die Alphas in unserer Arbeit nicht immer auf den ersten Blick zu erkennen geben, wissen wir aus Erfahrung genau: In jedem Top-Team sitzen die »nahen Feinde« stets mit am Tisch. Und warten auf ihren Einsatz.

In der Übersicht »Alphas in Top-Teams: Stärken und Risiken« haben wir die wichtigsten Verhaltensmuster von Alphas und ihre möglichen Konsequenzen für das Top-Team skizziert.

Teams an der Unternehmensspitze sind in Wesen und Zusammensetzung Alphateams – mit dem Resultat, dass sich die möglichen Ergebnisse von Teamarbeit potenzieren, im Positiven wie im Negativen. In unserer Arbeit treffen wir zumeist auf den hoch leistungsorientierten Mittvierziger bis Mittfünfziger, der in den Jahren seiner erfolgreichen Karriere eine sehr genaue und ebenso robuste Vorstellung davon entwickelt hat, was richtig ist – und was nicht. Jedes einzelne Mitglied des Alphateams ist im Grunde überzeugt, dass seine Lösung die einzig richtige ist – und tut sich aufgrund der eigenen vermeintlichen analytischen

Alphas in Top-Teams: Stärken und Risiken

Stärken der Alphas	Risiken für Top-Teams
Alphas sind als Top-Performer auf Höchstleistung und Erfolg programmiert.	Alphas setzen unrealistische Ziele, halten bedingungslos daran fest und überfordern das Team.
Alphas folgen ihrer Mission mit Mut, Selbstsicherheit und Durchhaltewillen.	Alphas dominieren das Team, machen keine Kompromisse und halten sich nicht an Regeln.
Alphas handeln als umsetzungsstarke Gestalter und suchen die Verantwortung.	Alphas treiben die eigene Lösung auch gegen die Kollegen im Team voran.
Alphas verfügen über hohe analytische Rationalität und sind von ihrem Urteil fest überzeugt.	Alphas stellen die Kompetenz und die Urteilskraft der Kollegen im Team offen in Frage.
Alphas sehen sich stets als Gewinner und suchen den Wettbewerb.	Alphas rivalisieren mit ihren Kollegen im Team und wollen sich um jeden Preis durchsetzen.

Überlegenheit entsprechend schwer, auf die Kompetenz der Kollegen zu vertrauen. »Ich schenke kein Vertrauen«, so bringen viele unserer Klienten ihre Haltung offen auf den Punkt, »mein Vertrauen muss sich jeder immer wieder verdienen.«

Was für die Kompetenz der Kollegen gilt, gilt für die Absichten umso mehr. Und das überrascht nicht, denn aus ihrer konkurrenzorientierten Weltsicht wähnen sich nicht wenige im Sitzungsraum des Vorstands (zumindest potenziell) als Nachfolger ihres gegenwärtigen CEO. Jeder andere am Tisch gilt als möglicher Rivale. Diese Grundannahme trifft auch durchaus zu: Immerhin werden mehr als 60 Prozent aller CEOs in Deutschland aus dem eigenen Unternehmen – und somit zumeist aus dem bestehenden Top-Team – rekrutiert.[37] Aber nicht nur die eingebaute Rivalität zwischen Alphas macht es in Top-Teams so schwierig, eine gemeinsame Logik des Gelingens zu entwickeln. Auch die Strukturen, Prozesse und Mechanismen, die wir in großen Unternehmen finden, wirken als mächtige Verbündete der »nahen Feinde«.

Das Team von Rivalen

Zehn Alphas in einem Raum können eine kaum beherrschbare Dynamik entfalten, das wissen viele unserer Klienten aus eigener Erfahrung. Ein Vorstandsvorsitzender begrüßte uns zu einem Workshop mit seinem Top-Team sogar mit einem lockeren »Willkommen in meinem Alpha Male Fight Club« – eine Anspielung an den bekannten Film, in dem für den Fight Club als erste Regel gilt: »Ihr verliert kein Wort über den Fight Club.« Um jeden Zweifel sofort auszuräumen: Das war natürlich eine selbstironische Übersteigerung (und der Workshop verlief durchaus zivilisiert), aber dahinter verbirgt sich ein wahrer Kern.

Gruppen von Top-Managern formen nicht automatisch ein Team – im Normalzustand dominiert die Logik der Konkurrenz.

Auch wenn nahezu jeder CEO ganz selbstverständlich von »meinem Managementteam«, »meinem Leadershipteam« oder »meinem Top-Team« spricht – nur die wenigsten Top-Teams entsprechen tatsächlich den Kriterien, die ein Team als Team qualifizieren. Das liegt nicht nur daran, dass Alphas aufgrund ihres tiefen Misstrauens in andere eine Grunddisposition zum Einzelgängertum haben – und deshalb immer wieder gern hitzige Diskussionen über die Frage

> Gruppen von Top-Managern formen nicht automatisch ein Team – im Normalzustand dominiert die Logik der Konkurrenz.

lostreten, »ob wir überhaupt als Team zusammenarbeiten müssen oder nicht jeder von uns für sich allein besser dran ist«.

Echte Teams an der Spitze sind auch deshalb eine seltene Erscheinung, weil an der Unternehmensspitze eine Logik regiert, die wir das Top-Team-Paradox nennen. Die individuelle Stärke der Einzelnen addiert sich nicht zwangsläufig zu einer gemeinsamen Stärke – viel häufiger ist die individuelle Stärke die Grundlage einer kollektiven Schwäche, in der 1 plus 1 plus 1 eben nicht 3 oder im Idealfall 6 ergibt, sondern nur 1,5.

Das Top-Team-Paradox wird besonders anschaulich, wenn wir die Realitäten an der Unternehmensspitze betrachten – und die klassisch gewordene Teamdefinition von Jon Katzenbach dagegensetzen.

Im Gegensatz zu den vielen idealisierten Sichtweisen auf Teams definiert Katzenbach ein Team sehr pragmatisch und instrumentell als »eine kleine Gruppe von Personen, deren Fähigkeiten einander ergänzen und die sich für eine gemeinsame Sache, gemeinsame Leistungsziele und einen gemeinsamen Arbeitsansatz engagieren und sich gegenseitig zur Verantwortung ziehen«.[38]

1. … eine kleine Gruppe von Managern mit einander ergänzenden Fähigkeiten? Top-Teams sind in der Praxis nie eine kleine Gruppe von Managern an der Unternehmensspitze, deren Fähigkeiten einander optimal ergänzen. Top-Managementteams bestehen zumeist aus etwa sechs bis 15 Mitgliedern. Die Komplexität moderner Organisationen, gerade bei international agierenden Unternehmen mit ihren weit verzweigten Matrixorganisationen, führt dazu, dass aus Pragmatismus mehr Funktionen direkt in die Top-Teams integriert werden, die dann unter höchst vielfältigen Bezeichnungen firmieren. Executive Board, Executive Team, Executive Committee, Management Board oder auch Leadershipteam sind nur einige der weit verbreiteten aus einer nahezu verwirrenden Vielfalt von Bezeichnungen.

Die bloße Größe und die damit verbundene potenzielle Dynamik einer Gruppe von sechs bis 15 Alphas ist dabei nur ein Teil der Herausforderung. Operative Teams, zum Beispiel in der Produktentwicklung, setzen sich arbeitsteilig aus den besten Spezialisten mit einander ergänzenden Fähigkeiten zusammen. An der Unternehmensspitze finden wir das exakte Gegenmodell: Alle Mitglieder eines Top-Teams sind nach

Anspruch und Hintergrund General Manager – erfahrene und hochkompetente Führungskräfte, die die ganze Klaviatur von Fähigkeiten beherrschen, die es braucht, um nach ganz oben zu gelangen. Die Manager, auf die wir in Top-Teams treffen, haben in den 20 bis 25 Jahren ihrer Karriere innerhalb oder außerhalb ihres jetzigen Unternehmens zumeist eine Vielzahl von Positionen erfolgreich gemanagt. Mit ihrer meist umfassenden Erfahrung in Strategie, Finanzen, Produktion, Marketing und Vertrieb sind sie vor allem eines: Generalisten – keine Spezialisten.

> Top-Teams sind ihrem Wesen nach Teams von Gleichen. Mit dem Resultat, dass jeder potenziell die Position eines jeden anderen übernehmen könnte. Oder zumindest eine robuste Vorstellung davon hat, wie der Teamkollege seinen eigenen Job noch besser machen könnte.

Top-Teams sind ihrem Wesen nach Teams von Gleichen. Mit dem Resultat, dass jeder potenziell die Position eines jeden anderen übernehmen könnte. Oder zumindest eine robuste Vorstellung davon hat, wie der Teamkollege seinen eigenen Job noch besser machen könnte.

Die Arbeitsteilung im Top-Team ist in ihrem Kern vor allem eine Verantwortungsteilung. Sie basiert nicht primär auf Expertentum, sondern auf einer Positionszuordnung. Das Hauptrisiko für Top-Teams liegt damit weniger in der fachlichen Inkompetenz einzelner Mitglieder, sondern in der persönlichen Positionierung gegenüber Teamkollegen.

Wir müssen weg von der fachliche, auf die Ebene komme

2. ... eine gemeinsame Sache? Top-Teams haben zumeist eine nur diffuse »gemeinsame Sache«, aus der sie eine gemeinsame Praxis von Zusammenarbeit und Führung konkret ableiten könnten. Operative Teams oder Projektteams werden zusammengeschweißt, weil sie unter Zeitdruck ein reales Endprodukt »liefern« müssen: ein neues Produkt entwickeln, einen Produktionsprozess effizienter gestalten oder die Lieferkette eines Unternehmens optimieren. All diese höchst unterschiedlichen Aufgaben haben zwei Dinge gemeinsam: klare Umrisse und eindeutige Erfolgsdefinitionen, wie Absatz/Umsatz, Produktionszeiten und -kosten, Lieferzeiten und -kosten.

Bei Teams an der Spitze sieht die »gemeinsame Sache« völlig anders aus. Sie ist zumeist hoch abstrakt und orientiert sich mittelbar oder unmittelbar am Unternehmenszweck (»Unseren Kunden das Beste bieten: Immer und überall«), der Vision (»In fünf Jahren zu den Top Five in der Industrie zählen«) oder der Umsetzung einer Strategie (»Das Kerngeschäft stärken, mit Innovationen wachsen«).

Eine einigende Vision und Strategie sind unverzichtbar. Aber sie sind Abstraktionen, und es gibt beliebig viele konkurrierende Wege, diese vermeintlich »gemeinsame Sache« umzusetzen. Deshalb sind sie nicht geeignet, um als Fundament und Ausgangspunkt für Teamverhalten an der Spitze zu wirken.

Gleiches gilt für gemeinsame Leistungsziele: Gerade an der Unternehmensspitze finden wir vor allem hochgradig aggregierte Ziele – und das sicher zurecht. Wer, wenn nicht die Unternehmensleitung, sollte schließlich in seiner Zielvereinbarung für Gesamtunternehmensziele geradestehen? Fast immer aber leben (und leiden) Top-Führungskräfte unter einer hybriden Zielesystematik, die die Gesamtziele des Unternehmens mit den Zielen je Geschäftsbereich mehr oder minder intelligent zu kombinieren versucht. Genau das führt in der Praxis zu nichts anderem, als dass die Mitglieder des Teams alle Anstrengungen auf das Erreichen ihres Bereichsziels fokussieren. Denn hier haben sie direkten Einfluss auf ihren Erfolg und tragen zugleich, wenn auch nur mittelbar, zum Gesamterfolg bei. Die real existierenden Zielesystematiken der meisten Unternehmen führen dann auch auf direktem oder indirektem Weg in den Bereichsegoismus. Sie sind kein Instrumentarium, das die Entwicklung einer Gruppe an der Spitze zu einem echten Team an der Spitze unterstützt.

> Eine einigende Vision und Strategie sind unverzichtbar. Aber sie sind Abstraktionen und es gibt beliebig viele konkurrierende Wege, diese vermeintlich »gemeinsame Sache« umzusetzen. Deshalb sind sie nicht geeignet, um als Fundament und Ausgangspunkt für Teamverhalten an der Spitze zu wirken.

3. ... ein gemeinsamer Arbeitsansatz? »Diese wöchentlichen Vorstandssitzungen – gefühlte neun Stunden, 23 Agenda-Punkte und 220 Seiten Powerpoint – bringen mich jedesmal zur Verzweiflung«, so oder ähnlich lautet eine verbreitete Klage vieler unserer Vorstandsklienten. »Ich würde mich gern mal auf meinen eigentlichen Job konzentrieren.« Die Botschaft ist klar: Als ihren »eigentlichen Job« sehen die meisten Top-Manager die Führung »ihres« Unternehmensbereichs – nicht die produktive Mitarbeit im Top-Team. Die Zugehörigkeit zum Top-Team bildet nur die Sekundärloyalität, die Primärloyalität aber gehört dem eigenen Geschäftsbereich.

Und dafür gibt es gute Gründe: Im eigenen Bereich ist man »Herr im Haus« oder zumindest primus inter pares, hier konzentriert man seine Zeit und Aufmerksamkeit. Im eigenen Team hat man loyale Leute um sich versammelt. Viele Entscheidungen fallen in letzter Instanz hier, was bedeutet, sehr direkten Einfluss auf den Bereichserfolg. Die Möglichkeit oder zumindest das Gefühl, »durchentscheiden« und »durchmanagen« zu können, stärkt die persönliche Selbstwirksamkeitserwartung – für »Tatmenschen« eine der wichtigsten Triebfedern von Motivation.

Im Top-Team findet sich der Manager demgegenüber in einer weit unkomfortableren Lage wieder: Als Gleicher unter Gleichen – oder Konkurrenten –, konfrontiert mit einer Vielzahl von Themen, zu denen er oft nur begrenzt einen Beitrag leisten kann (oder will), und nicht selten gezwungen, die eigenen Konzepte vor den kritischen Augen der Kollegen verteidigen zu müssen. Das Resultat ist eine häufig zu beobachtende und für das Team an der Spitze höchst unproduktive Logik der Repräsentation. Schließlich geht es nicht zuletzt darum, die Autorität gegenüber dem eigenen Bereichsteam immer wieder aufs Neue zu unterstreichen und zu beweisen, dass man das Maximum für den eigenen Bereich herausholen konnte.

> Die Mitglieder des Top-Teams verstehen sich oft primär als Vertreter ihres eigenen Bereichs. Jeder im Team konzentriert sein Handeln darauf, die eigenen Themen möglichst ohne Einschränkungen »durchzubringen«, kritische Nachfragen gar nicht erst aufkommen zu lassen und Entscheidungen im Sinne des eigenen Verantwortungsbereichs voranzutreiben.

Die Mitglieder des Top-Teams verstehen sich oft primär als Vertreter ihres eigenen Bereichs. Jeder im Team konzentriert sein Handeln darauf, die eigenen Themen möglichst ohne Einschränkungen »durchzubringen«, kritische

Nachfragen gar nicht erst aufkommen zu lassen und Entscheidungen im Sinne des eigenen Verantwortungsbereichs voranzutreiben.

Nicht überraschend also, dass die meisten Manager ihre knappste Ressource, »Management Attention«, also Zeit und Aufmerksamkeit, auf ihr eigenes Spielfeld konzentrieren. Die innere Logik lässt sich mit jener aus dem Fußball vergleichen: In der Nationalmannschaft als Teilzeitmannschaft spielen die Stars vor allem um Prestige. Die primäre Loyalität der Profis aber gehört der Vereinsmannschaft. Hier spielen sie Vollzeit, oft vor eigenem Publikum um die Meisterschaft – und vor allem auch um eines: den eigenen Marktwert.

4. ... gemeinsame Verantwortlichkeit? Es ist nur konsequent: Wo Bereichsdenken dominiert, kann gemeinsame Verantwortlichkeit nicht entstehen – und noch weniger eine Praxis, in der sich die Mitglieder des Top-Teams gegenseitig zur Verantwortung ziehen. Der Spontanreflex vieler Top-Führungskräfte gegen gegenseitige Verantwortlichkeit ist häufig unüberhörbar – in einer Arena, in der das Vertrauen in die Kompetenz und die Absichten der konkurrierenden Kollegen dünn gesät ist.

Zum Selbstverständnis des Top-Managers zählt, für den eigenen Bereich voll verantwortlich zu sein. Eingriffe in diese Verantwortlichkeit – sei es in der Form des »Challengens« oder in der Form »guter Ratschläge« – sind zunächst einmal inakzeptabel. Im minder schweren Fall werden sie nur als übergriffig empfunden, im schwereren Fall als narzisstische Kränkung.

In einem Team von Alphas entarten von Kollegen »angezettelte« Diskussionen über potenziell bessere Lösungen schnell zu heftigen Auseinandersetzungen: zunächst über die intellektuelle Lufthoheit, dann aber auch über die persönliche Positionierung im Team. Als Konsequenz derartiger Erfahrungen schließen Manager gerade in Top-Teams häufig unausgesprochen einen Waffenstillstand miteinander, der im Kern auf einer Logik der Abschreckung aufbaut: Kein Teammitglied mischt sich in die inneren Angelegenheiten der anderen Kollegen ein – auch, um nicht selbst zum Ziel einer Attacke zu werden. Die Teamdynamik des Nichtangriffspakts reduziert die Zahl der sichtbaren Opfer – zulasten eines unsichtbaren Opfers: der besten Lösung.

In der Abbildung »Klassische Teams und Top-Teams: Erfolgsfaktoren und Herausforderungen« haben wir die wichtigsten Merkmale gegenübergestellt, die Top-Teams von typischen Teams unterscheiden.

Es ist somit Zeit, mit den zwei grundlegenden Illusionen aufzuräu-
men, die viele CEOs noch immer hegen: Weder wissen erfahrene und
kompetente Top-Führungskräfte »von selbst«, wohin und wie sie das

Klassische Teams und Top-Teams:
Erfolgsfaktoren und Herausforderungen

Klassische Teams: Erfolgsfaktoren	Top-Teams: Herausforderungen
Klassische Teams sind Teams von Experten; Mitglieder haben einander ergänzende Fähigkeiten; Prinzip ist Arbeitsteilung.	Top-Teams sind Teams von Gleichen; Mitglieder sind General Manager mit ähnlichem Spektrum an Fähigkeiten; Prinzip ist Verantwortungsteilung.
Klassische Teams haben klare gemeinsame Endprodukte und geteilte Leistungsziele.	Top-Teams haben eine nur abstrakte gemeinsame »Sache« (Vision / Strategie) und konkurrierende Leistungsziele.
Klassische Teams basieren auf dem Arbeitsmodus Vollzeit; Energie und primäre Loyalität der Mitglieder richten sich auf das Team.	Top-Teams basieren auf dem Arbeitsmodus Teilzeit; Top-Team ist nur zweite Loyalität; Energie der Mitglieder richtet sich primär auf den eigenen Bereich.
In klassischen Teams nehmen sich Mitglieder gegenseitig für den Erfolg in die Verantwortung.	In Top-Teams herrscht geteilte Verantwortung; kein Mitglied akzeptiert Eingriffe in die eigene Verantwortlichkeit durch Teamkollegen.

Gesamtunternehmen gemeinsam entwickeln müssten – noch arbeiten sie automatisch oder aus höherer Einsicht produktiv miteinander.

Im realen Normalfall regiert das Top-Team-Paradox: Der innere Kompass erfolgreicher Manager ist auf »einsame Spitze« ausgerichtet, nicht auf »gemeinsame Spitze«.

Im realen Normalfall regiert das Top-Team-Paradox: Der innere Kompass erfolgreicher Manager ist auf »einsame Spitze« ausgerichtet, nicht auf »gemeinsame Spitze«.

Aus dieser Grunddisposition entsteht in den von Alphas dominierten Top-Teams eine permanente und eben nicht automatisch produktive Spannung zwischen Kompetenz und Konkurrenz, zwischen Verantwortungsgemeinschaft und Verantwortungsteilung. Um es mit Immanuel Kant einmal philosophisch auf den Kern zu reduzieren: Teams an der Unternehmensspitze sind eine Welt der »ungeselligen Geselligkeit« – in einem unauflösbaren Dilemma zwischen der Notwendigkeit zur Vergemeinschaftung und der Neigung zur Vereinzelung.[39]

Auf einen Blick
Das Top-Team-Paradox

Eckpunkte

▶ Nur ein wirksames Top-Team kann die Herausforderungen lösen, die die zunehmende dynamische Komplexität an Führung und Zusammenarbeit an der Unternehmensspitze stellt. Und doch: CEOs und Aufsichtsgremien fokussieren zu oft auf die bloße Zusammenstellung des Teams – nicht auf die Entwicklung einer wirksamen Zusammenarbeit im Top-Team.

▶ Die Komposition des Top-Teams ist wichtig, aber die Kollaboration ist entscheidend – und bestimmt über Erfolg oder Misserfolg. Denn gerade an der Unternehmensspitze arbeiten Gruppen von hochkompetenten Managern nicht automatisch wirksam im Team.

▶ Top-Teams sind Teams von Alphatieren. Das potenziert die möglichen Ergebnisse von Teamarbeit – im Positiven wie im Negativen. Leistungs- und wettbewerbsorientierte Alphas sind ein unverzichtbarer Aktivposten für jedes Unternehmen. Zugleich aber sind sie ein Risiko: Alphas tendieren besonders unter Stress dazu, aus einer Übersteigerung ihrer Stärken dysfunktionale Verhaltensweisen zu entwickeln, die jedes Team sprengen können.

▶ Strukturen und Prozesse an der Unternehmensspitze wirken der Entwicklung einer natürlichen Arbeit als Team entgegen. Anders als operative Teams sind Teams an der Unternehmensspitze »Teams von Gleichen«; ihre gemeinsame Zielausrichtung ist abstrakt; sie sind zumeist nur die »zweite Loyalität« ihrer Mitglieder; und die Strukturen der meisten Unternehmen fördern eine Fokussierung auf den individuellen Verantwortungsbereich, nicht auf das Gesamtinteresse.

▶ In Top-Teams regiert im Normalfall das Top-Team-Paradox: Der innere Kompass erfolgreicher Manager ist auf »einsame Spitze« ausgerichtet, nicht auf »gemeinsame Spitze«. Die von Alphas dominierten Top-Teams kennzeichnet eine permanente, nicht automatisch produktive Spannung zwischen Kompetenz und Konkurrenz, zwischen Verantwortungsgemeinschaft und Verantwortungsteilung.

5

Top-Manager sind auch nur Menschen

»Ich kann nicht sagen, dass ich sonderlich überrascht bin,
die Menschen reagieren nun einmal äußerst unlogisch.«

Mr. Spock, Raumschiff Enterprise

Die ganz normale Irrationalität

Der rationale Manager als Träger rein analytisch-rational und streng
ökonomisch begründeten Handelns hat seinen Prozess längst verloren
– und auf eine Revision des Urteils sollte niemand hoffen, das da lautet:
Der Top-Manager ist ein Mensch und als solcher handelt er irrational.
Zugegeben – es ist ein Indizienprozess, aber die Beweislage ist eindeutig:
Das für das Auge nicht Sichtbare, die Dynamik des Unbewussten, ist
auch in Top-Teams zentrale Triebfeder von Urteilen, Entscheidungen
und Handlungsweisen – ob man es nun anerkennen will oder nicht.

Um jedem Missverständnis vorzubeugen: Wenn wir von Irrationalität im Verhalten des Top-Managements sprechen, zielen wir weder auf
individuelle Krankheitsbilder der klinischen Psychologie noch auf das
immer populäre und gern auch hämische Anprangern vermeintlicher
Neurosen der Chefs. Auch geht es uns nicht primär um spektakuläre
Fehlentscheidungen oder Fälle eklatanten Missmanagements, die es bis
auf die Titelblätter der Wirtschaftspresse schaffen. Natürlich folgten
Skandale wie Enron in den USA oder die von einem toxischen Gemisch
aus Gier und Risikobereitschaft befeuerte internationale Finanzkrise ir-
rationalen Grundmustern – die man wohl am ehesten als Formen der
Gruppen- oder Massenpsychose deuten müsste. Die entscheidende Herausforderung aber ist eine andere.

Die Kernherausforderung für erfolgreiches Handeln in Top-Teams ist nicht der sichtbare Ausbruch von Irrationalität – sondern die unsichtbare, latente Irrationalität in ihrer ganzen Normalität.

Die Kernherausforderung für erfolgreiches Handeln in Top-Teams ist nicht der sichtbare Ausbruch von Irrationalität – sondern die unsichtbare, latente Irrationalität in ihrer ganzen Normalität.

Es entbehrt nicht einer gewissen Ironie: Der analytisch-rationale Manager wurde mit seinen eigenen Methoden überführt und als Trugbild entlarvt – von den analytisch-rationalen Wissenschaften. Die Neuro- und Kognitionswissenschaften haben in Zusammenarbeit mit der Psychodynamik und der Verhaltensökonomik in den vergangenen 20 Jahren eine Beweislage gegen den rationalen Manager zusammengetragen, die erdrückend ist. Sie basiert auf drei entscheidenden Erkenntnissen:

1. Das Unbewusste kontrolliert das Bewusstsein stärker als umgekehrt.

2. Das Unbewusste entsteht in der persönlichen Entwicklung lange vor dem Bewusstsein und legt sehr früh die Grundstrukturen des psychischen und bewussten Erlebens fest.

3. Das bewusste Ich hat nur geringe Einsicht in die unbewussten Bedingungsfaktoren des eigenen Handelns; es kann sich nicht selbst helfen.

Die Einsichten der Neuro- und Kognitionswissenschaften stehen damit interessanterweise durchaus im Einklang mit den Grundannahmen Sigmund Freuds – mit den Grundlagen seiner Theorie, unabhängig von der psychoanalytischen Therapie. Im Gegensatz zur Freudschen Theorie aber können diese Erkenntnisse gerade von Top-Managern – als dezidierten Fürsprechern einer wissenschaftlich-rationalen Weltsicht – nicht länger ignoriert werden: Es sind eben keine bestenfalls verstörenden, schlimmstenfalls abstrusen, über 100 Jahre alte Ideen eines umstrittenen Wiener Arztes.[40]

Die Routinen der Selbsttäuschung

In den vergangenen 20 Jahren waren es vor allem Fachwissenschaftler, die dem rationalen Manager – zumeist unter Ausschluss der Öffentlichkeit – auf den Fersen waren. In jüngster Zeit aber haben zwei höchst prominent gewordene Staranwälte – Nassim Taleb, bekennender Hauptdissident der Wallstreet, und der Psychologe und Wirtschaftsnobelpreisträger Daniel Kahneman – entscheidende Belege für die Irrationalität im Management gebracht. Beide tragen einander ergänzende Erklärungsperspektiven zu dem bei, was wir als irrationales Verhalten in Top-Teams immer wieder beobachten können.[41]

Die Wahrnehmungsverzerrungen oder »Biases« und psychischen Dynamiken, die Menschen dazu verleiten, irrational zu urteilen, zu entscheiden und zu handeln, sind so vielfältig wie das Leben selbst.[42] Aber fast allen Biases oder Wahrnehmungsverzerrungen ist eines gemeinsam: Sie sind im Kern Spielarten einer systematischen Selbstüberschätzung des eigenen Wissens und der eigenen Fähigkeiten.

Wahrnehmungsfehler sind kein exklusives Phänomen, das nur in Vorstandsetagen vorkommt. Aber gerade an der Spitze von Unternehmen findet sich eine spezifische Kombination von höchster Komplexität und höchstem Leistungsanspruch, die ein besonders fruchtbares Biotop für Wahrnehmungsverzerrungen bildet.

Wo jene grundlegenden Entscheidungen getroffen werden, die letztlich über Erfolg und Misserfolg von ganzen Unternehmen bestimmen, können systematische Wahrnehmungsverzerrungen potenziell dramatische Konsequenzen haben. In unserer Beratungsarbeit sehen wir immer wieder, dass Top-Manager und Top-Teams für einige spezifische Fehlwahrnehmungen besonders anfällig sind. Sie treten mit besonderer Häufigkeit und Intensität auf, nennen wir sie kurz unsere »Top 6 Biases«. Wir stellen diese typischen Wahrnehmungsfehler an

> Wahrnehmungsfehler sind kein exklusives Phänomen, das nur in Vorstandsetagen vorkommt. Aber gerade an der Spitze von Unternehmen findet sich eine spezifische Kombination von höchster Komplexität und höchstem Leistungsanspruch, die ein besonders fruchtbares Biotop für Wahrnehmungsverzerrungen bildet.

dieser Stelle nur kurz vor. Im Teil II »Disziplinen des Gelingens« werden wir ihre Wirkungsweisen und Konsequenzen in konkreten Situationen im Detail kennenlernen.

1. Der »Overconfidence-Effekt« Der Selbstüberschätzungseffekt ist ein Wahrnehmungsfehler, für den Manager, gerade an der Unternehmensspitze, eine besonders anfällige Risikogruppe bilden.

Der Overconfidence-Effekt basiert schlicht auf einer natürlichen Überschätzung des eigenen Wissens und der eigenen Fähigkeiten.

Klassische Beispiele sind die Überschätzung des potenziellen Erfolgs eines neuen Produkts am Markt, die Unterschätzung von Zeit und Investments, die es braucht, um eine Innovation zur Marktreife zu bringen, oder auch des nötigen Aufwands, um Verhaltensänderungen im Unternehmen umzusetzen. Auch strategische Planungsprozesse in Unternehmen sind regelmäßig anfällig für Selbstüberschätzung. Ambitionierte Planungen unterjährig nach unten anzupassen, ist in vielen Unternehmen die Regel – nur um im nächsten Jahr den gleichen Fehler zu wiederholen.

Die optimistische Verzerrung kommt insbesondere dort vor, wo hohe Risiken eingegangen werden müssen. Gerade die Alphas an der Unternehmensspitze sind dafür deshalb besonders empfänglich. Top-Manager, die sich selbst zudem eine hohe Fachexpertise unterstellen, leiden natürlicherweise stärker und häufiger an der Selbstüberschätzung als andere. Fragen wir die Mitglieder von Top-Teams vertraulich, wie sie ihre individuelle Leistung im Vergleich zu der ihrer Teamkollegen einschätzen, fallen die Antworten fast immer einhellig aus: Etwa 90 Prozent der Mitglieder des Teams geben an, sie selbst seien besser als der Durchschnitt des Teams. Statistisch betrachtet ist das schlicht und ergreifend unmöglich, denn ohne Overconfidence-Effekt müssten es immer genau 50 Prozent sein.

> Der Overconfidence-Effekt basiert schlicht auf einer natürlichen Überschätzung des eigenen Wissens und der eigenen Fähigkeiten.

2. Der »Self-Serving-Bias« Dem Selbstdienlichkeitsfehler begegnen wir in unserer Arbeit mit Top-Teams besonders häufig, weil er tief im mentalen Modell erfolgreicher Führungskräfte verankert ist. Der Self-Serving-Bias ist ein Sonderfall eines sogenannten fundamentalen Attributionsfehlers, der dazu führt, dass man den Einfluss des Einzelnen auf Erfolg systematisch überschätzt – und die Macht der Verhältnisse unterschätzt.

Die innere Logik des Self-Serving-Bias ist ebenso einfach wie bestechend: Erfolge schreibt man der eigenen Kompetenz und dem eigenen Verhalten zu, Misserfolge sind das Resultat widriger äußerer Umstände.

Die innere Logik des Self-Serving-Bias ist ebenso einfach wie bestechend: Erfolge schreibt man der eigenen Kompetenz und dem eigenen Verhalten zu, Misserfolge sind das Resultat widriger äußerer Umstände.

Hat das Unternehmen ein ausgezeichnetes Geschäftsjahr hinter sich oder den Turnaround gemeistert, wird der Erfolg dem CEO und seinem Top-Team zugeschrieben – als Resultat weitsichtiger Entscheidungen und wirkungsvollen Führungsverhaltens. War das Jahr schlecht, sind die Verhältnisse schuld: Kunden haben das Produkt noch nicht verstanden, die Konjunktur hat sich abgekühlt, Führungskräfte und Mitarbeiter haben einfach nicht mitgezogen.

Für Jim Collins markiert gerade diese aus dem Erfolg geborene Hybris einen entscheidenden ersten Schritt für Unternehmen auf dem Weg in den Verfall: »Anstatt anzuerkennen, dass Glück und Zufall eine hilfreiche Rolle gespielt haben könnten, beginnen die Leute anzunehmen, dass Erfolg ausschließlich auf den überlegenen Qualitäten des Unternehmens und seiner Führung beruht.«[43]

3. Der »Confirmation-Bias« Das klassische Beispiel für den Bestätigungsfehler aus der Vorstandsetage sind strategische Weichenstellungen oder substanzielle Akquisitionen oder Investitionen: Die Wahrnehmung des Top-Teams wird dominiert von klaren Belegen, die die gemeinsame Entscheidung bestätigen: »sichtbare Synergien« aus der Akquisition, »Early Wins« aus der neuen Strategie oder »grüne Ampeln« in wichtigen Zukunftsprojekten.

Der Bestätigungsfehler ist ein psychischer Automatismus, der Informationen und Erfahrungen unbewusst so filtert und interpretiert, dass man

Der Bestätigungsfehler ist ein psychischer Automatismus, der Informationen und Erfahrungen unbewusst so filtert und interpretiert, dass man die eigenen Grundüberzeugungen, vermeintlich erfolgreichen Verhaltensweisen oder eigenen Entscheidungen bestätigt sieht.

die eigenen Grundüberzeugungen, vermeintlich erfolgreichen Verhaltensweisen oder eigenen Entscheidungen bestätigt sieht.

Verstörende Hinweise oder Warnzeichen, die auf ein potenzielles Scheitern hinweisen könnten, sind nicht konsistent mit dem positiven Gesamtbild, dass das Top-Team sich zeichnet. Sie werden als Sonderfälle oder als »irrelevant« für den Erfolg des Ganzen, unbewusst, aber systematisch ausgeblendet.

4. Die »Narrative Fallacy« »Jeder Mensch erfindet sich früher oder später eine Geschichte, die er für sein Leben hält« – dieses Diktum von Max Frisch beschreibt anschaulich den Erzählungstrugschluss. Und genauso erfinden auch Manager an der Unternehmensspitze ihre eigene Geschichte über das, was sie erfolgreich gemacht hat. Denn Vergangenheit ist nichts Objektives, sie ist etwas Konstruiertes.

Jeder Manager verfügt über konstruierte, scheinbar konsistente Geschichten über die Vergangenheit und verdichtet sie zu persönlichen Erfolgsmodellen – zu festgefügten Auffassungen darüber, welche Verhaltensweisen der Grund für den eigenen Erfolg waren.

Konsistente Geschichten schaffen Sicherheit, aber sie bergen ein Risiko: die Illusion einer Zwangsläufigkeit. Im Rückblick scheint der persönliche Erfolg einer zwingenden inneren Logik zu folgen, die auf einer

Jeder Manager verfügt über konstruierte, scheinbar konsistente Geschichten über die Vergangenheit und verdichtet sie zu persönlichen Erfolgsmodellen – zu sehr festgefügten Auffassungen darüber, welche Verhaltensweisen der Grund für den eigenen Erfolg waren.

Kombination eigener Weitsicht, Kompetenz und Führungsstärke basiert – nicht etwa auf günstigen Umständen oder gar auf Glück. Die potenziellen Gefahren sind Arroganz, Hybris und falsche Vorhersagen. Der Rückschaufehler mit seinem Resultat – aus subjektiv konstruierten Erfolgsgeschichten abgeleitete persönliche Erfolgsmodelle – birgt gerade an der Unternehmensspitze besondere Risiken, denn er führt zum unkritischen Wiederholen eigener Fehler und zur Anwendung eigener Erfolgsrezepte unter Bedingungen, die sich vollständig verändert haben.

5. Der »Authority-Bias« In komplexen Situationen wenden sich Menschen Autoritäten zu – und Manager in Top-Teams bilden da keine Ausnahme. Gerade bei dominanten CEOs besteht die Gefahr, dass der Autoritätsfehler seine unheilvolle Wirkung entfalten kann – in Form eines unbewussten inneren Kontrakts zwischen Team und CEO.

Die Teammitglieder unterwerfen sich der Autorität des dominanten CEO und geben ihre Mitverantwortung damit praktisch ab. Der CEO erhält Gefolgschaft und Loyalität, die Teammitglieder im Gegenzug Sicherheit und Konfliktfreiheit.

Ein sehr praktischer Deal für beide Seiten mit potenziell verheerenden Folgen für das Unternehmen: Denn dass ein CEO über eine überlegene Urteilsfähigkeit verfügt und im Alleingang bessere Entscheidungen trifft als das gesamte Top-Team, ist äußerst unwahrscheinlich und in den meisten Fällen nicht mehr als eine trügerische Hoffnung.

> Die Teammitglieder unterwerfen sich der Autorität des dominanten CEO und geben ihre Mitverantwortung damit praktisch ab. Der CEO erhält Gefolgschaft und Loyalität, die Team-Mitglieder im Gegenzug Sicherheit und Konfliktfreiheit.

6. Der »Action-Bias« Der Action-Bias ist gerade in den von Alphas dominierten Top-Teams einer der Wahrnehmungs- oder besser: Verhaltensfehler, die wir am häufigsten beobachten. Das unausgesprochene Motto des Alphas lautet: im Zweifel – handeln!

Gerade in komplexen Situationen dominiert an der Unternehmensspitze der Impuls des Managers als Tatmensch: Etwas unternehmen, unabhängig davon, ob es richtig ist oder nicht – und egal, ob Warten und genaueres Verstehen bessere Alternativen wären.

Die zugrundeliegende Logik ist klar: Eigentümer und Aufsichtsgremien werten es bei einem Top-Manager kaum als Erfolg, wenn er mit Nicht-Handeln das Richtige getan hat. Die Erwartungen der Stakeholder sind gänzlich andere: Gerade das Top-Management muss in jeder Situation das Heft des Handelns in der Hand behalten und durch

> Gerade in komplexen Situationen dominiert an der Unternehmensspitze der Impuls des Managers als Tatmensch: Etwas unternehmen, unabhängig davon, ob es richtig ist oder nicht – und egal, ob Warten und genaueres Verstehen bessere Alternativen wären.

Entscheidungsstärke und Handlungswillen seine unbedingte Entschlossenheit demonstrieren.

Das Risiko des Action-Bias ist immens. Gerade in Krisensituationen, in denen konsistentes, überlegtes Handeln und eine ruhige Hand an der Unternehmensspitze besonders gefordert sind, mündet der Impuls zur Tat in einem oft unabgestimmten Adhocismus oder Aktionismus im Top-Team. Mit der Folge, dass ganze Organisationen desorientiert und destabilisiert werden. In der Übersicht »Wahrnehmungsfehler: Die Top 6 Biases in Top-Teams« bringen wir diese wichtigsten Wahrnehmungsfehler in Top-Teams nochmals kurz auf den Punkt.

Um es erneut zu betonen: Wahrnehmungsfehler sind keine individuellen Fehlleistungen einzelner Manager. Die Verzerrungen entstehen dadurch, dass Menschen – und eben auch Top-Manager – mit einem hoch leistungsfähigen, automatisch arbeitenden »psychischen System« ausgestattet sind, das schnell und auf Basis unvollständiger Informationen urteilt, entscheidet und handelt.

Daniel Kahneman bezeichnet dieses automatische System in seinem Bestseller *Schnelles Denken, langsames Denken*[44] als System 1. Das schnelle System 1 ist immer aktiv und höchst wirkungsvoll, weil es schnell und mit geringem mentalen Energieaufwand routiniertes Handeln in komplexen Situationen ermöglicht. Eine Fähigkeit, die für Manager an der Unternehmensspitze von immenser Bedeutung ist. Und System 1 ist keineswegs bloß eine akademische Fiktion. Jüngste Forschungen am Institut für Neurowissenschaften und Medizin des Forschungszentrums Jülich[45] zeigen, dass gerade bei Managern in Entscheidungssituationen im Unterschied zu anderen Versuchspersonen besonders intensiv der sogenannte Nucleus caudatus aktiviert wird: ein Gehirnareal, das Routinen und automatisierte Prozesse steuert. Gerade Manager verfügen also offenbar über kategorisiertes Wissen, das das Gehirn in ähnlichen Situationen automatisch abruft – und es ihnen somit ermöglicht, schnelles, effizientes Entscheiden zu optimieren.

Wahrnehmungsfehler: Die Top 6 Biases in Top-Teams

Wahrnehmungsfehler	Risiken
1. Der »Overconfidence-Effekt«	Mitglieder des Top-Teams überschätzen systematisch das eigene Wissen und die eigenen Fähigkeiten.
2. Der »Self-Serving-Bias«	Mitglieder des Top-Teams schreiben Erfolge dem eigenen Können zu, Misserfolge widrigen Umständen.
3. Der »Confirmation-Bias«	Mitglieder des Top-Teams filtern Informationen unbewusst so, dass sie sich bestätigt sehen; Widersprüche werden als irrelevante Sonderfälle verdrängt.
4. Die »Narrative Fallacy«	Mitglieder des Top-Teams konstruieren konsistente Geschichten über die eigene Vergangenheit und verdichten sie zu persönlichen oder kollektiven Erfolgsmodellen.
5. Der »Authority-Bias«	Mitglieder des Top-Teams folgen der Autorität des CEO oder von Experten auch in Situationen, in denen es nicht vernünftig ist.
6. Der »Action-Bias«	Mitglieder des Top-Teams folgen einem Impuls zum Handeln, auch wenn Nicht-Handeln die richtige Alternative wäre.

Das Problem dieses intuitiven Systems 1 ist seine Anfälligkeit für Irrtümer und Wahrnehmungsfehler. Es verführt Manager dazu, in erprobten Routinen zu handeln. Zweifel, Ungewissheit, Selbstkritik und Reflexion hingegen sind die Domänen eines bewussten, willentlichen Systems – Kahneman nennt es das langsame, ja träge System 2. Das automatische, schnelle System 1 und das willentliche, träge System 2 müssen auf denselben Vorrat an mentaler Aufmerksamkeit zugreifen. Deswegen gibt es eine höchst ökonomische Arbeitsteilung: In Routinesituationen dominiert das automatische System 1, das willentliche System 2 verharrt im Normalfall in einer Art Energiesparmodus. Das erklärt, warum gerade bei Top-Managern Zweifel und besonders Reflexion nicht zum Standardrepertoire des Verhaltens zählen: Sie haben sich im Laufe ihrer jahrelangen Karriere ein perfekt optimiertes System 1 antrainiert. Das automatische System arbeitet so hochroutiniert und widerspruchsfrei, dass das willentliche System 2 nur in besonderen Ausnahmefällen das Kommando übernehmen kann.

Das Theater im Inneren

Wahrnehmungsfehler und die Routinen des schnellen Systems 1 sind eine zentrale, aber keineswegs die einzige Quelle von Irrationalität, auch in Top-Teams.

Nicht nur Wahrnehmungsfehler, auch die ganz persönlichen psychischen Prägungen der Mitglieder tragen maßgeblich zur Irrationalität des Urteilens und Handelns in Top-Teams bei.

Nicht nur Wahrnehmungsfehler, auch die ganz persönlichen psychischen Prägungen der Mitglieder tragen maßgeblich zur Irrationalität des Urteilens und Handelns in Top-Teams bei.

Auch wenn fast jeder Manager an der Unternehmensspitze sich dieser Einsicht gern entziehen würde: Sein Verhalten in Zusammenarbeit und Führung ist zutiefst geprägt durch seine ganz persönlichen psychischen Grundmuster – sein ganz eigenes »Theater im Inneren«. Psychodynamik und Neurowissenschaften haben konsistente und eindeutige Befunde zusammengetragen: Unbewusste oder unbewusst gewordene Erfahrungen, vor allem solche, die in der frühen Kindheit stattfanden, äußern sich in verkleideter Form im Fühlen, Denken, Urteilen und Handeln in der Gegenwart.[46]

Die Zusammenarbeit im Team an der Unternehmensspitze hält für jeden Manager eine Vielzahl von Risiken bereit – er steht vor komplexen Problemen, er ist von anderen Alphas umgeben, die Struktur von Top-Teams begünstigt Misstrauen und Alleingänge. Diese Risiken führen (und dies würde kein Top-Manager freiwillig eingestehen) zu Unsicherheit, Ängsten, zu inneren Konflikten und Dilemmata. Basierend auf persönlichen Erfahrungen verfügt jeder Einzelne über seine mehr oder weniger produktiven Mechanismen, mit diesen psychischen Bedingungsfaktoren umzugehen – und wir werden einige dieser Mechanismen in Teil II beobachten können.

Gehen die Mitglieder des Top-Teams diese psychischen Grundmuster nicht systematisch an, kann dies dazu führen, dass Unsicherheit und Angst eine wirksame Zusammenarbeit erheblich beeinträchtigen, wenn nicht verhindern. Wir beobachten es in unserer Klientenarbeit immer wieder: Gerade Top-Manager verfügen aus langer Erfahrung in einer risikoreichen Umwelt heraus über ein sehr reiches – und erfolgreiches – Repertoire an psychischen Verteidigungsmechanismen, die sie virtuos einzusetzen wissen.

Und dies durchaus mit gutem Recht: Defensivmechanismen oder Bewältigungsstrategien, seien es Grundannahmen, Rituale oder Verhaltensautomatismen, können sehr wirksame Gegengifte gegen die individuellen Unsicherheiten und die psychischen Herausforderungen an der Unternehmensspitze sein. Gerade aber in komplexen Situationen, in Zeiten erhöhter Unsicherheit oder gar Krisen, bergen diese Mechanismen eine enorme Gefahr für das Team an der Spitze: das Entstehen von Teamdysfunktionen – kollektive Teufelskreise von irrationalem Urteilen, Entscheiden und Handeln, die die Zusammenarbeit im Top-Team in einem Ausmaß beeinträchtigen, dass der gemeinsame Zweck oder die gemeinsame Zielsetzung nicht mehr realisiert werden können.

Das Problem dysfunktionaler Teams ist nicht, dass man nicht kollegial miteinander arbeitet, dass der Teamgeist schwindet oder gar, dass es keine Harmonie im Top-Team gäbe. Das Problem dysfunktionaler Top-Teams ist, dass sie ihre primäre Aufgabe – das gemeinsame Urteilen,

> Das Problem dysfunktionaler Teams ist nicht, dass man nicht kollegial miteinander arbeitet, dass der Teamgeist schwindet oder gar, dass es keine Harmonie im Top-Team gäbe. Das Problem dysfunktionaler Top-Teams ist, dass sie ihre primäre Aufgabe – das gemeinsame Urteilen, Entscheiden und Führen im Interesse des Gesamtunternehmens – nicht mehr wirksam angehen können.

Entscheiden und Führen im Interesse des Gesamtunternehmens – nicht mehr wirksam angehen können.

Manfred Kets de Vries, Professor für Leadership in INSEAD und renommierter Vertreter der Organizational Psychodynamics, hat das Dilemma von Teams treffend beschrieben: »Die rein rational-strukturorientierte Perspektive auf die Zusammenarbeit in Teams ist unzureichend, denn sie trägt den unbewussten Dynamiken, die menschliches Verhalten entscheidend prägen, nicht Rechnung. Noch immer werden Teams als rationale, regelbasierte Systeme betrachtet – und damit die Illusion genährt, Manager seien das Idealmodell eines ›homo oeconomicus‹, der als rein rationale Maschine objektiv nach Kosten- und Nutzen-Gesichtspunkten optimiert. Diese Weltsicht ignoriert die vielfältigen Besonderheiten, die daraus entstehen, Mensch zu sein. Ob es einem gefällt oder nicht: der Heilige Gral des rationalen Managements existiert nicht.«[47]

Manager auch in Top-Teams sind keine modellhaften »Econs«, keine Vertreter der Spezies Homo oeconomicus, die definitionsgemäß rational handeln. Manager sind »Humans«, wirkliche Menschen, die nicht rational sind und dies auch nicht sein können. Ihre Irrationalität ist normal, ja zutiefst menschlich. Und sie sollte damit jeder populären Ausschlachtung und Skandalisierung entzogen sein.

Aber: Gerade an der Unternehmensspitze kann die normale Irrationalität gravierende Konsequenzen haben – für das Top-Team, seine Führungskräfte und für die gesamte Organisation. Zu den entscheidenden Herausforderungen für Teams an der Unternehmensspitze zählt, Praktiken und Verhaltensmuster zu entwickeln, die die Widerstandskraft gegen die eigene Irrationalität systematisch stärken. Die Schlussfolgerung ist eindeutig, und besser als Daniel Kahneman kann man es nicht formulieren: »Anders als Econs brauchen Humans Hilfe [...] und es gibt sachkundige und unaufdringliche Möglichkeiten, dies zu tun.«[48]

Auf einen Blick
Top-Manager sind auch nur Menschen

▶ Der Top-Manager ist ein Mensch – und als solcher handelt er irrational. Die zentralen Erkenntnisse der Neuro- und Kognitionswissenschaften gelten auch für Manager an der Unternehmensspitze: Auch in Top-Teams wirkt die Dynamik des Unbewussten als wichtige Triebfeder von Urteilen, Entscheidungen und Handlungsweisen.

▶ Die ganz normale Irrationalität, die erfolgreiches Handeln in Top-Teams erschwert, basiert zum einen auf typischen Wahrnehmungsfehlern, zum anderen auf psychischen Dynamiken. Wahrnehmungsfehler sind keine Fehlleistungen einzelner Manager. Die Verzerrungen entstehen dadurch, dass Menschen – und eben auch Top-Manager – über ein hoch leistungsfähiges, automatisch arbeitendes psychisches System verfügen, mit dem sie in der Lage sind, schnell und pragmatisch zu urteilen und zu handeln.

▶ Dieses System birgt zugleich Risiken. Es bringt Manager dazu, sich gerade in komplexen Situationen auf erprobte Routinen des Handelns zu verlassen. Zweifel, Ungewissheit, Selbstkritik und Reflexion sind keine Funktionen dieses Systems – mit der Folge, dass Manager zu selten die eigenen Entscheidungs- und Verhaltensmuster systematisch in Frage stellen.

▶ Zusätzlich erschweren individuelle psychische Dynamiken eine wirksame Zusammenarbeit im Top-Team – das ganz persönliche »Theater im Inneren«, das auf Erfahrungen aus der Vergangenheit basiert.

▶ In Situationen erhöhter Komplexität und Unsicherheit bergen Wahrnehmungsverzerrungen und psychische Dynamiken eine enorme Gefahr für das Team an der Spitze: Teamdysfunktionen entstehen – kollektive Teufelskreise von irrationalem Urteilen, Entscheiden und Handeln, die dazu führen, dass das Team seine primäre Aufgabe nicht mehr wirksam erfüllen kann.

6

Das Top-Team in der »Reflexion in Aktion«

»Wer so tut, als bringe er die Menschen zum Nachdenken, den lieben sie.
Wer sie wirklich zum Nachdenken bringt, den hassen sie.«

Aldous Huxley

Das Top-Team in der »Practical Drift«

»Wir sind nun wirklich alle kampferprobte und gestandene Manager, aber als Team entwickeln wir einfach immer wieder eine völlig unproduktive Dynamik.« Mit solch einer typischen Klage – teils nüchtern, häufig aber wirklich emotional vorgebracht – beginnen oft die Gespräche, die wir mit CEOs zu Beginn unserer Mandate führen. »Wir schwören uns zwar immer mal wieder Besserung, aber nach spätestens zwei Vorstandssitzungen sind wir wieder ›back to square one‹.«

In zahllosen Klientensituationen beobachten wir dieses immer gleiche Phänomen. Und wir wissen aus langjähriger Erfahrung – als Manager in Geschäftsverantwortung und als Leadership Consultants –, wie enorm schwierig und anstrengend es ist, im Team an der Unternehmensspitze eine produktive Dynamik zu entwickeln und aufrechtzuerhalten.

Der an der Harvard Business School lehrende Soziologe und Professor für Leadership und Organizational Behaviour Scott A. Snook hat diese allgegenwärtigen Verhaltensmuster auf einen anschaulichen Begriff gebracht: »Practical Drift«.[49] Gerade in Situationen, die von hoher Dynamik und Komplexität geprägt sind, übernimmt der Pragmatismus die Regie des Handelns. Unter dem enormen Druck, permanent schnell und pragmatisch Lösungen für konkret anstehende Aufgaben (»Task based behaviour practice«) zu finden, schleicht sich langsam aber sicher eine Entkopplung von festgelegten Regeln ein, so richtig und sinnvoll diese auch sein mögen (»Rule based behaviour practice«).

Die Ursachen haben wir in den vorangegangenen Kapiteln benannt: Das Top-Team sieht sich dynamisch, generativ und sozial hochkomplexen Herausforderungen gegenüber; die Teammitglieder haben eine mentale Grundausstattung, die eher auf Einzelkämpfertum ausgelegt ist; die Strukturen und Prozesse, in die Top-Teams eingebunden sind, wirken einer produktiven Zusammenarbeit als Team eher entgegen; und auf eine Rationalität der Akteure, die all diese Fliehkräfte durch bessere Einsicht überwinden könnte, darf niemand hoffen. Woher also die Zuversicht nehmen, dass eine Logik des Gelingens an der Unternehmensspitze überhaupt möglich ist? Hoffnung ist keine Methode.

Die Logik des Gelingens ist keine individuelle Leistung

Eines ist klar: Die Logik des Gelingens an der Unternehmensspitze kann keine individuelle sein – sie ist eine kollektive Leistung aller Mitglieder des Top-Teams, die auf gemeinschaftlicher Verantwortung beruht. Das ist gerade für erfolgreiche Alphas nicht einfach zu akzeptieren, denn ihr erlerntes Erfolgsmodell basiert vor allem auf individueller Leistung und individueller Verbesserung.

Selbstdisziplin ist das von unseren Klienten wohl am häufigsten propagierte Gegengift gegen dysfunktionale Verhaltensmuster im Top-Team. Aber die Forschung belegt, was die Erfahrung zeigt: Individuelle Selbstdisziplin ist kein erfolgversprechendes Mittel, um die Wirksamkeit von Top-Teams zu verbessern.

Zwei Phänomene sind es, die individuelle Selbstdisziplin als Gegengift ihrer Wirkung berauben: Selbstdisziplin und Selbstkontrolle erfordern ein hohes Maß an Aufmerksamkeit und Anstrengung. Und kein Mensch, auch kein Top-Manager, kann in einer hoch komplexen und damit anstrengenden Umwelt konsequent Selbstdisziplin praktizieren – und sich selbst permanent auf potenzielle Verzerrungen in der eigenen

Selbstdisziplin ist das von unseren Klienten wohl am häufigsten propagierte Gegengift gegen dysfunktionale Verhaltensmuster im Top-Team. Aber die Forschung belegt, was die Erfahrung zeigt: Individuelle Selbstdisziplin ist kein erfolgversprechendes Mittel, um die Wirksamkeit von Top-Teams zu verbessern.

Wahrnehmung oder persönliche dysfunktionale Verhaltensweisen hin befragen. Das wäre unerträglich mühsam. Wir erinnern uns an Daniel Kahnemans zwei »psychische Systeme«: das immer alerte intuitive System 1, das manageriell Routinen effizient abarbeitet, und das träge, willentliche System 2, das (unter anderem) für Zweifel, Selbstkritik, Reflexion, aber auch Verhaltenskontrolle zuständig ist. Das Leben im Top-Team ist einsam, gefährlich, anspruchsvoll und anstrengend. Ein perfekt funktionierendes System 1 entscheidet im Normalfall über den Erfolg. Und im Regelfall fließt auch alle mentale Energie allein in die Aufrechterhaltung der Funktionen des Systems 1. Das Phänomen wird in der Forschung als »Ego-Depletion« oder Selbsterschöpfung bezeichnet: Das Hochfahren des selbstkritischen und selbstdisziplinierenden Systems 2 wirkt erschöpfend und ist unangenehm – und dafür reicht die Energie häufig nicht aus.[50] *Das braucht eine langsame Welt!*

Selbst »mentales Krafttraining« muss am Ende in eine Sackgasse führen. Denn die persönliche Einsicht in die unbewussten Faktoren, die das Denken, Urteilen und Verhalten prägen, ist eng begrenzt. Eine Selbstkorrektur funktioniert in der Praxis schlicht und ergreifend nicht. Die Gründe liegen auf der Hand: Das bewusste Ich kann die Grenzen des eigenen Bewusstseins nicht überschreiten. Jedes Nachdenken oder Reflektieren über das eigene Urteilen und Verhalten wird ja genau von jenen Mechanismen gefiltert, die das Bewusstsein lenken.[51] Die Folgen können wir immer wieder in unserer Arbeit beobachten: Klienten fehlinterpretieren die eigenen Verhaltensmuster oder zeigen sich davon überzeugt, diese seien in der Situation gerechtfertigt und konsistent: »Klar, mir ist schon bewusst, dass ich mit den Teamkollegen so nicht auf Dauer umgehen kann«, hören wir häufig, wenn wir CEOs mit kritischem Verhaltensfeedback ihres Top-Teams konfrontieren, »aber in dieser Situation war das genau richtig – und wissen Sie: Eigentlich hatte ich gar keine andere Wahl.«

Das Top-Team als »Container« für Reflexion

Nochmals auf den Punkt gebracht: Die Logik des Gelingens im Top-Team kann nur eine kollektive sein. Sie ist eine Qualität gemeinsamen Urteilens, Entscheidens und Handelns, die dazu führt, dass dysfunktionales Verhalten gar nicht erst auftritt oder gemeinsam produktiv bewältigt werden kann. Wie aber kann eine solche Qualität ganz praktisch hergestellt werden, gerade angesichts all der Kräfte, die einer Verteamung entgegenwirken?

Eine weitere intuitive Antwort der meisten unserer Klienten auf die Top-Team-Herausforderung lautet: »Wir müssen einfach mehr Zeit miteinander verbringen – wenn wir uns gegenseitig besser kennen und jeder sich selbst im Griff hat, wird das Team schon auf den richtigen produktiven Kurs kommen.« So naheliegend diese intuitive Antwort auch scheint: Sie ist falsch. *Hoppla!*

Ein hochwirksames Top-Team entsteht nicht, weil der CEO es einfach so nennt, und es entsteht auch nicht durch mehr Zeit miteinander oder besseres Kennenlernen der Teammitglieder. Jeder unserer Klienten hat während seiner Karriere bereits Wochen auf »Teamevents« zugebracht. Da werden erfahrene Manager dazu gebracht, gemeinsam in der Wildnis Brücken, Stege oder Flöße zu bauen, an Steilwänden zu kraxeln, sich von Bäumen abzuseilen oder den »Teamgeist fördernde Übungen« zu absolvieren, die in körperlicher Anstrengung und intellektuellem Anspruch zwischen »Spiele ohne Grenzen« und »Wetten, dass …?« rangieren. Ohne Resultat! Events sind bestenfalls kurzweilig, schlimmstenfalls bizarr – aber sie formen ein Team nicht zu einer wirksamen Leistungsgemeinschaft auf Basis einer gemeinsamen Logik des Gelingens. Was muss das Top-Team also tun, welche Verhaltensmuster lernen, welchen Prinzipien soll es folgen, um den Weg in Richtung Gelingen einzuschlagen?

Ein einziges großes Prinzip bildet den Kern der Logik des Gelingens: die disziplinierte »Reflexion in Aktion« im Top-Team.

Ein einziges großes Prinzip bildet den Kern der Logik des Gelingens: die disziplinierte »Reflexion in Aktion« im Top-Team. »Der Fuchs weiß viele Dinge, aber der Igel weiß eine große Sache«, sagte der griechische Dichter Archilochos.

»Der Fuchs weiß viele Dinge, aber der Igel weiß eine große Sache«, sagte der griechische Dichter Archilochos.

Vielleicht hat Archilochos mit seinem bekannten Fragment nur sagen wollen, dass sich der Fuchs trotz seiner Schläue der einzigen Waffe des Igels geschlagen geben muss.[52] Der Fuchs ist stark durch seine Vielfalt der Ideen und seine Wendigkeit – der Igel aber beherrscht eine entscheidende Fähigkeit, um die Attacken des Fuches abzuwehren. Am Ende bleibt trotz der größeren Schläue des Fuchses immer der Igel der Gewinner. Dieser Interpretation in seiner Unterscheidung von Managertypen ebenfalls folgend, stellt Jim Collins fest: Igeltypen »verfügen über eine große Trennschärfe, die es ihnen ermöglicht, durch die Komplexität hindurchzusehen und darunter verborgene Muster zu erkennen. Igeltypen haben einen Blick für das Wesentliche, alles andere ignorieren sie.«[53]

Im Kern geht es bei der Reflexion in Aktion um etwas Einfaches: darum, im Top-Team gemeinsam eine Praxis zu entwickeln, die dysfunktionale Verhaltensmuster – individuelle oder kollektive – dem Team und dem Einzelnen bewusst macht, um konsequent gegenzusteuern.

Ein Top-Team, das den Pfad zum Gelingen einschlagen will, sollte dem Prinzip von Archilochos' Igel folgen. Denn es muss nur eine einzige große, aber entscheidende Sache beherrschen: die Fähigkeit zu einer gemeinsamen mentalen Anstrengung – zur »Reflexion in Aktion« im Team. Nur wenn ein Top-Team diese fundamentale Disziplin in der täglichen Praxis beherrscht, kann es den Kurs in Richtung Gelingen einschlagen. Das mag zunächst etwas abstrakt klingen, aber im Kern geht es bei der Reflexion in Aktion um etwas Einfaches: darum, im Top-Team gemeinsam eine Praxis zu entwickeln, die dysfunktionale Verhaltensmuster – individuelle oder kollektive – dem Team und dem Einzelnen bewusst macht, um konsequent gegenzusteuern.

Noch einmal mit Kahneman gesagt: Top-Teams müssen ein kollektives System 2 hervorbringen – ein gemeinsames willentliches und bewusstes System, das für Verhaltensbeobachtung und Verhaltensüberprüfung zuständig ist. Und: Teams müssen die Sensorik und Bereitschaft entwickeln, dieses kollektive System 2 bei Gefahr den so erprobten manageriellen Routinen ins Ruder greifen zu lassen.

Das ernüchtert. Denn es heißt, Abschied zu nehmen von den Patent-rezepten, die versprechen, dass Vorstände zu High-Performance-Teams werden, wenn sie in ihrem Unternehmen nur die richtigen Komponenten, Strukturen und Anreize implementieren.

Unsere Erfahrung zeigt, dass es gute Gründe für Zuversicht gibt: Top-Teams kön-nen reflexive Praktiken und Prozesse erler-nen, um Situationen zu erkennen, in denen Dysfunktionen auftreten. Und sie können unproduktive Verhaltensweisen systema-tisch entlernen und damit Erfolg erlernen. Aus diesem gemeinsamen Lernprozess ent-steht für Teams etwas, das wir als Reflexi-onsprämie bezeichnen.

Dietrich Dörner, Professor für Psycholo-gie und ein führender deutscher Kognitions-psychologe, hat Vergleichbares bereits in den 1980er Jahren belegt. In seinen Versuchen mit Teams in komplexen Entscheidungssituationen hat er gezeigt: Das Ausmaß der Selbstorganisation bestimmt über Erfolg oder Misserfolg von Teams. Während erfolgreiche Teams sich »häufig Gedanken über ihr Verhalten machten, kritische Stellungnahmen dazu abgaben und An-sätze zur Selbstmodifikation machten, traten bei den schlechten Versuchs-personen allenfalls Rekapitulationen des eigenen Verhaltens auf«.[54]

> Unsere Erfahrung zeigt, dass es gute Gründe für Zuversicht gibt: Top-Teams können reflexive Prakti-ken und Prozesse erlernen, um Si-tuationen zu erkennen, in denen Dysfunktionen auftreten. Und sie können unproduktive Verhaltens-weisen systematisch *ent*lernen und damit Erfolg *er*lernen. Aus diesem gemeinsamen Lernprozess ent-steht für Teams etwas, das wir als Reflexionsprämie bezeichnen.

Reflexion in Aktion – zugleich im Spiel und außerhalb des Spiels

Top-Teams müssen also die Fähigkeit und Bereitschaft zur Reflexion in Aktion erwerben – aber was bedeutet das in der Praxis?

»Reflexion in der Aktion« ist im Kern eine urteilsfreie Aufmerksam-keit (»Awareness«) – eine Perspektive, die das eigene Denken und Han-deln und das der Kollegen im Top-Team gleichzeitig in der Situation und aus der Beobachterperspektive betrachtet. Und dabei nur auf die Frage gerichtet ist: Was geht hier eigentlich vor?

Reflexion als Anspruch, im Tumult des Geschehens innezuhalten und sich selbst in der Gesamtsituation ohne zu urteilen aus der Distanz zu betrachten, hat eine lange philosophische Tradition, die über alle Kulturen hinweg greift:

- Schon die Stoiker im antiken Griechenland vertraten eine Philosophie, nach der vor allem die eigenen Grundüberzeugungen und Urteile eine Situation entweder positiv oder negativ erscheinen lassen. Aus dieser Perspektive wäre nicht das Verhalten des Teamkollegen per se irritierend. Man sieht es vielmehr deswegen als kontraproduktiv an, weil es nicht mit den eigenen Überzeugungen oder Zielsetzungen übereinstimmt.

- Im Buddhismus spielt das Konzept des »Unverbundenseins« eine zentrale Rolle: also die Fähigkeit, Situationen wahrzunehmen, ohne voreingenommen von eigenen Vorstellungen und Urteilen darüber geleitet zu sein, wie die Dinge zu sein haben.

- Auch der Calvinismus unter John Calvin und die Jesuiten unter Ignatius von Loyola entwickelten früh eine konsequente Praxis reflexiver Selbsterforschung, die, Peter Drucker zufolge, eine enorme Wirkkraft entfaltete: »John Calvin und Ignatius von Loyola haben die permanente Selbstbeobachtung in der Praxis ihrer Anhänger verankert. Tatsächlich erklärt die beharrliche Fokussierung auf Leistung und Erfolg, die diese Gepflogenheit hervorbringt, warum es den Institutionen, die diese zwei Männer gegründet haben, gelungen ist, innerhalb von 30 Jahren Europa zu dominieren.«[55]

- Und auch Carl von Clausewitz wusste um die Notwendigkeit von Reflexion in jenen dynamischen und komplexen Situationen, die er als »Nebel des Krieges« bezeichnet hat: »Hier ist es also zuerst, wo ein feiner, durchdringender Verstand in Anspruch genommen wird, um mit dem Takte seines Urteils die Wahrheit herauszufühlen.«[56]

Als »Auf den Balkon treten« wurde das Prinzip der Reflexion in Aktion von Ron Heifetz und Marty Linsky, Professoren für Leadership Studies an der Harvard Kennedy School of Government, in den heutigen Kontext von Führungshandeln übersetzt.[57] »Vom Spielfeld auf die Tribüne zu treten« klingt einfach, ist aber alles andere als leicht umzusetzen – gerade in den komplexen Situationen, in denen Top-Teams urteilen, entscheiden und handeln müssen.

In der Praxis geht es zuerst darum, dass die Mitglieder des Top-Teams die Fähigkeit und den Willen entwickeln, das eigene konstruktiv-zweifelnde und selbstkritische System 2 bewusst zu aktivieren: um eine Situation in ihrer Vielfalt und Widersprüchlichkeit – und ohne zu urteilen – intensiv zu erforschen, während man doch mitten im Geschehen steckt. Es ist klar: Diese Selbstreflexion und Teamreflexion erfordert Anstrengung und Disziplin. Denn das Budget an Zeit und Aufmerksamkeit, das einem Top-Team zur Verfügung steht, ist sehr begrenzt. Das Team muss also bereit sein, die Entscheidung für eine introspektive Investition zu fällen.

Der CEO und sein Top-Team müssen Gelegenheiten schaffen, bewusst ihre Managerroutinen auszuschalten – und einen Modus aktivieren, in dem das eigene Urteilen und Verhalten gemeinsam kritisch erforscht wird. Und erforschen heißt, das eigene Denken und Handeln nicht nur zu beobachten, sondern bewusst infrage zu stellen und den Zweifel als produktive Kraft zu nutzen.

»Ich bin davon überzeugt, dass du in der Lage sein musst, in deinem Team […] Zweifel zu äußern«, lautet auch das Votum von Daniel Vasella, dem ehemaligen CEO und heutigen Verwaltungsratspräsidenten von Novartis: »Wenn du das nicht tust und nur etwas vorheuchelst, spielst du nur eine Rolle, was letztlich zu einer ungesunden Situation führt.«[58]

> »Reflexion in der Aktion« ist im Kern eine urteilsfreie Aufmerksamkeit (»Awareness«) – eine Perspektive, die das eigene Denken und Handeln und das der Kollegen im Top-Team gleichzeitig *in der Situation* und *aus der Beobachterperspektive* betrachtet. Und dabei nur auf die Frage gerichtet ist: Was geht hier eigentlich vor?

> Der CEO und sein Top-Team müssen Gelegenheiten schaffen, bewusst ihre Managerroutinen auszuschalten – und einen Modus aktivieren, in dem das eigene Urteilen und Verhalten gemeinsam kritisch erforscht wird. Und erforschen heißt, das eigene Denken und Handeln nicht nur zu beobachten, sondern bewusst infrage zu stellen und den Zweifel als produktive Kraft zu nutzen.

Erforschen heißt aber auch: Hypothesen über das eigene Verhalten oder die eigene Wirksamkeit und die des gesamten Teams bereitwillig und ohne intellektuelles Konkurrenzdenken zu verwerfen – eine Praxis, mit der sich gerade erfolgreiche Top-Manager schwer tun.

»Den brutalen Tatsachen ins Auge blicken, ohne den Mut zu verlieren«, so formuliert Jim Collins in seinem Bestseller *Der Weg zu den Besten* eines der entscheidenden Verhaltensmuster an der Spitze erfolgreicher Unternehmen.[59] Und die wirklich brutalen Tatsachen, so können wir aus unserer Erfahrung mit Top-Teams hinzufügen, sind häufig nicht jene der »Welt da draußen«, sondern jene der »Welt hier drinnen«.

Reflexiver Dialog als Erfolgsfaktor

Aber die bloße Aufmerksamkeit auf das »Inner Theatre« der beteiligten Akteure reicht nicht aus – die Logik des Gelingens entsteht erst durch den gemeinsamen reflexiven Dialog im Top-Team. Kein einfaches Unterfangen, denn bei Top-Teams beobachten wir in aller Regel ganz andere kommunikative Routinen.[60]

Die am weitesten verbreitete dieser Routinen ist das Downloading – sie dürfte in vielen Top-Team-Meetings 50 bis 60 Prozent der knappen Zeit in Anspruch nehmen. Downloading ist das Vortragen und Zuhören ausschließlich aus der eigenen Rolle, Position oder Story heraus. Man ist sich nicht bewusst, dass die aus tiefster Überzeugung vorgetragene Sicht eben nur eine Sicht der Dinge ist – eine von vielen möglichen Sichtweisen. Gesagt und gehört wird ausschließlich das, was das eigene Urteil und die eigene Story bestätigt. Downloading ist eine wenig produktive, im Kern defensive Form der Kommunikation – aber unter Alphas in Top-Teams außerordentlich verbreitet.

Die zweite verbreitete Routine ist die Debatte. Der gemeinsame Ursprung der Worte Debatte und »Battle« (englisch für Schlacht) ist keineswegs ein Zufall: Die Debatte dreht sich vor allem um einen vermeintlich rationalen Schlagabtausch zwischen festen Positionen, in denen man sich eingerichtet hat. Wir nennen es auch Re-Loading: Die

Mitglieder des Teams führen ihre Positionen, Urteile und Interpretationen gegeneinander ins Feld, in der Hoffnung, die jeweils eigene werde (irgendwie) gewinnen. Allerdings ohne die Bereitschaft, sich von den anderen Teamkollegen überzeugen zu lassen.

Die dritte Routine, die Diskussion – der produktive Austausch von Argumenten auf Basis gegenseitiger Wertschätzung und mit dem Ziel, zu einer Synthese und damit zu besseren Urteilen oder Ergebnissen zu gelangen –, ist in Top-Teams schon der Ausnahmefall. Das wertschätzende »Challengen«, also die Praxis, die Teamkollegen – aber auch den eigenen CEO – intellektuell zu fordern, ist eine sehr wirksame Methode, um die kollektive Intelligenz des Teams nutzbar zu machen. Aber wir haben bereits gesehen, dass das Verhaltensrepertoire von Alphas und die Strukturen in Top-Teams dieser Praxis eher entgegenwirken. Eben weil ein konstruktiver Skeptizismus in Teams nicht automatisch entsteht und deshalb das Team als kollektive Ressource zu oft ungenutzt bleibt, hat zum Beispiel das Beratungsunternehmen McKinsey die »obligation to dissent« – die Pflicht zu widersprechen – für ihre Berater zu einem Prinzip erhoben.

Die vierte, in Managerroutinen im Normalfall nicht existierende Form des Austauschs im Team ist der reflexive Dialog, das »empathische« Zuhören. Beim reflexiven Dialog hört man sich selbst und den Kollegen im Team in wirklicher Offenheit zu: in einem selbstkritischen Bewusstsein der eigenen Wahrnehmungen und Urteile – und mit Blick auf die Konsequenzen, die das eigene Handeln bei den anderen Teammitgliedern auslöst. Kurz gesagt: Der reflexive Dialog verschafft Kahnemans System 2 Stimme und Gehör.

Der »reflexive Dialog« ist seinem Wesen nach eine gemeinsame Autopsie ohne Schuldzuweisungen, eine konstruktive Befassung des Top-Teams mit seinen dysfunktionalen Verhaltensweisen und deren Konsequenzen für das Team und darüber hinaus für das gesamte Unternehmen.

> Der »reflexive Dialog« ist seinem Wesen nach eine gemeinsame Autopsie ohne Schuldzuweisungen, eine konstruktive Befassung des Top-Teams mit seinen dysfunktionalen Verhaltensweisen und deren Konsequenzen für das Team und darüber hinaus für das gesamte Unternehmen.

Der reflexive Dialog ist die Grundlage gemeinsamen Verhaltens-lernens im Top-Team. Gerade hier, in den »eisigen Höhen« an der Unternehmensspitze, gilt das Diktum von Kurt Lewin, einem der Pioniere der Sozialpsychologie, in ganz besonderem Maße: Lernen ist ein »unordentlicher Vorgang« – er bringt die Ordnung bisheriger Grundüberzeugungen und Gewissheiten durcheinander. Und aus eigener Erfahrung mit einer Vielzahl von Top-Teams können wir hinzufügen: Reflexion ist eine verwirrende Übung. In der Abbildung »Kommunikationsmuster im Top-Team« haben wir die wichtigsten Routinen nochmals im Überblick zusammengestellt.

Reflexion im Team birgt ohne Zweifel Risiken: In scheinbar unkritischen Situationen besteht die Gefahr, dass die Teammitglieder die Anstrengung gemeinsamer Reflexion vermeiden und als irrelevant betrachten – »wir haben wirklich Wichtigeres zu tun«. In konflikthaften Situationen hingegen kann ungesicherte Reflexion das ganze Team potenziell zum Kollabieren bringen. Es gilt, jener Einsicht zu folgen, die uns Abraham Zaleznik, Professor in Harvard und einer der Väter der Organisationspsychologie, anlässlich eines letzten Treffens in INSEAD vor seinem Tod 2011, mit auf den Weg gab: »Versuche niemals, einen Blitz mit bloßen Händen zu greifen!« Seine auf 40 Jahren Beratungserfahrung basierende Empfehlung war eindeutig: »Schlag erst dann zu, wenn das Eisen kalt ist!«

Warum eigentlich. Manchmal muss man auch Dampf ablassen.

Emotionale Intelligenz als knappe Ressource

Aufgrund der immensen Risiken erfordert wirksame Reflexion im Team ein hohes Maß an emotionaler Intelligenz von allen Teammitgliedern. Als »Soft Skill« nicht selten innerlich belächelt, stellt emotionale Intelligenz gerade Top-Manager auf eine schwere Probe. Sie ist die Fähigkeit, die Ursachen und Konsequenzen des eigenen Handelns und des Handelns anderer zu erkennen und zu verstehen. Eine Fähigkeit oder besser: Ressource, die in Top-Teams nicht im Übermaß existiert. 2007 haben die amerikanischen Managementforscher Travis Bradberry und Jean

Kommunikationsmuster im Top-Team

Muster	Haltung und Ziel	Anteil in Prozent
Downloading	Teammitglieder tragen aus eigener Position heraus nur die eigene Sicht der Dinge vor; Ziel ist, die eigene Position unverändert durchzubringen.	circa 50 – 60
Debatte	Teammitglieder stellen im Schlagabtausch ihre Sichten gegeneinander; Ziel ist, die eigene Position zu markieren, ohne die Sicht des Kollegen anzunehmen.	circa 20 – 30
Diskussion	Teammitglieder fordern sich gegenseitig auf Basis von Argumenten (»challengen«); Team wird als Ressource genutzt; Ziel ist die gemeinsame, bessere Lösung im Sinne des Team	circa 10 – 20
Reflektiver Dialog	Teammitglieder hören sich selbst und ihren Kollegen offen, wertschätzend und urteilsfrei zu; Ziel ist die Entwicklung, das heißt wirksamere Führung und Zusammenarbeit, basierend auf einer gemeinsamen Sicht auf Verhalten, Einstellungen und Urteile im Team.	circa 0 – 10

Grieves die Ergebnisse einer breit angelegten fünfjährigen Studie zum Thema emotionale Intelligenz bei 100 000 Führungkräften, inklusive 1 000 CEOs, veröffentlicht. Ihr Befund ist ebenso eindeutig wie ernüchternd: Emotionale Intelligenz nimmt in der Unternehmenshierarchie systematisch von unten nach oben hin ab. Liegen Manager, in Deutschland etwa die Hierarchieebene Teamleiter, bei einem Wert von 77,5 (von

100), erreichen Senior Executives (also obere Führungskräfte) und CEOs lediglich Werte von 71 beziehungsweise 70,5.[61] Emotionale Intelligenz ist genau dort besonders knapp, wo sie am nötigsten ist – im Team an der Spitze.

Unter anderem aus dieser Knappheit an emotionaler Intelligenz erklärt sich, warum gerade Top-Teams ein Habitat sind, in dem Reflexion nicht heimisch ist. Denn auch Top-Manager sind Opfer eines systematischen Kalibrierungsfehlers, der als Kruger-Dunning-Effekt bekannt geworden ist. Im Jahr 1999 veröffentlichten Justin Kruger und David Dunning von der Cornell Universität ihre Beschreibung eines Wahrnehmungsfehlers: eine kognitive Verzerrung, die dazu führt, dass Menschen, die auf einem bestimmten Gebiet wenig kompetent sind, das eigene Können systematisch überschätzen und die Leistungen kompetenterer Menschen auf diesem Feld unterschätzen. Oder anders formuliert: Top-Manager, die nur über eine unterdurchschnittlich ausgeprägte emotionale Intelligenz verfügen, sind sich dieses Mangels gar nicht bewusst – im Gegenteil, sie halten sich für emotional intelligenter, als sie es tatsächlich sind. Aber paradoxerweise gilt auch: Je stärker sie diese Fähigkeit erlernen, umso zutreffender wird ihre sogenannte Metakognition – ihre Urteilskraft und damit ihre realistische Selbsteinschätzung.[62]

> Emotionale Intelligenz ist genau dort besonders knapp, wo sie am nötigsten ist – im Team an der Spitze.

Adaptive Herausforderungen für das Top-Team

Es reicht nicht mehr aus, das Team an der Spitze klassisch als bloße Leistungsgemeinschaft zu verstehen.

In Zeiten dynamischer Komplexität besteht eine Kernherausforderung darin, das Top-Team gegen alle äußeren und inneren, bewussten und unbewussten Widerstände zu einer Reflexionsgemeinschaft zu formen.

Aber wie kann das in der Praxis gelingen? Die Strukturen, Praktiken oder technischen Instrumente, die Top-Teams in diesem Prozess unterstützen können, sind vielfältig: In regelmäßigen Team-Offsites, gemeinsamen Workshops fernab des Tagesgeschäfts, kann sich das Team den Raum zur gemeinsamen Reflexion und zum gegenseitigen Verhaltensfeedback im Team schaffen. Auch sogenannte Agenda-less Meetings, also Teammeetings ohne feste Tagesordnung, können als Instrument dienen, um Raum für Reflexion im Top-Team zu schaffen. Wichtige Erkenntnisse können Top-Teams darüber hinaus aus Leadership-Reviews gewinnen – aus strukturiertem Feedback von den eigenen Führungskräften und aus der Organisation, das dem Top-Team hilft, die Konsequenzen zu erkennen, die sein bewusstes und unbewusstes Führungsverhalten im gesamten Unternehmen auslöst.

Aber all diesen Instrumenten ist eines gemeinsam: Sie bilden letztlich nur die technische, implementierbare Seite eines gemeinsamen Entwicklungsprozesses, sie sind nur Behälter: »Wir haben uns im Top-Team schon so vieles vorgenommen und sogar Regeln für individuelles Feedback und systematische Reflexion im Team vereinbart«, so lautet denn auch oft eine Klage von CEOs und ihren Teammitgliedern: »Aber selbst in Teamworkshops fallen wir immer wieder in die eingefahrenen Routinen zurück. Wir sehen eigentlich immer nur noch mehr Symptome – aber keinen Fortschritt.« Das Phänomen, dass selbst die diszipliniertesten Top-Teams in ihre erprobten Routinen zurückfallen und der Schritt in die gemeinsame Reflexion eben nicht gelingt, beobachten wir in unserer Arbeit häufig.

Die entscheidende Ursache dafür bringen die bereits erwähnten Harvard-Professoren Ron Heifetz und Marty Linsky auf den Punkt: »Der am weitesten verbreitete Grund für Führungsversagen liegt darin, adaptive Herausforderungen so zu behandeln, als handle es sich um technische Probleme.«[63]

Der häufigste Grund für Führungsversagen liegt darin dass Führungskräfte adaptive Herausforderungen mit technischen Problemen verwechseln.

Der Unterschied zwischen technischen Problemen und adaptiven Herausforderungen ist gravierend: Technische Herausforderungen können vom Top-Team mit der gegebenen Expertise, mit bestehenden Strukturen und erprobten Vorgehensweisen implementiert, also praktisch mechanistisch gelöst werden. Adaptive Herausforderungen im Team erfolgreich anzugehen, ist hingegen weit anspruchsvoller und anstrengender. Denn alle Teammitglieder müssen bereit sein, erprobte Grundüberzeugungen, Denkmuster, Urteile, Verhaltensweisen und Loyalitäten gemeinsam in Frage zu stellen: Fortschritt erfordert die Überwindung festgefügter Routinen, »um neue Einsichten zu ermöglichen, bestimmte eingezäunte Wege zu verlassen, Verluste zu tolerieren und Fähigkeiten aufzubauen, die neues Wachstum unterstützen«.[64]

Der CEO als Chief Enabling Officer

CEOs und ihre Top-Teams sehen sich damit in einer immer komplexeren Umwelt mit einem Anspruch konfrontiert, der selbst einem Top-Manager wie Josef Ackermann kaum noch einlösbar erscheint: »Es ist ein Paradox: Auf der einen Seite musst du sehr viel selbstbewusster und sicherer sein, und auf der anderen Seite musst du viel offener und empathischer sein. Das sind Attribute, die man in einer Person normalerweise nicht findet.«[65]

> Der CEO sollte die konstruktive Auseinandersetzung über Wahrnehmungen, Urteile und Verhaltensweisen zu einem ebenso selbstverständlichen Teil der Top-Team-Agenda machen wie Diskussionen zu aktuellen Geschäftsergebnissen oder zur Strategie.

Um diesem Anspruch gerecht zu werden, ist ein neuer innerer Kontrakt zwischen dem CEO und seinem Top-Team und zwischen den einzelnen Mitgliedern des Teams erforderlich – ein Kontrakt, durch den sich das Team an der Spitze mittels systematischer Reflexion von einer Gruppe von Managern zu einem Leadershipteam transformiert. Es geht darum, die Wirksamkeit des Teams in Zusammenarbeit und Führung systematisch zu steigern.

Aufgabe des CEO in diesem Prozess ist es, Zweifel, Offenheit und Selbstbefragung nicht nur bei sich selbst zu praktizieren, sondern den reflexiven Dialog im Top-Team bewusst zu fordern und zu fördern. Er sollte die konstruktive Auseinandersetzung über Wahrnehmungen, Urteile und Verhaltensweisen zu einem ebenso selbstverständlichen Teil der Top-Team-Agenda machen wie Diskussionen zu aktuellen Geschäftsergebnissen oder zur Strategie. Das bedeutet einen Rollenwechsel: Der CEO darf seine Rolle nicht mehr nur als Chief Executive Officer verstehen, sondern muss sich darüber hinaus als Chief Enabling Officer begreifen.

Die Mitglieder des Top-Teams müssen lernen, die gemeinschaftliche Verantwortung für die Zusammenarbeit und Führung an der Unternehmensspitze zu übernehmen. Das heißt: sich selbst, die Kollegen im Team, aber auch den CEO in Bezug auf Einstellungen, Urteile und Verhaltensweisen zu challengen. Nur so wird die wertvolle Ressource des Top-Teams voll genutzt, nur so kann das Team seinen Wert als Aktivposten für die gesamte Organisation entfalten. Und nur so kann eine gemeinsame Logik des Gelingens entstehen.

Mit der Entwicklung des Top-Teams zu einer reflexiven Instanz vollzieht sich eine Transformation von Zusammenarbeit und Führung, die auf den Übergang vom Komplizierten zum Komplexen antwortet. Für die Führungskräfte an der Unternehmensspitze reicht es nicht mehr aus, als eine Gruppe von Managern die erprobten Routinen zu beherrschen: das Festhalten an einer vermeintlich objektiven Rationalität, der Glaube an eindeutige Fakten, das Vertrauen auf standardisierte Prozesse, die Suche nach Stabilität und Kontrolle oder die Konzentration auf das schnelle Lösen technischer Probleme.

Um erfolgreich zu führen, muss sich das Team an der Unternehmensspitze nicht nur als Leistungsgemeinschaft verstehen, sondern zu einer Reflexionsgemeinschaft weiterentwickeln.

Um erfolgreich zu führen, muss sich das Team an der Unternehmensspitze nicht nur als Leistungsgemeinschaft verstehen, sondern zu einer Reflexionsgemeinschaft weiterentwickeln.

Zeiten dynamischer Komplexität können nur von Unternehmen gemeistert werden, die an ihrer Spitze von einem Team geführt werden, das gemeinsam die Disziplinen des Gelingens beherrscht: Von einem Leadership-Team, dessen Mitglieder bereit sind, Irrationalität als normal anzuerkennen, Unsicherheit und Strukturlosigkeit anzunehmen – und die adaptiven Herausforderungen als disziplinierte Reflexionsgemeinschaft anzugehen.

Auf einen Blick
Das Top-Team in der »Reflexion in Aktion«

Eckpunkte

▶ Individuelle Selbstdisziplin ist kein erfolgversprechendes Mittel, um die Wirksamkeit von Top-Teams zu verbessern. Die Forschung belegt hier, was die Erfahrung zeigt: Gerade in komplexen Situationen übernehmen die manageriellen Routinen die Regie – und die Sicht auf das eigene Handeln wird durch Wahrnehmungsfehler und psychische Grundmuster systematisch verstellt. Die persönliche Einsicht in die unbewussten Faktoren, die das Denken, Urteilen und Verhalten prägen, ist eng begrenzt.

▶ Die Logik des Gelingens im Top-Team kann also nur eine kollektive sein. Sie ist eine Qualität gemeinsamen Urteilens, Entscheidens und Handelns, die dazu führt, dass dysfunktionales Verhalten verhindert oder konstruktiv bearbeitet wird.

▶ Dazu muss das Top-Team nur eine einzige große Sache beherrschen – die Fähigkeit zur »Reflexion in Aktion« im Team: eine gemeinsame Praxis des offenen Dialogs im Top-Team, in dem das eigene Urteilen und Verhalten dem Team und dem Einzelnen bewusst gemacht werden, um konsequent gegenzusteuern.

▶ Der reflexive Dialog ist eine gemeinsame Autopsie ohne Schuldzuweisungen, ein konstruktiver Skeptizismus des Top-Teams gegenüber den eigenen dysfunktionalen Verhaltensmustern. Reflexion in Aktion birgt Risiken und erfordert Mut – den Mut, sich selbst, die Kollegen im Team, aber auch den CEO in Bezug auf Einstellungen, Urteile und Verhaltensweisen wertschätzend zu challengen.

▶ Der CEO und sein Top-Team müssen also Gelegenheiten schaffen, bewusst ihre Managerroutinen auszuschalten. Nur ein Top-Team, das als eine Reflexionsgemeinschaft urteilt, entscheidet und handelt, kann sein volles Potenzial als Aktivposten für die gesamte Organisation ausschöpfen. Und für sich und die gesamte Organisation eine wirksame Logik des Gelingens schaffen.

7

Disziplinen des Gelingens

»Der Kampf gegen Gipfel vermag ein Menschenherz auszufüllen.
Man muss sich Sisyphos als glücklichen Menschen vorstellen!«

Albert Camus

Von »Disziplinen« und vom »Gelingen«

In der dynamisch komplexen Welt an der Unternehmensspitze trägt das Handeln in den Bahnen managerieller Routinen ein besonders hohes Risiko des Scheiterns in sich. »Awareness« – besondere Aufmerksamkeit – wird damit zu einem Haupttreiber für den Erfolg und die Leistungsfähigkeit von Unternehmen.[66] Diese »Awareness« aber kann nur in einem Top-Team hervorgebracht werden, das in gemeinsamer Reflexion das eigene Verhalten produktivem Zweifel unterwirft. Aber wer die komplexen Herausforderungen von Führung und Zusammenarbeit an der Spitze von Unternehmen aus der Praxis kennt, der weiß: Kein Top-Team und kein CEO können dieser Anforderung zu jedem Zeitpunkt gerecht werden. Selbst wenn dies wünschenswert wäre – der Anspruch ist weltfremd.

Der Entscheidungs- und Handlungsdruck an der Unternehmensspitze ist zu hoch – und die Anstrengung, das Top-Team in einem Zustand permanenter Selbstreflexion und Aufmerksamkeit zu halten, zu groß. Aber bei aller lebenspraktischer Skepsis: Auch für Manager an der Unternehmensspitze gilt, was der Psychologe und Wirtschaftsnobelpreisträger Daniel Kahneman als einziges Mittel zur Bewältigung allgegenwärtiger Wahrnehmungsfehler vorgeschlagen hat: Wir können »lernen, Situationen zu erkennen, in denen Fehler wahrscheinlich sind, und uns stärker darum bemühen, weitreichende Fehler zu vermeiden, wenn viel auf dem Spiel steht«.[67]

Die Disziplinen des Gelingens sollen genau dies leisten: Sie sollen die Aufmerksamkeit von Top-Managern auf besonders kritische Situationen lenken, in denen das Risiko zu scheitern besonders groß ist. Und sie zeigen Verhaltensweisen, mit denen das Top-Team seine Chancen erhöhen kann, diese komplexen Herausforderungen gemeinsam zu meistern.

Die Disziplinen des Gelingens sind keine »Gesetze für den Teamerfolg« – also keine universell gültigen Regeln, die das Top-Team nur erkennen und befolgen muss, um garantiert erfolgreich zu sein. Top-Teams und Unternehmen sind komplexe soziale Systeme, die sich jeder naturwissenschaftlichen Gesetzmäßigkeit entziehen. Denn komplexe soziale Phänomene sind nun einmal gerade dadurch geprägt, dass Ursache und Wirkung, Handlung und Handlungsfolgen nicht kausal miteinander zusammenhängen. Das mag die vielen Manager mit naturwissenschaftlichem Hintergrund fast kränken – erklärt aber zugleich, warum die zahlreichen, mit quasi-naturwissenschaftlichem Anspruch vorgetragenen Patentrezepte für Teamerfolg so treffsicher daneben zielen.

> Die Disziplinen des Gelingens sollen die Aufmerksamkeit von Top-Managern auf besonders kritische Situationen lenken, in denen das Risiko zu scheitern besonders groß ist. Und sie zeigen Verhaltensweisen, mit denen das Top-Team seine Chancen erhöhen kann, diese komplexen Herausforderungen gemeinsam zu meistern.

»Disziplinen« sind ihrem Wesen nach eben etwas völlig anderes als die populären und oft beschworenen »Gesetze« oder gar »Geheimnisse« für den Erfolg von Teams, die es nur »anzuwenden« gilt. Disziplinen sind im Gegensatz zu Gesetzen etwas Anstrengendes, dessen Ergebnis vor allem vom eigenen Bemühen abhängt: Sie sind Praktiken und Verhaltensweisen, die einem Manager – ähnlich einem Wissenschaftler oder einem Leistungssportler – Anstrengung und immer weitere Anstrengung abfordern, um in ihnen Meisterschaft zu erlangen. Sie erfordern Selbstdisziplin, konzentrierte Übung, permanente Weiterentwicklung – und bieten dennoch keine

Garantie für Erfolg, sondern höchstens eine Verbesserung der Erfolgs-chancen.

Genau darum geht es beim »Gelingen« – es gibt keine Garantien. Gelingen trägt trotz aller Bemühung immer das Risiko des Misslingens in sich. Der deutsche Hirnforscher Gerald Hüther weist in seinen Vor-trägen immer wieder auf diesen entscheidenden Unterschied zwischen Erfolg und Gelingen hin: Im deutschen Wort »Gelingen« schwingt die Überzeugung mit, dass es eben auch Einflussfaktoren für den Erfolg gibt, die außerhalb der eigenen Kontrolle liegen. Eine Entsprechung zum Gelingen gibt es im Englischen nicht: »success« oder »well done« transportieren eine Überzeugung, nach der Erfolg sicher »machbar« scheint, wenn man nur die eigene Anstrengung und Kontrolle auf das Maximum steigert. Hüther vergleicht es mit dem Backen eines Kuchens: Der Teig wird angerührt, in den Ofen geschoben und dann kann man nur sagen: »Ich habe alles Mögliche getan. Möge der Kuchen gelingen.« Gelingen heißt also: Ich tue mein Bestes dazu – und es ereignet sich. Kurz: Gelingen ist etwas, um das man sich bemühen, das man aber nicht mit letzter Sicherheit »machen« kann.

In Teil II dieses Buches »Disziplinen des Gelingens« richten wir den Blick auf kritische Situationen und Herausforderungen, in denen sich Top-Teams mit dem Risiko des Misslingens in besonderer Häufigkeit und Intensität konfrontiert sehen – und in denen Dysfunktionen in Zu-sammenarbeit und Führung an der Unternehmensspitze besonders weit-reichende Folgen haben können; auf Situationen damit aber auch, in denen das Bemühen des Top-Teams um eine besondere Qualität des kollektiven Handelns – die gemeinsame disziplinierte Reflexion – einen wichtigen Beitrag zum Gelingen leisten kann. Ganz im Einklang mit diesem Verständnis von Gelingen betrachten wir die Dysfunktionen, die in Top-Teams systematisch auftreten, nicht als Symptome eines »kaput-ten« Systems, das es zu »reparieren« gilt, sondern als Normalität – und als Ansporn dazu, durch dauernde gemeinsame Anstrengung im Top-Team wirksamer zu werden.

Die Disziplinen des Gelingens sind nicht aus einer umfassenden, in sich geschlossenen Theorie mit wissenschaftlichem Anspruch abgeleitet. Ihre empirische Basis besteht aus der Substanz unserer Beobachtungen und Erfahrungen aus mehr als zehn Jahren Beratungsarbeit mit Teams an der Unternehmensspitze. Unser Anspruch ist es nicht, eine neue Theorie für erfolgreiches gemeinschaftliches Handeln an der Unternehmensspitze zu formulieren. Unser Anspruch ist bescheidener.

Wir stellen Situationen vor, in denen Top-Teams mit dem Risiko des Scheiterns konfrontiert waren, und bieten Einsichten an, wie das Team mit diesem Risiko in gemeinsamer Arbeit produktiv umgehen kann.

Doku-Fiktion in »dichter Beschreibung«

»Don't tell me the story, show me the solution« – dieser Haltung begegnen wir bei Top-Managern immer wieder: Schnelle und vermeintlich einfache Lösungen einzufordern gehört einfach zum manageriellen Standardrepertoire. Diesem in die Irre führenden Anspruch verweigern wir uns nicht nur in unserer Klientenarbeit. Gleiches gilt auch für dieses Buch. Unseren Ansatz in der Beratung wie im Schreiben könnte man mit dem der Historischen Soziologie vergleichen: das Geschehen in seiner ganzen sozialen und psychischen Komplexität zu »verstehen«, um daraus Schlussfolgerungen und potenzielle Ansatzpunkte für eine Praxis des Gelingens zu entwickeln.

Weil es uns darum geht, die Grundeinstellungen, Werte und Verhaltensmuster von Menschen und Gruppen – also auch von Managern und Teams – zu deuten, haben wir uns in unserer Formulierung der Disziplinen des Gelingens an einer Methode orientiert, für die der bedeutende US-amerikanische Ethnologe Clifford Geertz den Begriff »dichte Beschreibung« geprägt hat. Wir bemühen uns, in der Darstellung wie auch in unserer Arbeit, drei Schichten der Analyse zu verknüpfen: die Ebene der Empirie – das, wie Menschen sich verhalten; die Ebene der Bedeutung – das, was dieses Verhalten im spezifischen Kontext bedeutet; und die Ebene der sogenannten Meta-Narrative – das, was als Grundmuster das Verhalten bestimmt, ohne dass es dem Handelnden bewusst ist. Auf diese Weise versuchen wir, dem auf die Spur zu kommen, was Clifford Geertz das Unausgesprochene, das Ambivalente, das Widersprüchliche und das Unbewältigte nennt, und Wege zu einem wirksamen Umgang damit aufzuzeigen.[68]

Unsere Empirie – das ist unsere langjährige Erfahrung mit einer Vielzahl höchst unterschiedlicher Top-Teams aus unterschiedlichen Branchen, die in kritischen Situationen mit höchst unterschiedlichen Herausforderungen konfrontiert waren.

In den Disziplinen des Gelingens haben wir typische kritische Konstellationen, die uns in unserer Arbeit immer wieder begegnet sind, zu »Fällen« verdichtet. Diese Fälle sind keine getreuen Abbilder der Realität, sondern eine Konstruktion derselben, die sich durchgängig auf Erfahrung stützt. Sie sind also mehr Doku-Fiktion als Dokumentation.

Kurz: Die beschriebenen Konstellationen sind nicht real, aber sie sind realistisch. Unser Ziel ist es, in der Form von Fällen konsistente Geschichten zu konstruieren, um jeweils eine Disziplin des Gelingens schlüssig aufzuzeigen. Damit haben wir bewusst in Kauf genommen, die Komplexität und Vieldeutigkeit realer Klientensituationen zugunsten größerer Klarheit zu reduzieren. Aber diese gezielte Reduktion auf das Wesentliche trägt ebenso zu der gewollten Entfernung vom realen Geschehen bei wie die Tatsache, dass wir in den Fallbeschreibungen die Branchen, Namen von Unternehmen und handelnden Personen sowie konkrete Situationen konsequent verfremdet haben.

Wir wissen, dass wir dabei unter dem Risiko einer systematischen Wahrnehmungsverzerrung arbeiten und schreiben – bezeichnen wir sie als »Professional Bias«: Wir werden eben nicht von Top-Teams konsultiert, die meinen, in ihrer Zusammenarbeit und Führung stehe alles zum

In den Disziplinen des Gelingens haben wir typische kritische Konstellationen, die uns in unserer Arbeit immer wieder begegnet sind, zu »Fällen« verdichtet. Diese Fälle sind keine getreuen Abbilder der Realität, sondern eine Konstruktion derselben, die sich durchgängig auf Erfahrung stützt. Sie sind also mehr Doku-Fiktion als Dokumentation.

Besten. Wir lenken den Fokus deshalb auf Fälle, in denen Teams an der Unternehmensspitze sich dem Risiko des Misslingens gegenübersehen. Tatsächlich könnte man unsere Erfahrung mit Top-Teams mit der berühmten Einsicht von Leo Tolstoi zusammenfassen, die er im ersten Satz von Anna Karenina formulierte: »Alle glücklichen Familien sind einander ähnlich; jede unglückliche Familie jedoch ist auf ihre besondere Weise unglücklich.« Natürlich ist jede reale Klientensituation auf der Ebene der Empirie einzigartig – aber die Rekonstruktion der Fälle zeigt auch, dass hinter allem Besonderen des Einzelfalls etwas Allgemeines zu entdecken ist. Und dieses Allgemeine bietet die Chance, zu hilfreichen Einsichten darüber zu gelangen, wie Teams an der Unternehmensspitze in einer komplexen Welt ihre Aussichten auf ein Gelingen verbessern können.

Eine gemeinsame Logik des Gelingens: Disziplinen im Überblick

Die Konstellationen, in denen ein Misslingen der Zusammenarbeit und Führung in Teams an der Spitze wahrscheinlich ist und gravierende Folgen haben kann, sind in der Realität höchst vielfältig. Und sicher hat der Psychologe Dietrich Dörner recht, wenn er angesichts hoher dynamischer Komplexität ganz allgemein den Nutzen einfacher Regeln anzweifelt: »Regel Nummer eins heißt: Es gibt keine Regeln, die immer gelten. Wer richtig entscheiden will, muss eine große Menge von verschiedenen Verhaltensweisen im Hinterkopf haben. Er muss sich diese Erfahrungsschätze bewusst machen können. Und er muss die Sensibilität haben, den jeweils richtigen auszuwählen. Das ist schwierig.«[69]

Und dennoch lassen sich unsere Erfahrungen auf den Punkt bringen: Im Kern können wir sieben Disziplinen des Gelingens formulieren, die die Mitglieder eines Top-Teams beherrschen müssen, um gemeinsam die Chancen auf Wirksamkeit und Erfolg substanziell zu verbessern:

1. Das Problem erkennen Manager an der Unternehmensspitze sind entschlossene Tatmenschen, die im Zweifel dem Reflex zum Handeln auf Basis erprobter Erfolgsmodelle folgen. Erfolgreiches Führen aber beginnt nicht mit dem Handeln oder Entscheiden, sondern mit dem *Unter*scheiden: zwischen »technischen Problemen« und »adaptiven Herausforderungen«. Wirksame Führung in Situationen mit hoher Komplexität erfordert Disziplin darin, das Problem zu verstehen – und den Blick nicht auf jene technischen Probleme zu verengen, die scheinbar mit manageriellen Routinen, also mit Strukturen, Prozessen und Systemen gelöst werden können. Denn wird die adaptive Dimension eines Problems – tief verankerte Überzeugungen, Loyalitäten und Handlungsmuster – nicht angegangen, bringt ein Mehr an technischen Lösungen keinen Erfolg. Wirksames Führen an der Unternehmensspitze heißt, im Team gemeinsam gerade jene adaptiven Herausforderungen zu erkennen und zu bewältigen, die in den unterschiedlichen Auffassungen der Top-Manager über Werte, Grundüberzeugungen, Risiko- und Konflikttoleranz begründet sind.

2. Den inneren Dialog verstehen In der hohen Komplexität an der Spitze von Unternehmen ist es eine der schwierigsten Herausforderungen, das Führungsgeschehen reflektiert und distanziert aus der Sicht aller Beteiligten wahrzunehmen. Gerade Top-Manager neigen dazu, die eigenen Wahrnehmungen, Erfahrungen und Urteile für die einzige Realität zu halten – und sie sind überzeugt, rational zu handeln. Um einen Teufelskreis unproduktiver Zusammenarbeit zu vermeiden, gilt es, den inneren Dialog zu verstehen, den eigenen und den der anderen: Die Mitglieder des Top-Teams müssen sich ihrer normalen Irrationalität bewusst werden – und erkennen, wie persönliche Denkmuster und Wahrnehmungen das eigene Denken, Urteilen und Handeln bestimmen. Die Bereitschaft, die eigenen Wahrnehmungen und die des Gegenübers im Team bewusst zu hinterfragen und zu reflektieren, entscheidet über Erfolg oder Misserfolg der Führungs- und Zusammenarbeit.

3. Den eigenen Schatten sehen Top-Manager werfen einen Schatten in ihre Teams und in ihre gesamte Organisation – einen »Shadow of Leaders«, dessen sie sich nur selten in vollem Umfang bewusst sind. Denn insbesondere in komplexen Situationen beobachten und interpretieren Führungskräfte und Mitarbeiter aufmerksam das ganz alltägliche Verhalten der Mitglieder des Teams an der Spitze. Ein erfolgreiches Top-Team muss daher verstehen: Nicht nur die expliziten, bewussten Führungsimpulse, sondern gerade die im Alltag sichtbaren und beobachtbaren Verhaltensweisen der Manager an der Unternehmensspitze – mit allen unbeabsichtigten Eigendynamiken und unvermeidlichen Nebenwirkungen – prägen das Handeln auf den nächsten Führungsebenen. An der Unternehmensspitze erfolgreich zu führen heißt, die Vorbildrolle bewusst wahrzunehmen, den eigenen Schatten zu sehen und wirksame Zusammenarbeit im Top-Team konsequent vorzuleben.

4. Die Aufgabe im Blick behalten Die permanent hohe Anspannung an der Unternehmensspitze führt immer wieder dazu, dass Top-Teams ihre Kernaufgabe aus dem Blick verlieren: die wirksame gemeinsame Führung im Sinne des Gesamtunternehmens. Im Angesicht komplexer Herausforderungen, von Unsicherheit und Risiken entwickeln Top-Teams oder einzelne Mitglieder – unbewusst oder bewusst – Vermeidungsmuster, die ein Gelingen erschweren. Ob Automatismen wie »Kampf« oder »Flucht« angesichts scheinbar unlösbarer Aufgaben, Rückzug in den eigenen Bereich oder freiwillige Abhängigkeit vom CEO – diese Vermeidungsmuster tragen dazu bei, dass das Top-Team seine primäre Aufgabe nicht mehr erfüllen kann. Wirksam führen an der Unternehmensspitze kann nur ein Team, das diese Vermeidungsmechanismen in gemeinsamer Reflexion erkennt und sich immer wieder mit hoher Disziplin auf seine eigentliche Aufgabe konzentriert.

5. Die Autorität verdienen Im Top-Team ist formale Autorität in höchster Intensität konzentriert – und wird auch von Top-Managern immer wieder fehlinterpretiert. Im einen Extrem begreifen Top-Manager Autorität als Blankoscheck für Dominanzverhalten, im anderen als bloßes Erfüllen der klassischen Erwartungen an Führung: Richtung geben, Schutz sichern, Rollen definieren, Konflikte lösen, Normen durchsetzen. Wirksames Führen an der Unternehmensspitze aber heißt: Mut zum Risiko – Führen an den Grenzen der formalen Autorität. Das bedeutet, das Top-Team konsequent aus der Komfortzone zu führen, in die gemeinsame Verantwortlichkeit zu treiben, Konflikte produktiv zu nutzen – um die gemeinsame Lösungsfindung im Sinne des Gesamtunternehmens voranzutreiben. Das Balancieren des Top-Teams in einem produktiven Ungleichgewicht ist individuelle Aufgabe des CEO und zugleich kollektive Aufgabe des Teams; denn es ist Aufgabe jedes einzelnen, die anderen im Team verantwortlich zu halten und destruktives Verhalten anderer, auch des CEO, anzusprechen.

6. Den Konflikt nutzen Konflikte sind in Unternehmen allgegenwärtig – und dennoch neigen Top-Teams dazu, offene Konflikte aus Furcht vor einer Destabilisierung des Teams zu vermeiden. Gerade aber in der komplexen Welt an der Unternehmensspitze können Konflikte, Gegensätze und Spannungen als produktive Kraft wirken, die das Top-Team nutzen muss, um das Unternehmen weiterzuentwickeln. Lösen Manager substanzielle Konflikte nicht konstruktiv im Top-Team, werden diese bewusst oder unbewusst auf die nächsten Führungsebenen verlagert und entfalten dort ihr volles Blockadepotenzial in einem unproduktiven Wechselspiel von Eskalationen und Rückdelegation. Führen an der Unternehmensspitze erfordert, persönliche und organisatorische Mechanismen der Konfliktvermeidung gezielt zu überwinden – um im Top-Team den produktiven Konflikt vorzuleben und auf diese Weise das Potenzial konkurrierender Überzeugungen und Interessen für das Unternehmen systematisch zu erschließen.

7. Die Spannung regulieren Hohe dynamische Komplexität birgt das Risiko, dass Top-Teams unter der Wahrnehmung einer Dauerkrise handeln – mit weitreichenden negativen Folgen für Führung und Zusammenarbeit. Deswegen müssen Top-Teams eine Krisenreaktionskompetenz entwickeln, die verhindert, dass sich wahrgenommene oder reale äußere Krisen zu inneren Krisen in der Organisation auswachsen. Erfolgreiche Führung an der Unternehmensspitze heißt: Top-Teams sind gefordert, Verhaltensmuster zu entwickeln, die das Team, die Führungskräfte und die gesamte Organisation auf ein produktives Stressniveau bringen, das auch langfristig die Handlungsfähigkeit sicherstellt. Top-Teams müssen lernen, eine Dramatisierung bewusst zu vermeiden und

Krisensituationen produktiv zu nutzen. Denn nicht die reale Krise, sondern der vom Top-Team vorgelebte Umgang mit Krisensituationen fördert wirksame oder eben unwirksame Verhaltensmuster in der Organisation.

Auf einen Blick
Disziplinen des Gelingens

Eckpunkte

▶ Die sieben »Disziplinen des Gelingens« in Teil II dieses Buches sollen die Aufmerksamkeit von Top-Managern auf kritische Situationen lenken, in denen das Risiko zu scheitern besonders groß ist. Und sie zeigen Verhaltensweisen, mit denen das Top-Team seine Chancen erhöhen kann, diese komplexen Herausforderungen gemeinsam zu meistern.

▶ Die »Disziplinen« sind keine »Gesetze« für den Erfolg von Teams, die es nur »anzuwenden« gilt. Disziplinen sind Praktiken und Verhaltensweisen, die einem Manager Anstrengung, Selbstdisziplin und konzentrierte Übung abverlangen, um seine Chancen auf wirksame Führung im Team zu verbessern.

▶ Wir haben dabei typische schwierige Situationen, die uns in unserer Arbeit immer wieder begegnen, zu »Fällen« verdichtet, die keine getreuen Abbilder der Realität sind. Die Fälle sind Konstruktionen von Realität, die sich durchgängig auf Erfahrung stützen.

Teil II

Disziplinen
des Gelingens

8

Das Problem erkennen

»Das Problem erkennen ist wichtiger, als die Lösung zu finden,
denn die genaue Darstellung des Problems führt fast automatisch zur richtigen Lösung.«

Albert Einstein

▶ *Fall 1:* Das Top-Team der ValProc verrennt sich in Managementroutinen
▶ *Fall 2:* Der CIO der MGXLogistics will den Erfolg erzwingen

Fall 1: Das Top-Team der ValProc verrennt sich in Managementroutinen

Erledigt – vollkommen erledigt und zugleich zufrieden: Das achtköpfige Top-Team von ValProc bietet ein Bild der produktiven Erschöpfung. Zwei volle Tage hat man miteinander gerungen. Jetzt sind die Wände des nicht nur von der Frühlingssonne überhitzten Tagungsraums mit kaum zu entziffernden Flipcharts tapeziert. Nur mit Mühe sind inmitten der Wörter, Pfeile, hingeworfenen Skizzen, erst begonnenen und dann doch wieder durchgestrichenen Grafiken vier Begriffe zu erkennen, die dem scheinbaren Chaos eine Struktur geben: »Das Problem«, »Unser Beitrag zum Problem«, »Die adaptive Herausforderung«, »Wege nach vorn«.

Es ist 19 Uhr am zweiten Tag des Strategie-Offsites, zu dem sich Maschewsky, CEO der ValProc, mit seinem Top-Team in ein Hotel an der Küste zurückgezogen hat. Die Agenda vermerkt als letzten Punkt »Closing – CEO«. Maschewsky erhebt sich etwas steif, aber mit einem Rest von Dynamik von seinem Stuhl und tritt vor sein Team. Als CEO ist es seine Aufgabe, die Ergebnisse des Workshops auf den Punkt zu bringen: »Mal ganz ehrlich«, Maschewsky stemmt beide Arme in die Hüften und holt nochmals tief Luft, »ich bin echt fertig! Das waren wirklich die anstrengendsten zwei Tage, seit es die ValProc gibt – aber mit Sicherheit auch die werthaltigsten.« Er erntet zustimmendes Nicken. Er nehme vor allem eine wichtige Einsicht mit: »Wir müssen nicht anders an unseren Problemen arbeiten, sondern wir müssen an ganz anderen Problemen arbeiten.«

Erfolgsentscheidend ist die Einsicht zu Beginn: Es geht darum, nicht anders an Problemen arbeiten, sondern an anderen Problemen zu arbeiten.

Maschewsky kam damit auf die blinden Flecken zu sprechen, die der Workshop zutage gefördert hatte: die unterschiedlichen Interessen und unterschwelligen Blockadehaltungen in den beiden Mutterunternehmen des Joint Ventures ValProc. Es gab eine Kluft zwischen offiziellen Unterstützungsbekundungen und dem gelebten Widerstand im Managementalltag. Diese Herausforderung aus konkurrierenden Werten, Überzeugungen und Loyalitäten hatten Maschewsky und sein Team nicht gesehen. Deshalb, so fuhr Maschwesky fort, »komme ich mir vor wie Kolumbus: Vor zwei Tagen hatte ich ein klares Ziel: Indien! Und ich hielt meinen Plan für ganz ordentlich. Jetzt glaube ich eher, wir haben Amerika gefunden – einen fremden Kontinent, auf dem reichlich Risiken lauern, aber auch jede Menge Chancen warten. Ob wir in diesen zwei Tagen das Ei des Kolumbus gefunden haben, wird sich erst in den kommenden Wochen und Monaten zeigen. Aber ich bin Segler – und eines ist mir klar: Unsere Karte und unser Kurs sehen ab heute komplett anders aus.«

Tatsächlich hatte der zweitägige Workshop des Top-Teams von ValProc eine Wendung genommen, die Maschewsky und sein Personalchef nicht vorausgesehen hatten. Sechs Wochen zuvor hatten sie gemeinsam die Agenda für den Strategieworkshop festgelegt, und das Ziel war von Maschewsky klar formuliert worden: »Nach der stürmischen Startphase von ValProc, in der wir permanent unseren ambitionierten Zielvorgaben hinterhergelaufen sind, will ich mit dem Top-Team nochmals unsere Ziele bestätigen, unsere Prioritäten schärfen und konkrete Aufgaben und Ergebnisse vereinbaren.« Für jeden erfahrenen Manager war so ein Strategieworkshop eigentlich ein Routinetermin zu den Routine-Problemen, die eben Routinelösungen verlangten: Jedes Teammitglied würde den Workshop nach zwei Tagen mit klaren Zielvorgaben, einer präzisierten Aufgabenbeschreibung, einem Umsetzungsprogramm und konkreten Ergebniserwartungen im Gepäck verlassen – und dann »seinen Job erledigen«.

Technische Lösungen für adaptive Herausforderungen

Das Beispiel ValProc verweist auf ein häufig wiederkehrendes Muster im Verhalten von Top-Teams: »Das am weitesten verbreitete Führungsversagen entsteht daraus, dass man versucht, technische Lösungen auf adaptive Herausforderungen anzuwenden.«[70] Diese von Ron Heifetz, Professor für Leadership an der Harvard Kennedy School, formulierte Einsicht prägt grundlegend unsere Arbeit mit Top-Teams: Viele Manager begehen den systematischen Fehler, Probleme falsch zu interpretieren, zu vereinfachen – und das organisatorische Umfeld stereotyp und damit falsch einzuschätzen. Um dann Lösungen durchzusetzen, die ihren eigenen Erfolgsmodellen und Routinen entsprechen.

Auch Widerstände, unerwartete Schwierigkeiten und Misserfolge bringen sie nicht von dem einmal gewählten Pfad ab. Immer wieder begegnen wir der zugrundeliegenden Denkfigur: »Lasst uns das Gleiche noch mal versuchen, aber dieses Mal mit mehr Enthusiasmus und Entschlossenheit!« Von Ferne hören wir dann das Echo Albert Einsteins, der sehr treffend definierte: »Wahnsinn ist, immer wieder das Gleiche zu tun – und andere Ergebnisse zu erwarten.«

Wir haben es im Kapitel »Ein komplett anderes Spiel« gezeigt: Ge-

> **Manager interpretieren Probleme und ihr organisatorisches Umfeld vereinfacht oder falsch, um Lösungen durchzusetzen, die ihren eigenen Erfolgsmodellen oder Routinen entsprechen.**

Technische Probleme lassen sich durch routiniertes, rational-analytisches »Problem-Solving« lösen. Sie haben eine niedrige dynamische, generative und soziale Komplexität. Hier reichen die erprobten Verfahren der Analyse von Ursache und Wirkung aus.

rade an der Spitze von Unternehmen sehen sich Manager zumeist mit Herausforderungen konfrontiert, die nicht nur kompliziert sind, sondern komplex – komplex in drei Dimensionen: *Erstens* sind die Probleme an der Unternehmensspitze zumeist von hoher dynamischer Komplexität geprägt – Ursache und Wirkung sind nicht direkt und kausal miteinander verbunden. *Zweitens* haben Probleme, denen sich das Top-Management zuwenden muss, eine hohe generative Komplexität: Sie entwickeln sich in ungewohnter und kaum vorhersehbarer Weise. *Drittens* zeichnen sich Probleme gerade an der Unternehmensspitze durch eine hohe soziale Komplexität aus: Die beteiligten Stakeholder haben zumeist sehr unterschiedliche Perspektiven auf das Problem und seine Lösung – Konflikte, Polarisierungen und Sackgassen sind damit praktisch programmiert.[71]

Heifetz' Differenzierung von »technischen Problemen« und »adaptiven Problemen« ist dabei ebenso einfach wie hilfreich: Technische Probleme lassen sich durch routiniertes, rational-analytisches »Problem-Solving« lösen. Sie haben eine niedrige dynamische, generative und soziale Komplexität. Hier reichen die erprobten Verfahren der Analyse von Ursache und Wirkung aus.

Dabei können technische Probleme durchaus sehr kompliziert und auch bedeutsam sein (ein guter Vergleich aus der Medizin ist der Austausch einer Herzklappe), aber ihre technischen Lösungen können vom Management top-down, mithilfe von Experten und im Rahmen der etablierten Strukturen, Prozesse und Routinen eines Unternehmens »implementiert« werden.

»Adaptive Probleme« sind zumeist in allen drei Dimensionen hoch komplex – dynamisch, generativ und sozial. Adaptive Herausforderungen sind vor allem begründet in den Werten, Überzeugungen, Loyalitäten und Handlungsmustern der Organisation. Sie können nicht »technisch« in erprobten Mangementroutinen gelöst werden.

»Adaptive Probleme« sind dagegen ganz anders gelagert: Sie sind zumeist in allen drei Dimensionen hoch komplex – dynamisch, generativ und sozial. Adaptive Herausforderungen sind vor allem begründet in den Werten, Überzeugungen, Loyalitäten und Handlungsmustern der Organisation. Sie können nicht »technisch« gelöst werden, und ihre Lösungen sind nicht mit erprobten Managementroutinen umsetzbar.

Die meisten Manager, so beschreibt Ron Heifetz die adaptive Herausforderung, »scheitern daran, die wertegeladene Komplexität der neuen Problem-Situation zu berücksichtigen. Diese Komplexität ist nicht eine analytische Komplexität in der Art, wie schwierige ökonomische oder technische Probleme Unsicherheit oder Komplexität mit sich bringen. Sie haben eine menschliche Komplexität, weil die Probleme nicht von den Menschen abstrahiert werden können, die sich als Teil des Problem-Szenarios wiederfinden.«[72]

Die Erkenntnis ist einfach, ihre praktische Umsetzung schwierig. Gerade in der komplexen Welt an der Unternehmensspitze müssen Manager die menschliche Dimension der notwendigen Veränderungen in ihre Problemanalyse einbeziehen: die menschlichen Kosten, die Geschwindigkeit der Anpassung, die Toleranz aller Stakeholder in Bezug auf Konflikt, Unsicherheit, Risiken und Verluste, die Widerstandskräfte informeller Netzwerke aller Art und der gelebten Unternehmenskultur.

> Die Erkenntnis ist einfach, ihre praktische Umsetzung schwierig. Gerade in der komplexen Welt an der Unternehmensspitze müssen Manager die menschliche Dimension der notwendigen Veränderungen in ihre Problemanalyse einbeziehen: die menschlichen Kosten, die Geschwindigkeit der Anpassung, die Toleranz aller Stakeholder in Bezug auf Konflikt, Unsicherheit, Risiken und Verluste, die Widerstandskräfte informeller Netzwerke aller Art und der gelebten Unternehmenskultur.

Adaptive Herausforderungen sind also nicht deswegen schwierig, weil sie analytisch-intellektuell anspruchsvoll wären. Sie sind vor allem deswegen schwierig, weil sie einen der wichtigsten Aktivposten der Mitglieder der Organisation infrage stellen: ihre Investitionen in Beziehungen, in Kompetenzen und in ihre Identität. Bei der Bewältigung adaptiver Herausforderungen stehen Manager vor einer wesentlichen Frage: Wie kann es ihnen gelingen, mit Verlusten oder der Angst vor Verlusten wirksam umzugehen? Das erfordert die Bereitschaft zu harten Entscheidungen, das Eingehen von Trade-offs und den Willen, Unsicherheit zu tolerieren.

Erfolgreiches Führen beginnt deshalb nicht mit dem Entscheiden, sondern mit dem *Unter*scheiden: mit dem Unterscheiden zwischen »technischen Problemen« und »adaptiven Herausforderungen«. Die Abbildung »Die Problemdefinition: Das Problem verstehen und den richtigen Ansatz wählen« zeigt die Unterschiede für die Führungsarbeit auf.

Was Maschewsky für sein Team-Offsite im Sinn hatte – die rationale Analyse und der Wille zu entschlossener Umsetzung –, hilft hier nicht weiter.

> Im Kern geht es um das *Ent*lernen dysfunktionaler und das *Er*lernen wirksamer Einstellungen und Verhaltensweisen. Das gezielt in Angriff zu nehmen ist schwierig, denn in der täglichen Unternehmenswirklichkeit liegen die Probleme leider nicht sauber sortiert nach »technischen Problemen« und »adaptiven Herausforderungen« auf dem Tisch des Top-Managements.

Im Kern geht es um das *Ent*lernen dysfunktionaler und das *Er*lernen wirksamer Einstellungen und Verhaltensweisen. Das gezielt in Angriff zu nehmen ist schwierig, denn in der täglichen Unternehmenswirklichkeit liegen die Probleme leider nicht sauber sortiert nach »technischen Problemen« und »adaptiven Herausforderungen« auf dem Tisch des Top-Managements.

Ein Top-Team im Lerndilemma

Es war genau dieses Führungsversagen – die Anwendung technischer Lösungen auf adaptive Herausforderungen –, das die ValProc im ersten Jahr ihrer operativen Tätigkeit hatte auf Grund laufen lassen. ValProc war neun Monate vor der nun anstehenden »Kursänderung« als Joint Venture der zwei international aufgestellten Pharmaunternehmen UPC und PharmTec entstanden: »Wir legen unsere internationalen Einkaufsaktivitäten bei der Beschaffung von Rohstoffen und Vorprodukten sowie bei Investitionsgütern, wie etwa Produktionsanlagen, zusammen. Dadurch realisieren wir bis 2015 Synergien in Höhe eines mittleren ein-

Die Problemdefinition: Das Problem verstehen und den richtigen Ansatz wählen

Technische Probleme	Adaptive Probleme
… sind komplizierte Probleme mit Ursache-Wirkung-Beziehung.	… sind komplexe Dilemmata, dynamisch, generativ, sozial.
… lassen sich in Zahlen, Daten, Fakten abbilden.	… spiegeln sich in Grundüberzeugungen, Einstellungen, Loyalitäten wider.
… erfordern die Beteiligung der direkt betroffenen Stakeholder.	… erfordern zusätzlich die Einbindung von Stakeholdern im Umfeld.
… sind durch Entscheidung und Umsetzung zu lösen.	… müssen durch *Ent*-Lernen alter und *Er*lernen neuer Verhaltensmuster angegangen werden.
… sind durch managerielle Routinen innerhalb der Komfortzone zu lösen.	… erfordern Erforschen und (Selbst-)Reflexion außerhalb der Komfortzone.
… sind durch Reporting nachzuhalten.	… müssen durch Feedback permanent bearbeitet werden.
… sind durch strukturiertes Problem-Solving zu direkten Ergebnissen zu führen.	… sind nur durch einen iterativen Lernprozess über Zeit zu bewältigen.

stelligen Milliardenbetrags.« So hatten die CEOs von UPC und PharmTec den Geschäftszweck und die gemeinsame Zielvorgabe für die ValProc damals öffentlich formuliert.

Eine eindeutig definierte, rationale und mit vorhandener Expertise lösbare Aufgabe – »für die ich genau der richtige Mann bin«, so hatte Maschewsky angenommen. Schon bei den Verhandlungen zur Gründung hatte er an entscheidender Position mitgewirkt. Er hatte als Einkaufschef der UPC und gefürchtet harter Verhandler schon in den letzten Jahren Milliarden für sein Unternehmen bei den Lieferanten herausgeholt. Schließlich hatte er die UPC und die PharmTec von seinem Konzept überzeugt, dass nur durch noch größere Skaleneffekte unter dem Dach eines Joint Ventures immer weitere Preisreduzierungen möglich wären. Und sein Kurs war ihm von Beginn an »glasklar« gewesen. Er wollte mit ValProc genau das tun, was sich bereits früher bei UPC als sein Erfolgsrezept erwiesen hatte, aber diesmal als »echtes ›Big Boys‹ Game«: mit ausgefeilten Systemen Transparenz über bestellte Mengen und Preise herstellen, bei »strategischen« Lieferanten bündeln – und dann »verhandeln, verhandeln, verhandeln, bis die Tränen rollen«.

So einfach und überzeugend sich der Business Case für die Gründung von ValProc darstellte, so schwierig und zäh hatte sich der praktische Aufbau des Joint Ventures tatsächlich gestaltet. Zwei Jahre hatten die UPC und die PharmTec für die Gründungsverhandlungen gebraucht. Als Geschäftsgrundlage entstand schließlich ein 800-seitiger Vertrag mit detaillierten Rechten, Pflichten und Ergebnisverteilungsregeln, der bei Maschewsky eher ein Schulterzucken als echte Sorge ausgelöst hatte.

Mit dem operativen Start von ValProc war Maschewskys Leben dann noch ein Stück schwieriger geworden – und er ließ seinem Zweifel in unserem ersten Vorgespräch freien Lauf. »Wir haben einen klar vereinbarten Umsetzungsfahrplan – und hängen jetzt Monate hinterher. Und so langsam frage ich mich wirklich, was die PharmTec und die UPC eigentlich wirklich wollen«, sagte Maschewsky und schüttelte den Kopf. »Erst geben sie mir nicht ihre Spitzenleute für mein Top-Team. Dann kann ich meine freien Stellen nicht besetzen. Dann bekommen wir keinen Zugriff auf deren Systeme und Kennzahlen und müssen alles aufwändig selber bauen. Zu allem Überfluss werden wir beim Einkauf auf bestimmte Produktgruppen eingeschränkt – und nach gerade mal neun Monaten beginnen die ersten Kollegen sich auf uns einzuschießen, nach dem Motto: ›Wo sind denn nun die Erfolge, wo bleibt denn nun eure erste Milliarde an Einsparungen?‹ Da muss man doch mal die Gegenfrage stellen: Wo ist denn da das Vertrauen, wo ist da das Commitment?«

Maschewskys Reaktion ist in vieler Hinsicht typisch für erfolgreiche Manager, die sich – gerade durch die Anwendung ihrer erlernten Erfolgsmodelle aus der Vergangenheit – quasi über Nacht mit der Möglichkeit des eigenen Scheiterns konfrontiert sehen. Wir haben das Phänomen der »Narrative Fallacy« im Kapitel »Top-Manager sind auch nur Menschen« bereits beschrieben: Manager entwickeln auf der Grundlage von Erfahrungen aus der Vergangenheit konsistente Geschichten über den eigenen Erfolg und dessen vermeintliche Ursachen. Diese ganz eigene Lesart vergangener Ereignisse wird dann zu sehr robusten persönlichen Erfolgsmodellen verdichtet und als Erfolgsrezept auf die Zukunft angewandt.

Die Herausforderung ist lange bekannt. Der Managementforscher Chris Argyris hat sie schon vor mehr als 20 Jahren als »Lerndilemma« bezeichnet.

Gerade erfolgreiche Manager sind sich nicht bewusst, dass das bloße Wiederholen erfolgreicher Handlungsstrategien Erfolg verhindern kann. Sie haben entsprechend auch keine Lernstrategien, um dieses Dilemma zu bewältigen.

Die Folge: Die meisten Manager »definieren Lernen zu eng als bloßes Problemlösen, also fokussieren sie sich darauf, Fehler in der externen Umwelt zu identifizieren und zu korrigieren«.[73] Keine Frage: Praktische Probleme zu lösen ist wichtig. Aber um auf Dauer wirksam und erfolgreich zu sein, müssen gerade Top-Manager und ihre Teams kritisch das eigene Verhalten diagnostizieren und reflektieren, wie sie – eben zumeist unbewusst – zu den bestehenden Problemen in ihren Organisationen beitragen. Vor allem müssen sie erkennen lernen: Ihre aus Erfahrungen in der Vergangenheit abgeleiteten und eingeübten Muster der Problemdefinition und -lösung können selbst die Quelle neuer Probleme sein.

Die PharmTec: Sümpfe trocken legen

Wie komplex Maschewskys Problem wirklich war, wurde in den Stakeholderinterviews deutlich, die wir zur Vorbereitung des geplanten Strategie-Offsites mit ihm und seinem Top-Team vorgeschlagen hatten. Zu einer strategischen Standortbestimmung des ValProc-Teams, davon hatte Maschewsky sich überzeugen lassen, würde die Sicht allein seiner Teammitglieder nicht ausreichen. Ebenso wichtig wäre die Perspektive derer, die letztlich über Erfolg oder Misserfolg von ValProc entscheiden würden – die Manager der Mutterunternehmen PharmTec und UPC.

Die unterschiedlichen Perspektiven der Top-Manager der beiden Mutterunternehmen erwiesen sich als perfektes Beispiel für ein Phänomen, das Chris Argyris als das Auseinanderklaffen von »Espoused Theory« (zu Deutsch etwa: »nach außen vertretene Theorie«) und »Theory-in-Use« (zu Deutsch etwa: »praktizierte Theorie«) beschrieben hat: Die Interessen und das tatsächliche Handeln der Top-Manager in beiden Mutterunternehmen standen oft geradezu in diametralem Gegensatz zu den nach außen kommunizierten Zielen wie Kooperation, Transparenz und dem Austausch von »Best Practices«.

> **Die Interessen und das Handeln der Top-Manager standen im Gegensatz zu den öffentlich kommunizierten Zielen.**

»Soll ich Ihnen mal unter uns sagen, was ich wirklich mit der ValProc will?« Kurth, früh ergrauter Mittvierziger und seit drei Jahren CEO der PharmTec, setzte ein schmallippiges Schmunzeln auf: »Ich will hier bei PharmTec endlich die Sümpfe trocken legen. Es gibt ein Kartell des Stillhaltens zwischen meinen Top-Einkäufern und den wichtigsten Lieferanten. Die haben doch teilweise beim selben Doktorvater promoviert und tun sich nicht wirklich weh.« Kurths Anspruch war klar: lange etablierte Strukturen aufbrechen und darüber hinaus innovativ mit Lieferanten in Bezug auf gemeinsame Entwicklung und Innovation zusammenarbeiten. Eine positive Resonanz im eigenen Haus war allerdings ausgeblieben: »Ich habe das jetzt zwei Jahre gepusht, aber da kommt selbst von meinen Top-Leuten nichts.«

Es war ein grundlegendes Transformationsprogramm, nicht weniger als die Neudefinition der Rolle des Einkaufs und dessen Top-Managements, so musste man Kurths »Agenda« verstehen: »Die ValProc ist das ideale Trojanische Pferd, um meinen Einkauf mal auf Trab zu bringen.« Er setzte auf Maschewsky und seine Jungs, die »sind smart und haben richtig Biss«. Vor diesem Hintergrund war das kommunizierte Einsparpotenzial für Kurth gar nicht entscheidend: »Das haben wir mal grob geschossen. Ob da dieses Jahr jetzt schon die Milliarde rauskommt oder nicht, ist für mich zweitrangig.« Kurth, das wurde deutlich, betrachtete das neue Joint Venture vor allem als Werkzeug, um, wie er sich bildlich ausdrückte, »die Festung Einkauf zu knacken«.

Hinter den Bekenntnissen zu Transparenz, Austausch und produktiver Zusammenarbeit hatte die »Festung Einkauf« der PharmTec ihre Verteidigungslinien gegenüber ValProc – und dem eigenen CEO – konsequent gestärkt. Grevenhorst, seit 17 Jahren als Einkaufschef bei der PharmTec und dadurch so etwas wie lebendes Inventar, ließ ein paar tiefe Sorgenfalten über seine Stirn spielen: »Leider kenne ich viele, denen langsam Zweifel kommen. Diese ganze aggressive Strategie im Einkauf, zusammen mit dem bissigen Auftreten dieser Jungs von ValProc! Ehrlich: Ich glaube nicht an das weitere Ausquetschen unserer Lieferanten – schließlich wollen wir weiterhin konstruktiv zusammenarbeiten. Und die versprochene Milliarde in Jahr eins sehe ich noch nirgends, das ist absolut kritisch.« Grevenhorst machte aus seiner Kritik keinen Hehl: Zunächst habe die ValProc viel zu lange gebraucht, um sich selbst zu sortieren, und nun versetze das Joint Venture seine gesamte Organisation in Unruhe – »mit ihren permanenten Anfragen über Kennzahlen und Systemunterstützung. Ich würde mich freuen, wenn die jetzt mal ihren Job machen – dann können wir auch unseren machen.«

Das Mittelmanagement der PharmTec hatte sich für die Abwehr perfekt aufgestellt. Ihre Verteidigungsmauer stützte sich auf vier tragende Säulen, die wir in Joint-Venture-Situationen sehr häufig sehen:

1. Den Wertbeitrag anzweifeln »ValProc ist ein ziemlich risikoreiches Spiel«, lautete die Warnung des PharmTec-Produktionschefs. Er zeigte sich offen ablehnend: »Ich höre von den meisten Industrie-Insidern, so etwas habe noch nie funktioniert.« Das neue Joint Venture entwickle sich zu einem Risiko, das die symbiotische Beziehung zu den eigenen Lieferanten gefährde: »Da machen die Jungs von der ValProc mehr langfristiges Kapital kaputt, als sie jemals reinholen können. Das ist eine echte Gefahr!«

2. Das Mandat einschränken »Den Einkauf strategisch bei Innovation oder Forschung einzubeziehen – das ist doch eine reine Kopfgeburt aus dem Managementhandbuch«, so brachte der Leiter Forschung der PharmTec seine substanziellen Vorbehalte auf den Punkt. »Das sind doch keine Wissenschaftler. Einkäufer sollen einkaufen, und das ist einfach: maximale Qualität zu minimalen Preisen! Das ist ja wohl keine Quantenphysik.«

3. Eine »Liefer«-Krise erzeugen Entgegen der Auffassung des CEO, aber stellvertretend für alle betroffenen Manager bei der PharmTec, erklärte der Produktchef »das Abliefern der ersten Milliarde in diesem Jahr« zum »Lackmustest für die Daseinsberechtigung« von ValProc: »Wenn die das nach einem Jahr nicht geliefert haben, sage ich klar: Dann sollten wir auch nicht weiter versuchen, ein totes Pferd ins Ziel zu reiten.«

4. Die Türen dicht machen Unter dem operativen Druck, ValProc aufzubauen, habe das Top-Team nicht in den Aufbau von Vertrauen und Beziehungen investiert, so lautete schließlich die zentrale Kritik des Einkaufs-controllers von PharmTec: »Die ValProc-Jungs haben keine Minute darauf verschwendet. Mit ihrem aggressiven Anspruch an Transparenz und ihrer Controller-Attitüde treten die hier auf wie die Spanische Inquisition, die uns nachweisen will, wo wir in der Vergangenheit Geld versenkt haben.« Dazu auch noch die Beweise zu liefern, sei er keinesfalls bereit.

> Nicht die »Espoused Theory« einer strategischen Weiterentwicklung des Einkaufs leitete das Handeln des Managements der PharmTec. Es verfolgte vielmehr konsequent eine »Theory-in-Action«, in deren Mittelpunkt die Vermeidung von Verlust stand: Verlust von Handlungsautonomie, Verlust lang gehegter Beziehungen, Verlust von Macht und Status – letztlich Verlust der Identität.

Nicht die »Espoused Theory« einer strategischen Weiterentwicklung des Einkaufs leitete das Handeln des Managements der PharmTec. Es verfolgte vielmehr konsequent eine »Theory-in-Use«, in deren Mittelpunkt die Vermeidung von Verlust stand: Verlust von Handlungsautonomie, Verlust lang gehegter

Beziehungen, Verlust von Macht und Status – letztlich Verlust der Identität.

Alles in allem: eine Konstellation mit höchster sozialer Komplexität. Und eine brisante Mischung, eine adaptive Herausforderung, die das Top-Management der ValProc bisher nicht einmal im Ansatz wahrgenommen hatte.

Die UPC: Ein Erfolgsmodell für alle Fälle?

Die Beziehungen der ValProc zur UPC als zweitem Mutterunternehmen waren auch nicht spannungsfrei, aber von etwas weniger Komplexität geprägt. In der UPC als seinem »Home Turf« hatte der damalige UPC-Einkaufschef Maschewsky die Kämpfe, die die ValProc derzeit mit der PharmTec ausfocht, bereits vor Jahren für sich entschieden. Auch hier hatte die Transformation des Einkaufs schmerzhafte Auseinandersetzungen insbesondere mit dem Forschungs- und dem Produktionschef bedeutet – die Maschewsky aber mit aktiver Rückendeckung seines CEO schließlich für sich hatte entscheiden können.

Sein Erfolgsrezept war einfach, aber effizient gewesen – »technisches Management« in Perfektion: konsequentes, zur Not auch aggressives Durchmanagen seiner Vision gegen alle Widerstände in der Organisation mit einem hoch engagierten, jungen Team (in der UPC nannte man sie »Maschewskys Huskies«) und »Luftunterstützung« des CEO. Klar vereinbarte Einsparungsziele je Unternehmensbereich, hinterlegt mit konkreten Maßnahmenplänen und monatlich nachgehalten durch ein ausgefeiltes Controllingsystem – so lautete die Formel seines Erfolgs. Seither hatte Maschewsky Jahr für Jahr enorme Einsparungen abgeliefert und den Einkauf der UPC konsequent zu einem Industrie-Benchmark umgebaut. Sicher, auch in der UPC gab es kritische Stimmen: »Wir haben die ValProc gebaut, um unser Einkaufsvolumen zu verdoppeln und weiter im Spiel der fünf Großen mitzuspielen, aber«, so formulierte der CEO der UPC fast vorsichtig seine Vorbehalte, »jetzt sehen wir nicht an jeder Stelle das volle Commitment. Wir spüren, dass die Abläufe komplizierter werden und – was mir am meisten Sorge macht –

Maschewskys Auftrag war es gewesen, mit der ValProc als Joint
Venture seine Erfolgsgeschichte in
der UPC auf einer deutlich vergrößerten Basis zu wiederholen.
Und genau diesem vermeintlich
erfolgssicheren Vorgehensmodell
war er im Aufbau der ValProc
konsequent gefolgt.

Wir fallen hier und da hinter das bereits bei der UPC erreichte Niveau zurück. Das können wir nicht zulassen, aber da stehen Maschewsky und ich wie ein Mann!«

Maschewskys Auftrag war es gewesen, mit der ValProc als Joint Venture seine Erfolgsgeschichte in der UPC auf einer deutlich vergrößerten Basis zu wiederholen. Und genau diesem vermeintlich erfolgssicheren Vorgehensmodell war er im Aufbau der ValProc konsequent gefolgt.

Dies allerdings mit bestenfalls mäßigen Ergebnissen und um den Preis, dass die PharmTec sich auf eine implizite Strategie der aggressiven Defensive verlegt hatte, die Maschewsky und sein Team als täglichen Häuserkampf erlebten. Also: Was war schief gelaufen? Wann und warum hatte er den richtigen Kurs verlassen und sich mit seinem Team auf eine Odyssee mit ungewissem Ausgang begeben?

Vorrang dem Handeln – jetzt und hier

Bereits in der Startphase, das wurde in den Diskussionen im Strategie-Offsite schnell klar, hatte sich im ValProc-Top-Team ein typisches dysfunktionales Verhaltensmuster eingeschliffen: »Wir hatten bisher genau drei Prioritäten: Erstens: Fix the Basics, zweitens: Fix the Basics und drittens: Fix the Basics«, so formulierte Maschewsky die Vorgehensweise. »Lasst uns erst mal zeigen, dass wir was hingekriegt haben, den Feinschliff machen wir später«, so hatte er sein Team immer wieder ermutigt. Das war nachvollziehbarer Pragmatismus, aber dennoch eine gefährliche Dynamik: Konfrontiert mit hohem Erwartungsdruck und einer Vielzahl hoch dringlicher Aufgaben – im Falle der ValProc unter anderem Schaffung eines rechtlichen Rahmens, Aufbau einer ganz neuen Organisation, Erstellung eines Budgetplans, Entwicklung eines Managementinformationssystems, Herstellung von Kontakten zu den Muttergesellschaften, und vieles mehr – flüchten viele Top-Teams in kollektiven Aktionismus ohne ausreichende Analyse. Der natürliche Action-Bias entfaltet gerade in hochkomplexen Situationen seine Wirkung: Nur das Handeln zählt. Problemanalyse und Diagnose kosten vermeintlich nur wertvolle Zeit und Energie.

Wirksames Handeln und *Ent*scheiden aber setzt richtiges *Unter*scheiden voraus. Erfolgreiche Führung beginnt also mit einer diagnostischen Unterscheidung: Welches sind die adaptiven Elemente eines Problems – und welches sind seine technischen Elemente?

Angesichts einer Tendenz zum routinierten Entscheiden auf Basis erprobter Erfolgsmodelle muss das Team an der Spitze ganz besonders eines lernen: das Unterscheiden-Lernen, gemeinsam an der Entwicklung technischer oder aber adaptiver Lösungswege zu arbeiten. Es ist sicher keine verwegene Hypothese anzunehmen, dass gerade Merger und Joint Ventures vor allem deswegen so häufig scheitern, weil das Top-Management versucht, die komplexen adaptiven Herausforderungen oft gegensätzlicher Werte und Loyalitäten zu vermeiden, um mit technischen Lösungen »zügig im Umsetzungsplan voran zu kommen«.

In Umbruchphasen häufen sich Situationen mit höchster Komplexität. Und in diesen Phasen suchen Manager vor allem eines: Sicherheit. Unter den Bedingungen von mangelnder Vorhersagbarkeit und Chaos, so bestätigt auch der Organisationsforscher Yiannis Gabriel, wächst das Bedürfnis nach Sicherheit und Selbstvergewisserung.[74] Wer das Feld bekannter, technisch lösbarer Probleme verlässt, muss mit dem Risiko rechnen, durch neue Fragen neue Unsicherheit zu produzieren. Nicht-Wissen schafft mehr Sicherheit als Wissen – was Charles Darwin bereits im 19. Jahrhundert erkannte, gilt auch heute noch.[75]

In Transformationsphasen stehen Manager und ihre Teams deshalb immer vor einem Dilemma: Sie müssen Kompetenz und Handlungsstärke genau dann demonstrieren, wenn das Eingeständnis des eigenen

> **Wirksames Handeln und *Ent*scheiden setzt richtiges *Unter*scheiden voraus. Erfolgreiche Führung beginnt also mit einer diagnostischen Unterscheidung: Welches sind die adaptiven Elemente eines Problems – und welches sind seine technischen Elemente?**

Nicht-Wissens – das Anerkennen eigener Inkompetenz – angesichts einer ganz neuen, adaptiven Problemlage die wirksamere Strategie wäre.

Pointiert formuliert: Sie haben eine eingebaute Tendenz zur Ignoranz. Dabei ist die Ignoranz im Sinne von »Nicht-Wissen« noch das kleinere Problem. Viel weitreichendere Konsequenzen hat die auch im Management immer wieder auftretende Ignoranz in ihrer philosophischen Bedeutung: das »Nicht-Wissen-Wollen«. »Hic sunt leones«, hier sind Löwen: Mit dieser Inschrift versieht Umberto Eco in seinem Kriminalroman *Der Name der Rose* den Eingang zu jenem Teil der Bibliothek, in dem die Bücher mit »verbotenem Wissen« verwahrt werden. »Hic sunt daemones«, hier sind Dämonen: Es scheint beinahe so, als gebe es ein inneres Warnzeichen, das viele Manager und ihre Teams davor zurückschrecken lässt, adaptiven Herausforderungen entgegen zu treten. Zugegeben: Adaptive Herausforderungen bergen Risiken, vor allem für sich neu formierende Teams. Manager weichen zumeist intuitiv davor zurück, in einer ohnehin instabilen Situation vermeintlich die Büchse der Pandora zu öffnen.

Wer den Wert zusätzlichen Wissens für die eigene Erfolgsfähigkeit und die des gesamten Unternehmens erschließen will, muss als Manager bereit sein, ganz bewusst den Preis zusätzlicher Verunsicherung zu zahlen: Ohne Chaos kein Wissen!

> In Transformationsphasen stehen Manager und ihre Teams immer vor einem Dilemma: Sie müssen Kompetenz und Handlungsstärke genau dann demonstrieren, wenn das Eingeständnis des eigenen Nicht-Wissens die wirksamere Strategie wäre.

> Wer den Wert zusätzlichen Wissens für die eigene Erfolgsfähigkeit und die des gesamten Unternehmens erschließen will, muss als Manager bereit sein, ganz bewusst den Preis zusätzlicher Verunsicherung zu zahlen: Ohne Chaos kein Wissen!

Der Preis des Nicht-Unterscheidens

Angesichts des wachsenden Widerstands der Stakeholder und der Unsicherheit aufgrund ausbleibender Erfolge verlegten sich die meisten Mitglieder des Top-Teams der ValProc auf eine Strategie des »Jeder für sich« – im Rahmen erprobter Routinen: »Jeder von uns handelt im Moment nach der Devise: Augen zu und durch! Wir arbeiten nebeneinander her, wissen gar nicht genau, was der andere eigentlich macht und was sein Beitrag zum Ganzen ist«, so fasste ein Teammitglied den Arbeitsmodus des Top-Teams im Offsite zusammen: »Und mal ehrlich: Jeder versucht doch vor allem, nicht unter die Räder zu kommen, den eigenen Laden sauber zu halten und das Ganze dann Maschewsky als Erfolg zu verkaufen.« Die Folgen kann man als kollektive »Erfolgsillusion« bezeichnen – das Team glitt ab in eine gemeinsam geschaffene Komfortzone, in der lediglich individuelle Erfolgsmeldungen, nicht aber (selbst-)kritische Reflexion Gehör fanden.

Das Team der ValProc entwickelte eine klassische »Rette-sich-wer-kann«-Symptomatik: Jedes Teammitglied suchte seinen individuellen Erfolg in seinem Verantwortungsbereich mit »seinen« Stakeholdern – auf eigene Faust. Dieser gerade für Top-Teams typische Impuls zum »Unilateralismus« ist in Umbruchsituationen wie Joint Ventures verhängnisvoll. Denn es bildet sich ein »transaktionales« Verhalten aus: Die einzelnen Teammitglieder handeln individuelle »Deals« und Kompromisse mit ihren Stakeholdern aus. Das aber macht es für das Team als Ganzes unmöglich, konsequent einen gemeinsamen Transformationsplan zu verfolgen.

»Teile und herrsche«: Nach diesem Prinzip schlossen die unterschiedlichen Stakeholder in der PharmTec auf Basis unschädlicher Kompromisse ihre »Separatfrieden« mit den verantwortlichen Teammitgliedern in der ValProc. Und stärkten so die eigenen Verteidigungslinien gegenüber einem Team, das sich nie die eine entscheidende Frage gestellt hatte: Was geht hier eigentlich vor?

Insbesondere in Merger- oder Joint-Venture-Situationen wollen viele Top-Manager es schlicht nicht riskieren, dass ihre neue, als Team noch unerprobte Gruppe von Managern sich an adaptiven Fragestellungen abarbeitet,

> Insbesondere in Merger- oder Joint-Venture-Situationen wollen viele Top-Manager es schlicht nicht riskieren, dass ihre neue, als Team noch unerprobte Gruppe von Managern sich an adaptiven Fragestellungen abarbeitet, Zeit verliert – und möglicherweise an unterschiedlichen Grundüberzeugungen scheitert.

Zeit verliert – und möglicherweise an unterschiedlichen Grundüberzeugungen scheitert.

Die Konzentration auf Routineaufgaben wirkt bestärkend. »Die meisten Managementteams brechen bei Belastungen zusammen«, schreibt Chris Argyris. »Das Team funktioniert [...] recht gut, solange es sich mit Routinefragen beschäftigt. Aber wenn es mit komplexen Problemen konfrontiert wird, die peinlich oder bedrohlich werden könnten, geht offensichtlich jeder Teamgeist zum Teufel.«[76] Genau dieses Scheitern von »Teamgeist« ließ sich im Falle der ValProc perfekt beobachten.

Der adaptive Weg

Die ValProc, das wurde erst auf dem Strategieworkshop klar, hätte sicher erfolgreicher sein können, wenn das Top-Team gleich zu Beginn seiner Arbeit eine gemeinsame Perspektive gerade auf die wichtigen adaptiven Fragen entwickelt hätte: Welche unserer erprobten persönlichen Erfolgsmodelle aus der Vergangenheit müssen wir verwerfen, welche können wir nutzen? Was sind die möglichen Gewinne und Verluste für die verschiedenen Stakeholder? Welche Quellen von Macht und Einfluss werden durch uns bedroht? Was sind unsere Annahmen zur Toleranz gegenüber Unsicherheit, Konflikt, Risiken – unserer eigenen und der unserer Stakeholder? Welche Widerstandskräfte der bestehenden informellen und formellen Netzwerke müssen wir einkalkulieren? Wie müssen wir Anspruch, Geschwindigkeit und Stoßrichtung der Transformation so ausrichten, dass die Veränderung noch erträglich erscheint – uns selbst und den Muttergesellschaften? Wie müssen wir im Team zusammenarbeiten und unsere Leute führen, um tragfähige Erfolge zu erzielen?

Die Erfahrung zeigt, dass nur die wenigsten Teams in der Lage sind, sich aus eigener Kraft aus seiner spezifischen Lösungsfalle zu befreien. Auch das Top-Team der ValProc brauchte den direkten Impuls eines strukturierten Feedbacks der Stakeholder und der Teammitglieder, um auf Basis einer selbstkritischen »reflexiven Autopsie« einen adaptiven Lösungsweg zu entwickeln. Die Ergebnisse des Strategieworkshops –

Das Problem erkennen: Verhaltensmuster im Top-Team

Zeichen des Misslingens	Zeichen des Gelingens
Mitglieder des Top-Teams folgen dem Reflex zu handeln und verwenden wenig Zeit auf Diagnose.	Mitglieder des Top-Teams widerstehen dem Impuls zu handeln und investieren in die gemeinsame Diagnose von »technischen Problemen« und »adaptiven Herausforderungen«.
Mitglieder des Top-Teams sehen nur »technische Probleme« und konzentrieren sich auf rationale Analytik und Fakten.	Mitglieder des Top-Teams verstehen die »adaptiven Herausforderungen« und konzentrieren sich auf die Analyse der Stakeholder – ihrer Werte, Überzeugungen, Loyalitäten und potenziellen Verluste.
Mitglieder des Top-Teams setzen »technische Lösungen« um, mit Blick auf Strukturen, Prozesse und Routinen.	Mitglieder des Top-Teams entwickeln »adaptive Lösungen« mit Stakeholdern durch gemeinsames Erlernen wirksamer Verhaltensmuster in Führung und Zusammenarbeit.
Mitglieder des Top-Teams suchen Sicherheit und handeln auf Basis erprobter Erfolgsmodelle aus der Vergangenheit.	Mitglieder des Top-Teams akzeptieren eigene Inkompetenz und hinterfragen offen eigene Erfolgsmodelle im Team.
Mitglieder des Top-Teams versuchen, individuelle Teilerfolge im Alleingang durchzusetzen, und stützen so eine Erfolgsillusion.	Mitglieder des Top-Teams halten das gemeinsame strategische Ziel im Blick und hinterfragen kritisch ihren Beitrag zum Gesamterfolg.

keine »Quick Wins«, eher ein gemeinsamer adaptiver Entwicklungspfad – erwiesen sich in den Folgejahren als solides Fundament, auf dem die ValProc nachhaltig substanzielle Erfolge erzielen konnte. Neben zahlreichen kleineren »technischen« Verbesserungen war vor allem eines entscheidend: Die Refokussierung der Aufmerksamkeit des Top-Teams von einem »transaktionalen Fokus« (Verhandlungen mit Lieferanten und Kompromisse mit Stakeholdern) zu einem »transformationalen Fokus« (Verhaltensänderungen in der Beziehung zu Stakeholdern).

Maschewsky und sein Team investieren seitdem nicht mehr wie zuvor rund zehn, sondern 50 Prozent ihrer Zeit in tragfähige Beziehungen und Vereinbarungen mit ihren Stakeholdern in beiden Muttergesellschaften. Die Routinen des Verhandelns mit Lieferanten delegierten sie weitgehend auf die nachgelagerten Führungsebenen. Und das mit einem doppelt positiven Effekt: Die Mitglieder des Top-Teams gewannen Zeit für die gemeinsame Reflexion – und ihre Führungskräfte verstanden die neuen Aufgaben als Vertrauensbeweis, handeln also seither entsprechend selbstverantwortlich.

Die monatlichen Teammeetings beginnen jeweils mit einem strukturierten »Stakeholder Radar«: Die Mitglieder des Teams informieren einander über den Stand der Veränderungen und reflektieren gemeinsam, wie die adaptiven Herausforderungen zusammen mit den Stakeholdern optimal gestaltet werden können. Zusätzlich trägt regelmäßiges gegenseitiges Feedback im Team dazu bei, dass die Teammitglieder ihre persönlichen, aber auch die Handlungsmuster ihrer Führungskräfte permanent kritisch prüfen und den wandelnden adaptiven Herausforderungen anpassen.

In der Abbildung »Das Problem erkennen: Verhaltensmuster im Top-Team« haben wir sichtbare Zeichen des Misslingens und des Gelingens für einen wirksamen Umgang mit adaptiven Herausforderungen zusammengestellt.

Fall 2: Der CIO der MGXLogistics will den Erfolg erzwingen

»Aber eines sollte jedem im Raum klar sein: Ich verstehe mich als operativer CIO.« Mit diesem einen Satz hatte Wiesinger, frisch gekürter Chief Information Officer der MGXLogistics und damit nun Herr über die gesamte IT eines Konzerns mit über 100 000 Mitarbeitern weltweit, sein eigenes Urteil gesprochen. Bis zu diesem Moment, in dem er zum ersten Mal sein Selbstverständnis aufblitzen ließ, hatte er eigentlich alles richtig gemacht, ein perfektes »Kick-off« – so hatte er gedacht.

Wiesinger kannte die MGXLogistics gut: Er hatte zuvor als Direktor eines IT-Beratungsunternehmens den Vorstand der MGXLogistics über mehrere Jahre in Fragen der IT-Strategie beraten und sich eine Reputation als brillanter Analytiker erworben. Vor drei Monaten hatte der CEO ihm dann in einem persönlichen Telefonat ein Angebot gemacht, das er nicht ausschlagen konnte: »Es müsste Sie doch in den Fingern jucken, Ihre Strategien jetzt mal in die Wirklichkeit zu übersetzen – Sie sind jetzt Anfang 40, werden sofort Teil des erweiterten Vorstands, haben unser volles Vertrauen und unsere absolute Unterstützung.« Wiesinger hatte zwei Nächte unruhig geschlafen – er kannte die IT der MGXLogistics mit ihren notorischen Qualitätsproblemen und ihrer zerklüfteten Organisationsstruktur nur zu gut. Doch dann stand sein Entschluss fest: Er hatte die »State-of-the-Art«-IT-Strategie mit seinem Beraterteam selbst entwickelt und würde als neu an Bord genommener Externer endlich Schluss machen mit den ewigen falschen Rücksichten und Loyalitäten, die bisher noch jeden Ansatz zur strategischen Neuausrichtung der IT in der MGXLogistics zunichte gemacht hatten. Er würde jetzt beweisen können, dass seine Strategie wirklich den erwarteten Wertbeitrag leisten konnte: eine sprunghaft verbesserte Qualität bei gleichzeitigen Kosteneinsparungen in dreistelliger Millionenhöhe.

Zur Vorstellung der neuen IT-Strategie, zur Definition einer gemeinsamen »Mission Corporate IT« und zur Klärung der Verantwortlichkeiten hatte er dann vier Wochen nach Antritt der neuen Verantwortung sein IT-Leadershipteam zu einer zweitägigen Strategieklausur zusammengerufen. Wiesinger hatte viel Zeit und Vorbereitung in »die Definition eines klaren Aufsetzpunktes« mit seinem Top-Team investiert. Und eigentlich war die Strategieklausur zunächst auch ganz nach Plan verlaufen. Er hatte sein Team – bestehend aus seinen fünf »eigenen« Führungskräften der zentralen »Corporate IT« und den IT-Direktoren der drei bedeutenden strategischen Geschäftseinheiten der MGXLogistics: Deutschland, Europa / Naher Osten / Afrika (EMEA) und Asien – dazu gebracht, gemeinsam eine Mission für die Entwicklung der IT in den nächsten fünf Jahren zu verabschieden. Eine erste gemeinsame Basis, ein erster Erfolg, immerhin. Dann aber war die Angelegenheit langsam gekippt.

Die Vorstellung der strategischen Initiativen hatte sich zu einer reichlich frustrierenden Diskussion entwickelt. Dabei war die 30-seitige Strategiepräsentation, die Wiesinger über Wochen mit einem kleinen Beraterteam erstellt und Nächte hindurch persönlich bis ins letzte Detail geschliffen hatte, perfekt: klare Herleitung der Herausforderungen, Fokus auf fünf strategische Initiativen für den gesamten Konzern, klare Bezifferung der Kosteneinsparungen, ein ausgefeiltes zentrales Projektmanagement und klare Meilensteine für die nächsten zwölf Monate. Alles in allem: eine in sich schlüssige, absolut überzeugende »Storyline«, der man sich einfach anschließen musste.

Oder eben nicht, wie die Kommentare der anwesenden IT-Direktoren zeigten: »Einige wirklich sehr interessante Ansätze, Herr Dr. Wiesinger«, so fasste der IT-Direktor Deutschland die Position der strategischen Geschäftseinheiten nach langer, zäher Diskussion zusammen: »Ich denke, wir werden jetzt mal in unseren jeweiligen Executive Boards überlegen, wie wir mit Ihnen in den nächsten Schritten zusammenarbeiten können. Das muss ja alles auch für die jeweiligen Business Units sinnvoll sein und wir dürfen uns da gegenseitig nicht overstretchen oder sogar Schaden anrichten.« Schon bei den ersten Worten kochte es in Wiesinger hoch. Da war sie also wieder: die ewige Hinhalte- und Ausweichtaktik der strategischen Geschäftseinheiten. Und er entschloss sich zu seiner klaren Ansage: »Aber eines sollte jedem im Raum klar sein: Ich verstehe mich als operativer CIO.«

Verloren in der Matrix

Wiesingers ernüchternde Erfahrung ist beispielhaft für eine Herausforderung, der immer mehr unserer Klienten gegenüberstehen: wirksames Führen in Matrixorganisationen. Eine Vielzahl gerade großer Konzerne hat in den vergangenen Jahren diese Form der Organisation gewählt, weil sie zwei potenziell konkurrierende Ziele zugleich erreichen will: konsequente Markt- und Kundennähe durch starke regionale Geschäftseinheiten einerseits und konzernübergreifende Effizienzeffekte, zum Beipiel bei Produktion, Logistik und IT, andererseits.

Viele Top-Manager finden sich in Matrixorganisationen in einer Rolle wieder, die sie als aufreibend und zutiefst frustrierend erfahren: die eines Dieners zweier Herren – ihres regionalen CEO als direktem Vorgesetzten und ihres fachlichen Vorgesetzten, zum Beispiel des CIO, auf Konzernebene.

> **Viele Top-Manager finden sich in Matrixorganisationen in einer Rolle wieder, die sie als aufreibend und zutiefst frustrierend erfahren: die eines Dieners zweier Herren – ihres regionalen CEO als direktem Vorgesetzten und ihres fachlichen Vorgesetzten, zum Beispiel des CIO, auf Konzernebene.**

Unternehmen betreiben zumeist enormen Aufwand, um diese bewusst in die Struktur eingewobenen Loyalitätskonflikte mittels typischer »technischer Lösungen« in produktive Bahnen zu lenken. Aber all die detaillierten Rollenbeschreibungen, Zielesysteme, Vorfahrtsregeln zwischen Region und Funktion, komplizierten Organigramme und »Governancemodelle« können ein fundamentales Problem nicht lösen: Nur wenige Manager sind in der Lage, in Matrixorganisationen wirksam zu führen.

Und in eben diesem Dilemma fand sich Wiesinger in seiner neuen Funktion als CIO der MGXLogistics wieder. Der hinhaltende Widerstand der IT-Direktoren der strategischen Geschäftseinheiten im Workshop war nur ein erstes schwaches Wetterleuchten eines zutiefst dysfunktionalen Wechselspiels zwischen den Überwältigungsversuchen durch Wiesingers Corporate IT und den ausgefeilten Vermeidungsstrategien der IT-Direktoren.

Wiesingers zentral definierten strategischen Initiativen und sein Anspruch an operativem Durchgriff wurden von den strategischen Geschäftseinheiten nur in Teilen und »nach Anpassung an unsere spezifischen lokalen Gegebenheiten, zum Beispiel Altsysteme« akzeptiert – ein Todesstoß für jede erfolgversprechende IT-Konzernstrategie. Seine Anfragen nach Projektunterstützung durch hochqualifizierte Mitarbeiter aus den Regionen liefen »aufgrund anderer lokaler Priorisierungen«

immer wieder ins Leere. Wichtige Grundsatzentscheidungen zu IT-Investitionen in den Regionen wurden weiterhin ohne Wissen und ohne Abstimmung mit Wiesinger getroffen.

Nach einiger Zeit nahmen die IT-Direktoren »aufgrund wichtiger geschäftlicher Verpflichtungen« nur noch sporadisch an Wiesingers Teammeetings teil. Sogar Standardanfragen nach dem Status von IT-Projekten und wichtigen Investitionen blieben aufgrund »akuter Ressourcenengpässe bei unseren IT-Controllern« unbeantwortet. Alles in allem: Wiesinger war blockiert, seine Strategie bloßes Papier, er sah sich zur Erfolgsunfähigkeit verdammt. Und seine Reaktion war typisch: »Wir machen jetzt, nach acht Monaten erfolglosem Hin und Her, einen Strategie-Relaunch! Ich habe mit einem kleinen Beraterteam die strategischen Potenziale nochmals genauer quantifiziert und eine klare Roadmap aufgesetzt. Ich werde das Team, vor allem die IT-Direktoren, jetzt mal richtig hart rannehmen, ich lass da jetzt keinen mehr raus.«

»Abstimmung auf Augenhöhe? Wo es sinnvoll ist, immer! Aber aus der Zentrale gemanagt werden? Niemals! Selbst wenn es sinnvoll wäre!« Der IT-Direktor Asien ließ seiner Entrüstung über Wiesingers Vorgehen im Gespräch mit uns freien Lauf. Wiesinger hatte sich, nach dem auch sein zweiter Versuch – der »Strategie-Relaunch« – gescheitert war, zu einem Leadership-Review entschlossen. In den Interviews mit seinem Leadershipteam hatten wir das bisherige Geschehen rasch nachvollziehen können. Und unser Gesprächspartner mit Verantwortung für die Region Asien nahm bei seiner harschen Kritik kein Blatt vor den Mund: »Jeder von uns ist CIO mit einer Geschäftsverantwortung für seine Region, wir sind unseren CEOs gegenüber verantwortlich, und nicht einem zentralen CIO, der uns fachlich überrumpeln will.« Darüber hinaus sei er nicht vor zwei Jahren als CIO von einem anderen Konzern in diese Position gewechselt, um sich jetzt als regionaler Abteilungsleiter wiederzufinden. Wiesinger sei sicher analytisch brillant, ein echter Ex-Berater und Ex-Physiker eben, aber alle noch so brillanten Analysen könnten die Wirklichkeit in den Regionen eben auch nicht ändern: »Das ist auch viel intellektuelle Augenwischerei und generisches Beraterdenken.«

Die Matrix als adaptive Herausforderung

Wiesingers Scheitern ist in zweierlei Hinsicht typisch und aufschluss-reich. Zunächst zeigt das Beispiel, wie anspruchsvoll es ist, in einer Matrixorganisation wirkungsvoll zu führen – in einer Organisation, in der das klassische hierarchische Prinzip von Überordnung und Unterordnung bewusst durch eine Gleichordnung ersetzt wird.

Die große Herausforderung einer Matrixorganisation besteht darin, dass sie organisatorisch hoch kompliziert und zugleich sozial hoch komplex ist. Denn sie ist im Kern eine Struktur, die zum maximalen Ausschöpfen von geschäftlichen Synergien konstruiert ist – aber von den Beteiligten als Instrument zum Verteilen persönlicher Verluste wahrgenommen wird.

> Die große Herausforderung einer Matrixorganisation besteht darin, dass sie organisatorisch hoch kompliziert und zugleich sozial hoch komplex ist. Denn sie ist im Kern eine Struktur, die zum maximalen Ausschöpfen von geschäftlichen Synergien konstruiert ist – aber von den Beteiligten als Instrument zum Verteilen persönlicher Verluste wahrgenommen wird.

Gerade aufgrund ihrer hohen sozialen Komplexität ist erfolgreiches Führen in der Matrix eine Herausforderung, die sich auch mit den ausgefeiltesten »technischen Lösungen« nicht »lösen« lässt. Sicher: Ausgeklügelte technische Führungsinstrumente wie Rollen- und Aufgabenbeschreibungen, Zielesystematiken und Vergütungssysteme können einen Beitrag dazu leisten, dass gravierende Fehlsteuerungen in der Matrix vermieden werden.

Erfolgreiche Führung in Matrixorganisationen ist aber vor allem eine adaptive Herausforderung. Diese Herausforderung für Top-Manager besteht darin, die menschliche Dimension aller Stakeholder in die tägliche Führungspraxis einzubeziehen – ihre Grundüberzeugungen, Werte, Loyalitäten und ihre Ängste, Status, Einfluss und Freiraum zu verlieren. Gerade das ist in Matrixorganisationen besonders schwierig.

Das Beispiel der MGXLogistics zeigt, dass die Auffassungen Wiesingers als »Corporate CIO« dem Selbstverständnis der »regionalen CIOs« von Beginn an diametral entgegenstanden: hier der Anspruch auf Einheit der IT-Strategie – dort der Anspruch auf regionalen Geschäftserfolg. Hier die Forderung nach Unterwerfung unter eine Konzernräson – dort der Wille zum Erhalt der regionalen Entscheidungsautonomie. Hier der Anspruch, die CIOs zu führen – dort der Anspruch auf Augenhöhe. Hier die Loyalität zum CEO des Konzerns – dort die Loyalität zum regionalen CEO als direktem Vorgesetzten. Hier die Angst vor dem Verlust von Führung – dort die Angst vor dem Verlust von Autonomie und Prestige.

Die Herausforderung für Top-Manager besteht darin, die menschliche Dimension aller Stakeholder in die tägliche Führungspraxis einzubeziehen – ihre Grundüberzeugungen, Werte, Loyalitäten und ihre Ängste, Status, Einfluss und Freiraum zu verlieren. Gerade das ist in Matrixorganisationen besonders schwierig.

Unternehmen, die sich Matrixorganisationen geben, definieren eben keine automatische Vorfahrt oder Überlegenheit für eine dieser Positionen. Sie setzen angesichts hoher Komplexität in ihrer Umwelt bewusst oder unbewusst auf eine Prämisse: dass rationale Manager in diesem komplizierten System von »Checks and Balances« stets optimale Lösungen im Gesamtinteresse des Unternehmens untereinander aushandeln werden.

Dass dieser Anspruch in der Wirklichkeit nur selten effizient eingelöst wird, erleben wir in unserer Arbeit immer wieder. Denn auch Manager sind eben nicht rational. Gerade erfolgsorientierte Alpha-Manager handeln in Matrixorganisationen häufig höchst dysfunktional: Für konkurrenzorientierte Manager, die sehr genau zu wissen meinen, dass (nur) ihre Lösung die richtige ist, die stets 150 Prozent des Ziels erreichen wollen und die wenig Vertrauen in die Kompetenz oder die Absichten ihrer »Peers« haben, birgt eine kompromissbasierte Matrixorganisation ein enormes Potenzial für persönliche Verluste, ja Kränkungen.

Für die meisten Manager ist es schwer, erprobte Erfolgsmuster zu entlernen und auf die adaptiven Herausforderungen einer Matrixorganisation zu reagieren.

Für die meisten Manager ist es entsprechend schwer, erprobte Erfolgsmuster, die zumeist auf klarer Führung top-down basieren, zu entlernen und auf die adaptiven Herausforderungen, die eine Matrixorganisation an sie selbst und an ihr Gegenüber stellt, bewusst zu reagieren. Das soll nicht bedeuten, dass sich Manager auf vermeintlich faule Kompromisse einlassen oder in den Konflikten, die die Matrixorganisation geradezu erzwingt, vorschnell »klein beigeben« sollten. Aber es geht darum anzuerkennen, dass in Organisationen dieser Art eine 80-Prozent-Lösung für jede der beiden Parteien einer Lösung vorzuziehen ist, in der sich eine der beiden Seiten zu 150 Prozent durchsetzt.

Die Lösung der Problemlösungsspezialisten

Darüber hinaus zeichnet den Fall Wiesinger ein Phänomen aus, dem wir schon in vielen Unternehmen begegnet sind: Ex-Berater, die in hohe Führungspositionen zumeist von ehemaligen Klientenunternehmen wechseln, bringen häufig nur wenig Erfahrung und eine gering ausgeprägte Sensorik für die komplexen sozialen Herausforderungen mit, die sie in großen Konzernen erwarten. Es klingt fast paradox: Gerade Vertreter jener Profession, die das »Problem Solving« als ihr Alleinstellungsmerkmal definiert, haben nicht selten ein Problem mit komplexen Problemen.

In unserem früheren Leben als Strategieberater oder Manager haben wir viele Beispiele des Problems mit komplexen Problemen teilnehmend beobachten dürfen. Gerade die großen Strategieberatungsunternehmen positionieren sich gern als externe Problemlöser. Dem eigenen Anspruch gegenüber den Klienten folgend, investieren Beraterteams gerade in der Startphase des Beratungsprojekts viel Zeit und Aufwand in die Problemdefinition – leider zumeist nur im engsten Sinne. Es wirkt wie ein Menetekel, wenn Berater mit viel Akribie am Beginn eines jeden Projekts eine Problembeschreibung (Problem-Statement) verfassen, die neben umfangreichstem analytischen Zahlenwerk unter der vorgeschriebenen Rubrik »Stakeholder« meist nur lapidar »Vorstand«, »Führungskräfte« oder »Management« auflistet.

> Komplexe Probleme sind vor allem deswegen schwierig, weil sie analytisch-rational anspruchsvoll sind, so lautet die Grundüberzeugung des Beraters. Und so wird er selbst zum Teil des Problems, denn auch er erliegt dem populären Fehlschluss, »Kompliziertes« mit »Komplexem« zu verwechseln.

Komplexe Probleme sind vor allem deswegen schwierig, weil sie analytisch-rational anspruchsvoll sind, so lautet die Grundüberzeugung des Beraters. Und so wird er selbst zum Teil des Problems, denn auch er erliegt dem populären Fehlschluss, »Kompliziertes« mit »Komplexem« zu verwechseln.

Eine Anzeige von McKinsey bringt mit (wahrscheinlich unfreiwilliger) Selbstironie das Mantra des gesamten Berufsstands in gewohnter Präzision auf den Punkt:

We're looking for engineers who like to solve difficult problems.
Call us on this number now:
$x = 24, \quad y = 30;$
$Phone = 044.(y^2 - x).(y^2 - 10^2) \times 10$

Die immer wieder gern und offen beklagte Erfolgsquote von »Strategie«-Beratungsprojekten belegt, wie ein verengter Fokus auf rational-analytische Probleme selbst externe – und damit nicht den Zwängen der Organisation unterworfene – Problemlösungsspezialisten in die Falle nicht tragfähiger Scheinlösungen führen kann. Von Jürgen Kluge, dem ehemaligen Chef von McKinsey Deutschland, ist die 30/40/30 Regel bekannt, die vermutlich auf die gesamte Branche zutrifft: 30 Prozent der Projekte sind wirklich erfolgreich, 40 Prozent nur mäßig erfolgreich, 30 Prozent bleiben letztlich ohne durchschlagende Wirkung.

Wiesingers Erfahrung: Das Phänomen, dass auch eine vermeintlich perfekte analytisch-rational abgeleitete IT-Strategie kein Commitment, sondern Ablehnung und Widerstand bei den IT-Direktoren der strategischen Geschäftseinheiten auslöste, bringt – neben einem weiteren Beispiel dafür, wie das Wiederholen erprobter Erfolgsmodelle direkt ins Scheitern führen kann – eine zusätzliche Einsicht: Wird die adaptive

Dimension eines Problems nicht angegangen, bringt ein Mehr an technischen Lösungen keinen Erfolg.

Wird die adaptive Dimension eines Problems nicht angegangen, bringt ein Mehr an technischen Lösungen keinen Erfolg.

Der »Relaunch der IT-Strategie« und das »mal hart rannehmen« der IT-Direktoren war in keiner Hinsicht erfolgreicher als der missglückte vorangegangene Versuch. Erst das offensichtliche Scheitern seiner »Mehr-des-Gleichen«-Taktik zwang Wiesinger zu einem Umdenken. Auf Basis der Ergebnisse des Leadership-Reviews und des Feedbacks seiner Teammitglieder war er nun bereit, in gemeinsamer Reflexion einen völlig anderen, kollaborativen Führungsmodus zu erlernen, den er heute »Dialogue on Strategic IT-Alignment« (Dialog über die strategische Angleichung der IT) nennt.

Die konkreten Situationen und Herausforderungen, die wir bei der ValProc und der MGXLogistics beschrieben haben, sind unterschiedlich. Die zugrundeliegende Herausforderung aber ist gleich: Wirksame Führung in Situationen mit hoher Komplexität erfordert gerade von Managern an der Unternehmensspitze hohe Disziplin darin, das Problem zu verstehen – und seine technischen und adaptiven Dimensionen zu erkennen. Das bedeutet zugleich, dem Impuls zum sofortigen Handeln zu widerstehen, sich forschend in die Zone der eigenen Inkompetenz zu begeben und erprobte Erfolgsmodelle ganz bewusst auf den Prüfstand zu stellen.

Wirksame Führung in hochkomplexen Situationen erfordert von Top-Managern, das Problem zu verstehen und seine technischen und adaptiven Dimensionen zu erkennen. Sie müssen dem Impuls zum sofortigen Handeln widerstehen, sich in die Zone der eigenen Inkompetenz begeben und erprobte Erfolgsmodelle bewusst auf den Prüfstand stellen.

Dieser Schritt ist vor allem deshalb so schwierig, weil bei adaptiven Herausforderungen, anders als bei analytischen Problemen, der analysierende Manager eben nicht »neutral«-rational als Beobachter auf das Problem schaut, sondern geprägt durch seine eigenen Werte, Zielsetzungen, Loyalitäten und Erfahrungen. Der Schritt zum Erkennen ist deswegen an der Unternehmensspitze eine kollektive Disziplin.

Nur durch gemeinsame Entschlossenheit kann das Team verhindern, dass seine Mitglieder in Situationen, die emotionsgeladen, unvorhersehbar und risikoreich sind, in managerielle Routinen flüchten – und mit technischen Lösungen an adaptiven Herausforderungen scheitern.

Auf einen Blick
Das Problem erkennen

Herausforderungen

Manager an der Unternehmensspitze folgen häufig einem Reflex zum schnellen Handeln – gerade in komplexen Situationen, in denen eine disziplinierte Analyse des Problems entscheidend für den Erfolg wäre. Erfolgreiches Führen beginnt nicht mit dem Handeln, nicht mit dem Entscheiden, sondern mit dem Unterscheiden: mit dem Unterscheiden zwischen »technischen Problemen« und »adaptiven Herausforderungen«. Manager an der Unternehmensspitze dürfen ihre Perspektive nicht auf jene technischen Probleme verengen, die mit den manageriellen Routinen der Organisation, mit Strukturen, Prozessen und Systemen, gelöst werden können. Wirksames Führen bedeutet, als Top-Team jene adaptiven Herausforderungen zu erkennen und anzugehen, die Erfolg verhindern – Herausforderungen also, die sich aus unterschiedlichen Auffassungen der Stakeholder ergeben: von Werten, Grundüberzeugungen, Risiko-, Konflikttoleranz und Verlustängsten. Wird die adaptive Dimension eines Problems nicht angegangen, bringt ein Mehr an technischen Lösungen keinen Erfolg.

Das Problem zu erkennen – also diszipliniert zwischen technischen und adaptiven Herausforderungen zu unterscheiden – ist eine entscheidende Disziplin des Gelingens. Manager müssen bereit sein, erprobte persönliche Erfolgsmodelle zu hinterfragen und sich als Top-Team gemeinsam den Unsicherheiten und Risiken zu stellen, die adaptive Herausforderungen mit sich bringen.

▶ Als Team dem Impuls zum Handeln widerstehen und Zeit in die Diagnose der generativen, dynamischen und sozialen Komplexität investieren.

▶ Im Team eine klare gemeinsame Unterscheidung treffen zwischen technischen Problemen und adaptiven Herausforderungen.

▶ Mit dem Team die Perspektiven der Stakeholder – ihre Werte, Ziele, Grundüberzeugungen und Verlustängste – analysieren und das Handeln daran ausrichten.

▶ Mit den Team-Mitgliedern reflektieren, wie sie mit ihren eigenen Verhaltensmustern zur adaptiven Herausforderung beitragen.

▶ Persönlich erprobte Erfolgsmuster der Teammitglieder gezielt infrage stellen und das Team in »produktive Verunsicherung« führen.

9
Den inneren Dialog verstehen

»Wir sehen die Dinge nicht, wie sie sind –
wir sehen die Dinge, wie wir sind.«

Anaïs Nin

▶ *Fall 1:* Der CEO der SX-Sale und sein Top-Team verhärten ihre Fronten
▶ *Fall 2:* Der CEO der VAM-Co und sein Top-Performer driften in die Rivalität

Fall 1: Der CEO der SX-Sale und sein Top-Team verhärten ihre Fronten

»Wer jammert, kann auch kämpfen.« Dieser Satz war sein Markenzeichen. In fünf Worten brachte Ritter im Gespräch mit uns seinen Anspruch an sein Top-Team auf den Punkt. Vor vier Monaten hatte er seinen Vorstandsposten bei der SX-Sale, der Vertriebsgesellschaft eines internationalen Industriekonzerns, angetreten. Vier Monate Gegeneinander, Missverstehen, offener Konflikt – seit dem ersten Tag. Ritter hatte sich mit seinen eigenen Teammitgliedern immer tiefer in eine gegenseitige Blockade manövriert und wollte sich nun gemeinsam mit ihnen in einem zweitägigen Workshop dort herausarbeiten. In unserem Vorgespräch wirkte er angespannt, ehrlich um eine Lösung bemüht, um Rat suchend – und doch war seine Meinung wie festgemeißelt: »Führen heißt Vorangehen. Ich erwarte von jedem höchste Leistung – und dulde keinerlei Ausreden.«

Ein hoher Anspruch. Dass er persönlich zu höchster Anstrengung und Opfern bereit war, stand außer Frage und war für jedermann sichtbar. Er zielte mit seinem formulierten Anspruch vor allem auf seine Führungsmannschaft. Wer jammert, kann auch kämpfen – dieses Credo von ihm war weit mehr als bloß ein Leistungsanspruch.

Ritter stellte damit klar: Von den Wahrnehmungen, Urteilen und Emotionen seines Teams würde er sich keinesfalls aus dem Konzept bringen lassen. Emotionen waren nicht seine Sache. Er würde unbeirrt Kurs halten. Er meinte schon früh nach Amtsantritt zu sehen, dass seine Führungskräfte seinen Ansprüchen nicht genügten und nicht mit ihm kooperieren wollten. Dem würde er entschlossen entgegentreten.

Ritter stellte damit klar: Von den Wahrnehmungen, Urteilen und Emotionen seines Teams würde er sich keinesfalls aus dem Konzept bringen lassen. Emotionen waren nicht seine Sache. Er würde unbeirrt Kurs halten. Er meinte schon früh nach Amtsantritt zu sehen, dass seine Führungskräfte seinen Ansprüchen nicht genügten und nicht mit ihm kooperieren wollten. Dem würde er entschlossen entgegentreten.

Ritter war jemand, auf den man sich bedingungslos verlassen konnte, das war ihm wichtig. Ein kühler Kopf mit höchster Loyalität zum Konzern war in der Situation der SX-Sale ohne Zweifel erforderlich. Nicht Wachstum, nicht Turnaround, sondern Gesundschrumpfen – das war Ritters Auftrag. Seine neue Geschäftseinheit stand schon seit Jahren unter verschärfter Beobachtung. Die mit dem Vertrieb notorisch unzufriedenen Kunden waren noch eines der kleineren Probleme. Weit folgenreicher war, dass es keiner seiner Vorgänger geschafft hatte, die in der gesamten Republik verteilte Organisation zugleich schlank und schlagkräftig aufzustellen. Das Ergebnis hatte Ritter – damals noch verantwortlich für eine andere Geschäftseinheit – in unzähligen Präsentationen im Konzernvorstand kennen gelernt. Er hatte es für sich »Die Schere« getauft, in Anlehnung an eine damals häufig gezeigte Powerpointfolie: Diese Präsentation zeigte eine brisante Kombination von stetig steigenden Kosten für Vertriebsstrukturen und -personal und ebenso stetig schwindenden Absätzen.

Aus Sicht des Konzerns war die Antwort auf »Die Schere« schon vor drei Jahren klar. Der Vorstand hatte eine Umstellung auf ein neues Vertriebsmodell gefordert, das innerhalb von fünf Jahren seine volle Wirkung entfachen sollte. Am Ende dieser Zeit sollte die Zahl der eigenen Vertriebsstützpunkte halbiert sein. »In gleicher Höhe«, so lautete eine radikale Forderung aus dem Konzern, sollten die Kosten und der Personalbestand reduziert werden.

Ritters Vorgänger als Leiter der SX-Sale, Mommsen, hatte in Anbetracht dieser Forderungen einen anderen Weg versucht: »Go for Glory«, sein Turnaround-Programm, mit dem es gelingen sollte, durch neue Geschäftsideen den Aderlass deutlich zu reduzieren und gleichzeitig die Kunden zu begeistern. Doch am Ende hatte es nicht gereicht: zu langsames Wachstum in den neuen Geschäftsfeldern, kaum verbesserte Absatzzahlen, vor allem zu geringe Fortschritte im Kosten- und Personalabbau. Mommsen hatte angesichts dieser Bilanz den Weg nach draußen gewählt, seine Chance ergriffen und eine Führungsposition bei einem amerikanischen Wettbewerber angenommen. Mommsens Modell war gescheitert, und nun war es an Ritter, die SX-Sale mit einem neuen Programm auf Erfolgskurs zu bringen. Einen Namen für das Programm hatte er schon: »Shrink to Glory.«

Ritter verlangte eiserne Disziplin von sich und seinem Umfeld. »Geführt wird von vorn«, war ein Motto. Schon vom ersten Tag an bekam sein Führungsteam das neue Regiment mit voller Wucht zu spüren.

Dass Ritter nun eiserne Disziplin von sich und seinem Umfeld verlangte, war nach der Vorgeschichte der SX-Sale verständlich. »Geführt wird von vorn«, das war sein Motto. Schon vom ersten Tag an bekam sein Führungsteam das neue Regiment mit voller Wucht zu spüren.

Der Alpha an der Spitze und sein Auftrag

In unseren Interviews im Vorfeld des Offsites machten die Mitglieder des Top-Teams sehr klar, wie sehr der neue Führungsstil sie irritierte. Sicher, sie sahen auch positive Aspekte in Ritters Führung – aber das Negative dominierte deutlich. Vier Eckpunkte prägten Ritters Führungshandeln – mit positiven wie negativen Folgen auf die Führungs- und Zusammenarbeit in seinem Top-Team. Ein klassisches Dilemma:

1. Entscheidungsstärke Ritter suchte die schnelle Entscheidung auf Basis des eigenen Urteils, handelte mit klarem Anspruch auf sofortiges Umsetzen – *und* irritierte damit sein Team durch dominantes Verhalten und fordernde Ungeduld. »Ritter fackelt nicht lange, kreist ein Thema ein wie eine fette Beute, grätscht viel zu schnell rein, entscheidet alles selbst«, beschrieb ein Manager die Situation. Ritter sei ein Alleinherrscher mit klaren Vorgaben top-down. Er nehme damit alle in Geiselhaft, hieß es in seinem Umfeld.

2. Höchster Anspruch Ritter ging immer den direkten Weg und erreichte hoch gesteckte Ziele ohne Kompromisse – *und* er forderte und überforderte seine Mannschaft mit Ambitionen, die das Team als überzogen wahrnahm. »Ritter verfolgt geradezu heroische Ziele, das ist schon überheblich und fast brachial«, kommentierte eine Führungskraft. Ein Teamkollege formulierte es noch prägnanter: »Wir haben eine neue Sprache lernen müssen.« Ritter liebe scharfe Vokabeln wie »exekutieren« oder »auf die Rampe stellen«. Zwischentöne seien nicht seine Sache.

3. Nähe zum Geschäft Mit seiner tiefen Kenntnis des Geschäfts gab Ritter neue Impulse für das Tagesgeschäft – *und* er überreizte es bei den Kollegen durch seinen Blick auch aufs letzte Detail. Für sein Umfeld war das ein Zeichen von Misstrauen, denn Ritter hinterfragte alles, aber auch wirklich alles kritisch: »Ritter geht direkt in die Themen rein, spürt Unstimmigkeiten auf, das ist mühsam und schränkt die gewohnten Freiheitsgrade des einzelnen massiv ein.«

4. Absolute Sachorientierung Ritter kommunizierte klar, sachlich, schnell – *und* überging seine Führungskräfte damit konsequent. Er hörte nicht zu, gab anderen Meinungen keinen Raum und ließ es nach Ansicht aller Teammitglieder an Offenheit, ja Wertschätzung missen. »Ritter hat doch selbst gesagt: ›Ihr kommt mit einer Meinung rein und geht mit meiner wieder raus.‹ Und genauso ist es«, meinte ein Mitglied seines Top-Teams.

Ritter hätte seinem Team als neuer starker Mann mit hohem Leistungsanspruch und Erfolgsnachweis durchaus willkommen sein können, um das Unternehmen gemeinsam wieder auf Spur zu bringen. Das Team aber entschied sich für einen anderen Weg. Es reagierte auf Ritter mit einer Mischung aus Empörung und Aggression. Direkte Konfrontationen prägten die Startphase. Schon in den ersten Sitzungen fielen von Teammitgliedern Sätze wie: »Jetzt ist Schluss. So was lasse ich mir nicht bieten. Ich verbitte mir, dass ausgerechnet Sie uns so abkanzeln«.

Neben dieser offenen Konfrontation herrschte eine verdeckte Feindseligkeit im Top-Team. Es entwickelte sich ein stummer Widerstand gegen die Veränderungen, die der neue Mann an der Spitze angekündigt hatte. Und das bestimmte den Alltag.

Neben dieser offenen Konfrontation herrschte eine verdeckte Feindseligkeit im Top-Team. Es entwickelte sich ein stummer Widerstand gegen die angekündigten Veränderungen. Und das bestimmte den Alltag.

»Man wird stiller, weil Ritter sowieso nicht zuhört, aber keiner ist bereit, ›die alten Zöpfe abzuschneiden‹«, sagte einer der Top-Manager. Der Teamzusammenhalt brach mehr und mehr auseinander. Absicherungsmentalität, Positionierung Einzelner und ein enger Schulterschluss der regionalen Vertriebsleiter gegen die »Zentralisten« um den neuen Chef waren an der Tagesordnung. Schon nach kurzer Zeit entwickelte sich im Team eine Eskalationsspirale: Je mehr Druck Ritter machte, desto erbitterter wehrte sich das Team – und je entschlossener der Widerstand sich zeigte, desto mehr Härte führte Ritter ins Feld. Das Ergebnis war ein Stellungskrieg mit verhärteten Fronten zwischen Ritter und seinen eigenen Führungskräften. Die Konfrontation, in die sich Ritter und sein Führungsteam manövriert hatten, ist sicher spezifisch für diesen Fall. Die zugrundeliegende Dynamik aber ist typisch für sozial komplexe Situationen, in denen die individuellen Stärken von Alphas für Top-Teams zum Risiko werden – und den gemeinsamen Erfolg praktisch unmöglich machen.

Der innere Dialog und das Ich in der Problemsituation

Ritter und die Mitglieder seines Top-Teams waren in eine klassische Falle geraten, die wirksame Führungs- und Zusammenarbeit ausschließt: Die »inneren Dialoge« in ihren Köpfen hatten die Regie übernommen. Keiner war bereit, die eigenen Annahmen, Urteile oder Sichtweisen auf die Situation zu hinterfragen und sich auf die Perspektive des jeweils anderen einzulassen. Sie ließen sich in ihrem Handeln leiten von dem, was sie in ihrem eigenen Inneren umtrieb. Sie hatten den distanzierten Blick auf die Situation verloren – jeder auf seine Weise.

> Die »inneren Dialoge« in ihren Köpfen hatten die Regie übernommen. Sie hatten den distanzierten Blick auf die Situation verloren – jeder auf seine Weise.

Dies jedenfalls konnten wir in unseren vielen Vier-Augen-Gesprächen erkennen. Das »›Ich‹ in der Problem-Situation« nennt Leopold Vansina diese Herausforderung, der sich Top-Manager auch in der Hektik und der Komplexität ihres Alltags stellen müssen.[77] Sein Ausgangspunkt ist Werner Heisenbergs bekannter Satz aus der Physik: »Der Betrachter ist Teil des Geschehens.« In sozialen Situationen hat diese einfache Aussage zwei entscheidende Konsequenzen: Der Betrachter beeinflusst nicht nur das, was er beobachtet – sondern wird durch das Beobachtete zugleich selbst beeinflusst. Jeder Mensch ist also immer nicht nur »Teil des Problems« und liefert seinen Beitrag dazu, sondern ist zugleich auch »Teil der Situation«, in erkenntnisbezogenem Sinne.

Die Vorstellung, Menschen – und damit eben auch Manager – seien rational und zur Neutralität befähigt, ist eine Illusion. Jeder Blick auf die »Problemsituation« ist ein im wahrsten Sinne des Wortes »ego-zentrisches« Konstrukt. Und dennoch glauben wir in 95 Prozent der Fälle, eine Situation »richtig« wahrzunehmen und einzuschätzen.[78] So trivial die Feststellung auch klingt, so selten rufen wir sie uns ins Bewusstsein: Die »Situation an sich« gibt es nicht. Es gibt viele »Requisiten«, die eine Problemsituation aus der persönlichen Sicht definieren: individuelle Grundannahmen, festgefügte Urteile, positive und negative Erfahrungen, Vorlieben und Abneigungen, Enttäuschungen, der empfundene

Zeitdruck, andere Stressfaktoren und vieles mehr, aus denen jeder versucht, für sich einen Sinn zu konstruieren. Wir haben die Routinen der Selbsttäuschung bereits im Kapitel »Top-Manager sind auch nur Menschen« beschrieben: Menschen skizzieren jede Situation unbewusst so, dass ihre Erfahrungswelt in sich schlüssig bleibt – und ihre gewünschte Lösungsvorstellung unterstützt.

Es gibt also keine »wahre« oder »falsche« Sichtweise, sondern unser Gehirn konstruiert eine für uns konsistente Version. Und dies gilt für alle Beteiligten – auch für Ritter und für die Teammitglieder. Jeder hält die eigene Wahrnehmung für die einzige Realität, ordnet alles, was geschieht, in sein Erklärungsmuster ein – und reagiert entsprechend auf andere. Jean-François Manzoni, Leiter des Global Leadership Centre in INSEAD, nennt diesen »Teufelskreis« der Wahrnehmungen, zu dem alle Beteiligten beitragen, »Ko-Kreation von Realität«.[79] Hat man sich einmal für eine Richtung entschlossen, entfaltet der Confirmation-Bias seine Wirkung: Wir suchen natürlicherweise nur nach Bestätigung, nicht aber nach Belegen für abweichende oder widersprechende Interpretationen. Auch der zweite Fall in diesem Kapitel, der Konflikt an der Spitze der VAM-Co, bietet ein gutes Beispiel für diesen Teufelskreis, ausgelöst durch innere Dialoge und bestärkt durch Wahrnehmungsfehler. Dabei nehmen in Situationen hoher sozialer Komplexität, unter Stress und Druck unsere Wahrnehmungsfehler noch zu. Ob wir es anerkennen oder nicht: Wir irren uns systematisch.

> Es gilt, die Perspektive zu wechseln, die Situation mit den Augen der anderen und vor dem Hintergrund ihrer Erfahrungen zu beobachten. Es gilt also, ihren inneren Dialog nachzuvollziehen: »Was denken die anderen, was treibt sie um?« – diese Fragen muss sich jeder Manager stellen, der wirksam führen will.

»Die Wahrnehmung der anderen ist Realität« – nur ein Manager, der diese Einsicht akzeptiert, kann die Konsequenzen des eigenen Handelns erkennen und wirksame Führungs- und Zusammenarbeit im Team leisten.

Es gilt, die Perspektive zu wechseln, die Situation mit den Augen der anderen und vor dem Hintergrund ihrer Erfahrungen zu beobachten. Es gilt also, ihren inneren Dialog nachzuvollziehen: »Was denken die anderen, was treibt sie um?« – diese Fragen muss sich jeder Manager stellen, der wirksam führen will.

Seien wir ehrlich: Wie häufig gehen wir über die Reaktionen anderer einfach hinweg oder übersehen sie ganz bewusst, weil wir meinen, dann schneller zum Ziel zu kommen. Damit sitzen wir bereits in der Falle: Denn wenn wir nicht die intellektuelle Anstrengung unternehmen, auch die Sicht des anderen zum erklärten Ausgangspunkt unseres Handelns zu machen, muss das Gegenüber unser Verhalten als unangemessen oder gar anmaßend empfinden – und zurückweisen, sichtbar oder eben stillschweigend. Genau das war Ritter und seinem Team geschehen.

Zwei Sichtweisen im Top-Team auf Kollisionskurs

Was aber hätte Ritter gesehen, wenn er die Perspektive gewechselt hätte? Wo hätte er das Team »abholen« müssen, als er die Führungsrolle übernahm? Es lohnt sich auch in der Führungsarbeit, die Vergangenheit in den Blick zu nehmen. Die SX-Sale hatte vor Ritters Antritt drei letztendlich erfolglose Jahre hinter sich, die gleichwohl von einem neuen Selbstbewusstsein geprägt gewesen waren. Geschäftsführer Mommsen hatte seine Wachstumsstrategie mit Optimismus und wertschätzender, partizipativer Führung unterfüttert. Führungsteam und Mitarbeiterschaft hatten die Pläne gern gehört, und kleine Erfolge mit innovativen Geschäften hatten die SX-Sale mobilisiert und motiviert. Solch ein Selbstwertgefühl hatte es jahrelang nicht gegeben. Das neue Selbstvertrauen gründete auf zwei Säulen, die Mommsens Führungsstil ausmachten:

1. Ein hohes Maß an Freiraum Mommsen hatte als CEO auf Motivation durch Einbindung und Handlungsfreiheit gesetzt. Er setzte einzelne Akzente, mischte sich wenig in die Details des Tagesgeschäfts ein – auch weil diese ihn nicht interessierten – und konzentrierte sich vornehmlich auf die Gestaltung des Neugeschäfts.

2. Eine Vision für Wachstum Mommsen hatte sich zum Ziel gesetzt, die Kostensenkungsspirale durch neue Geschäftsideen zu durchbrechen oder zumindest zu verlangsamen. Ein Zitat eines Managers spiegelt wider, was dieses Vorgehen für die Kollegen bedeutete – und wie Ritters Antritt als Kontrast wirken musste: »Wir waren in Hochstimmung – mit Zukunftsperspektive durch Neugeschäft und gutem Image. Wir wurden im vollen Lauf gestoppt. Das frustriert. Das war ein regelrechter Schock für uns alle.«

Als Ritter sein Amt antrat, prallte sein Modell der »Direktiven und Kostensenkung« auf das drei Jahre lang gehegte Motto »Freiraum und Wachstum«. Ritter beraubte die Teammitglieder auf einen Schlag geradezu schonungslos aller Hoffnungen. Statt als Wachstumsgeschichte präsentierte Ritter die SX-Sale als Sanierungsfall. Es hätte ihn also nicht überraschen dürfen, dass ihm offene Aggression und stummer Widerstand entgegenschlugen.

Wirksam Führen heißt auch, die unterschiedlichen Vorstellungen, Vorbehalte, tieferliegenden Ängste und Erwartungen im Team zu sehen, anzuerkennen und konstruktiv aufzunehmen. Ritter aber hatte die Sichtweisen der anderen Beteiligten übersehen – und mehr noch: Er wollte sie auch nicht wahrnehmen. Das hatte er ja schon zu Beginn klargestellt: »Wer jammert, kann auch kämpfen.«

Also alles Ritters Schuld? Verantwortlich für Dysfunktionen in einem Team sind immer alle Beteiligten. Warum steuerte das Team geschlossen auf Kollisionskurs zu Ritter? Dazu muss man Ritters Vorgeschichte im Konzern kennen – und das Team kannte diese. Seit einem Jahrzehnt hatte sich Ritter in leitender Position in anderen Geschäftseinheiten verdient gemacht. Er hatte sich in dieser Zeit als konsequenter Sanierer mit Kernkompetenz im Personalabbau etabliert. Jemand, der für das Konzernziel auch »Einschnitte« im eigenen Bereich akzeptiert und mit seinem Team loyal umsetzt.

Das Beispiel des Top-Teams der SX-Sale:
Zwei Sichtweisen auf Kollisionskurs

Der CEO	Die Mitglieder des Top-Teams
»Wir liefern, was von uns verlangt wird, das heißt Personalabbau.«	»Unsere Zukunft ist mehr als Gesundschrumpfen.«
»Ich bin der Abgesandte des Vorstands in der SX-Sale.«	»Wir lassen uns vom Vorstand nichts diktieren.«
»Ich gebe operative Ziele vor und mein Team exekutiert.«	»Die Meinung jedes Einzelnen ist wichtig und muss gehört werden.«
»Ich monitore jeden Bereich und greife bis ins Detail ein.«	»Ich bin selbst verantwortlich für mein Tagesgeschäft.«

Jeder im Team wusste: Ritter würde auch diesen Auftrag erledigen. Er war kein Mann der populären Lösungen. Im Zweifel stellte er sich entschlossen vor seine Mannschaft, um selbst unangenehme Schritte wie Personalabbau zu verkünden und konsequent einzufordern.

In seiner ersten beruflichen Karriere beim Militär hatte er den Kommandeursrang erreicht – diese Erfahrung prägte seine Persönlichkeit noch 20 Jahre später. Nicht nur seine Sprache verriet das, sondern auch seine Haltung: Stärke zeigen, Haltung wahren, unbedingte Loyalität. Er würde voranschreiten wie immer.

Zwei Grundannahmen und Sichtweisen standen sich unversöhnlich gegenüber. Die Abbildung »Das Beispiel des Top-Teams der SX-Sale: Zwei Sichtweisen auf Kollisionskurs« zeigt die gegensätzlichen Einstellungen zur Führungsaufgabe im Kontrast. Ritter blieb unbeirrt auf Linie – und sein Team ebenso. Der normale Reflex unter Handlungs- und Entscheidungsdruck war ein überzeugtes »Weiter so!« auf beiden Seiten.

Der innere Dialog und die ganz normale Irrationalität

Die inneren Dialoge der anderen nachvollziehen, die Situation aus der Sicht anderer beobachten und damit den eigenen Beitrag sehen – das ist leichter gesagt als getan. Denn der eigene »innere Dialog« trübt kräftig den Blick. Wir sehen eine Situation immer durch unseren persönlichen »Filter«: unsere persönliche Rationalität oder – anders ausgedrückt – die ganz normale menschliche Irrationalität.

> Denn der eigene »innere Dialog« trübt kräftig den Blick. Wir sehen eine Situation immer durch unseren persönlichen »Filter«: unsere persönliche Rationalität – oder anders ausgedrückt – die ganz normale menschliche Irrationalität.

»Wir sehen die Dinge nicht, wie sie sind – wir sehen die Dinge, wie wir sind«, bringt die französische Schriftstellerin Anaïs Nin eben dieses Dilemma auf den Punkt. Manfred Kets de Vries, Gründer des INSEAD Global Leadership Centre und einer der wichtigsten Vordenker zur Entwicklung von Führungsverhalten an der Unternehmensspitze, geht dieser Irrationalität auf den Grund. In Anlehnung an Sigmund Freud definiert er seinen Ansatz, das »Clinical Paradigm«, basierend auf drei Eckpfeilern:[80]

1. Jedes für andere noch so irrationale Verhalten folgt einer persönlichen Rationalität, die durch individuelle Erfahrungen geprägt ist.

2. Jedes Verhalten ist geprägt durch Aspekte aus der Vergangenheit, die im Unterbewussten liegen.

3. Jeder ist ein Produkt seiner Vergangenheit und früher Erfahrungen seit der Kindheit.

Kets de Vries betont in seiner Arbeit den »roten Faden« zwischen Verhaltensmustern in der Vergangenheit und jenen in der Gegenwart. Jeder Mensch nimmt die Welt durch sein eigenes »mentales Modell« wahr – ein inneres Programm, das er in frühen Jahren entwickelt, um mit Herausforderungen jeder Art, mit Risiken, Stress und Ängsten umgehen zu können. Der renommierte Organisationspsychologe Chris Argyris sieht

*) Ich muss lernen, die Dinge zu sehen, wie sie sind

genau hier den Ursprung für viele Konflikte in sozialen Situationen. Immer, wenn wir ein Problem verstehen wollen und einen Lösungsweg suchen, greifen wir automatisch auf diese grundlegenden Verhaltensmuster zurück. Und auch Manager sind Meister darin, »Abwehrroutinen« in Stellung zu bringen, um an diesen tief verwurzelten Verhaltensmustern festzuhalten – eine hohe Kunst, die paradoxerweise in eine »geschulte Inkompetenz« führt.[81]

Unser mentales Modell übernimmt unter Stress die Regie, ganz gleich, welchen explizit erklärten Prinzipien wir uns verbunden fühlen: Die »erklärten Verhaltensweisen« entsprechen selten der Verhaltenspraxis, auch wenn uns der Unterschied nicht immer bewusst ist. Mentale Modelle, tief verwurzelte innere Vorstellungen, beeinflussen maßgeblich, was Menschen sehen, wie sie Konfliktsituationen wahrnehmen und wie sie reagieren.

Jeder, der sich ehrlich beobachtet, erkennt schnell, wie häufig sich das Gesagte von dem unterscheidet, was man denkt. Genau hier liegt das Problem. Denn: Unser Denken steuert unsere Haltung und unser Handeln. Auch wenn dies häufig unterhalb der bewussten Wahrnehmungsschwelle geschieht, tragen wir so allein durch unsere eigenen Vorstellungen unweigerlich zu Konflikten bei.

Unser Denken prägt die Art, wie wir die Realität wahrnehmen, sie interpretieren und uns an sie erinnern. »Was denke ich wirklich, was treibt mich (um)?« – das ist nach dem Versuch, die Sicht der anderen nachzuvollziehen, die deutlich schwierigere, aber entscheidende zweite Frage, der sich jeder Manager stellen muss. Wir erinnern uns noch gut an unsere erste Erfahrung mit dieser einfachen und zugleich anstrengenden Übung: »Höre Deinem inneren Dialog zu« – daran wurde jeder von uns während einer Konferenz des renommierten Tavistock Instituts im Jahr 2004 fortwährend erinnert. Dies war die Aufforderung, das, was einen im Inneren

> Jeder, der sich ehrlich beobachtet, erkennt schnell, wie häufig sich das Gesagte von dem unterscheidet, was man denkt. Genau hier liegt das Problem. Denn: Unser Denken steuert unsere Haltung und unser Handeln. Auch wenn dies häufig unterhalb der bewussten Wahrnehmungsschwelle geschieht, tragen wir so allein durch unsere eigenen Vorstellungen unweigerlich zu Konflikten bei.

beschäftigte und unbewusst das Verhalten bestimmte, bewusst wahrzunehmen – und damit den eigenen Beitrag zur sozialen Dynamik zu sehen. Weil also mitten im Geschehen das eigene mentale Modell immer den Blick trübt, lautet die permanente Herausforderung: den »inneren Dialog« annehmen und die Konsequenzen erkennen.

Wir haben die zwei Systeme, die laut Daniel Kahneman unser Denken und Handeln beeinflussen,[82] bereits im Kapitel »Top-Manager sind auch nur Menschen« angesprochen: das schnelle, automatische System 1, das unsere Verhaltensroutinen steuert, und das langsame, willentliche System 2, das für Zweifel und Selbstbeobachtung zuständig ist. Die Aufforderung, den »inneren Dialog« bewusst wahrzunehmen, ist damit vor allem eines: ein erster, ganz praktischer Schritt dahin, das willentliche System 2 »hochzufahren« und seiner Stimme zuzuhören.

Es ist klar: In unserer Arbeit mit Top-Führungskräften spielt die persönliche Vergangenheit unserer Klienten bis in früheste Zeit immer wieder eine Rolle. Aber wir folgen ganz bewusst dem großen Harvard-Organisationspsychologen Abraham Zaleznik, der für den Umgang mit Problemen von Führung und Zusammenarbeit in Unternehmen einen eindringlichen Ratschlag formulierte: »Verliert Euch nie in wildem Psychologisieren!« Und so werden wir auch im Falle von Ritter und seinem Team nicht psychologisieren. Wir beschränken uns auf unsere Beobachtungen und Erfahrungen im beruflichen Umfeld. Denn es gab zahlreiche Situationen und unzählige Signale im Verhalten, in denen der »innere Dialog« von Ritter und die ganz eigene kollektive »Rationalität« des Teams auch für Außenstehende sichtbar wurden.

Der innere Dialog des Alphas an der Spitze

Was war Ritters innerer Dialog – was dachte er wirklich? Auch wenn er in nur wenigen Situationen einen Einblick in sein Denken und Fühlen zuließ, konnten wir in einigen Gesprächen erahnen, was in ihm vorging.

Musste er sich nicht unweigerlich fragen, ob dies nun der Dank sei, nach 25 Jahren im Konzern? Warum hatte man ihn, Ritter, vom Herzstück des Konzerns zur Stieftochter abgeschoben – und ihm die neue

Rolle dann auch noch als Karriereschritt »verkauft«? Die Vorstandskollegen hatten ihn gedrängt: »Die SX-Sale ist entscheidend für uns. Wir brauchen Dich da. Das kann kein anderer!« Als ob er nicht erlebt hätte, wie sie alle – ihn eingeschlossen – im Vorstand über diese Geschäftseinheit gesprochen hatten. Er selbst hatte mit den anderen immer wieder den Kopf geschüttelt, klammheimlich mitgelächelt, war froh gewesen über den ewigen Sündenbock Vertrieb. Und jetzt das, musste Ritter sich gedacht haben. Aber er würde es dem Vorstand einmal mehr beweisen.

Erfolgsdruck, Loyalität, persönliche Enttäuschung über die als Herabstufung empfundene »Abkommandierung« zur SX-Sale, tiefe Vorbehalte gegenüber seiner neuen Führungsmannschaft – für Ritter war diese Führungsaufgabe emotional hoch aufgeladen. Es gibt gute Gründe anzunehmen, dass diese Ausgangslage seine Wahrnehmung der Situation und seines Teams prägte.

Und da war ein Gefühl der Demütigung. Kein einziges Wort darüber war Ritter vor seinem neuen Führungsteam über die Lippen gekommen – nur kleine Signale wie seine Körperhaltung und seine Blicke, auch seine Unnachgiebigkeit deuteten darauf hin. In einem ganz kurzen Moment im Offsite mit seinem Team ließ Ritter erkennen, was ihn innerlich bewegte. »Es gab da eine Situation. In der Küche bei mir zuhause. Da fragte mich mein Sohn: ›Papa, ist das für dich nicht ein Abstieg?‹« Stille im Raum und gespannte Erwartung im Team. Er ließ die Frage im Raum stehen. Keine Auflösung. Kein versöhnliches Wort gegenüber den Mitgliedern seines Teams. Er wusste, dass er jetzt ehrlich sein musste, wollte er das Vertrauen seines neuen Teams gewinnen. Und ehrlich war er. Er hatte es als Erniedrigung empfunden, in die SX-Sale abberufen zu werden – das dachte er wirklich. Und das hatte er das Team spüren lassen.

> Erfolgsdruck, Loyalität, persönliche Enttäuschung über die als Herabstufung empfundene »Abkommandierung« zur SX-Sale, tiefe Vorbehalte gegenüber seiner neuen Führungsmannschaft – für Ritter war diese Führungsaufgabe emotional hoch aufgeladen. Es gibt gute Gründe anzunehmen, dass diese Ausgangslage seine Wahrnehmung der Situation und seines Teams prägte.

Die Top-Team-Mitglieder und ihre inneren Dialoge

Was beschäftigte das Führungsteam, was trieb die Manager des Führungsteams von SX-Sale in ihrem Inneren um? Auch wenn jeder seine eigene Wahrnehmung hatte, gab es auf Basis der gemeinsamen Vorgeschichte mit Mommsen doch eine geschlossene kollektive Haltung im Team. Das, was die Manager wirklich dachten, kam hinter verschlossenen Türen sehr klar zur Sprache.

Die SX-Sale war jahrelang das »schwarze Schaf« im Konzern gewesen – so zumindest sahen es die Vertreter anderer Unternehmensbereiche. Ritters Top-Manager fragten sich, ob sie nun wieder in das verhasste Stieftochterimage und als radikal verkleinerte Organisation in die Bedeutungslosigkeit gestoßen würden? Unter der Führung von Mommsen waren sie endlich wieder wer gewesen. Und dann setzte der Vorstand diesen »Feldmarschall« ein: einen, der das Führungsteam seine Missachtung für die geleistete Arbeit und sein Misstrauen deutlich spüren ließ. Ritter war aus Sicht der Teammitglieder nicht der Mann, dem sie ihre Zukunft anvertrauen wollten – und dies hatte zwei Gründe:

1. *Das Team fasste kein Vertrauen in Ritters Absichten:* Auch wenn Ritter ab und zu von neuen Geschäftschancen sprach, so war seine Stärke im »Abmanagen« doch konzernweit bekannt.

2. *Das Team vertraute Ritters Fähigkeiten nicht:* Ritter war in den Augen der Teamkollegen nicht derjenige, der die SX-Sale im Konzernvorstand angemessen positionieren und ihre berechtigten Interessen durchkämpfen würde.

Verlust prägte das Denken und Handeln des Teams – und das in doppeltem Sinne: Das Team trauerte um eine verlorene Zukunft. Und das Team trauerte ganz persönlich um Mommsen, den verlorenen Chef.

»Mein Gott nochmal, soll Mommsen doch glücklich werden in seinem neuen Job. Wir müssen ihn endlich loslassen, nach vorne schauen und uns wieder auf unser Geschäft konzentrieren«, brach es in dem Team-Offsite vier Monate nach Ritters Einstieg förmlich aus einem Manager heraus. Von Verlust war die Rede. Trauer, Wehmut und nur zögerliches Abschiednehmen sind bei einem Wechsel des Chefs nicht ungewöhnlich, manchmal auch langwierig. Die Vision einer erfolgreichen Zukunft des Geschäfts und auch persönliche Verbundenheit zu Mommsen hatten das Team zu einer hoch loyalen Einheit geschweißt. Das Team verstand die neue Strategie Ritters deshalb

Verlust prägte das Denken und Handeln des Teams – und das in doppeltem Sinne: Das Team trauerte um eine verlorene Zukunft, und ganz persönlich, um den verlorenen Chef.

auch als Verrat an Mommsen. Wenn schon, dann sollte Ritter der neue Weg wenigstens erschwert werden. Die Teammitglieder nutzen ihre Verhinderungsmacht bei allen Gelegenheiten. Ihren Widerstand sollte er täglich zu spüren bekommen. Genau das sagte einer der Manager zu Ritter im Offsite: »Wir haben es Ihnen wirklich nicht leicht gemacht – und genau das wollten wir wohl auch nicht.«

Auf dem Weg zu einem gemeinsamen Dialog im Top-Team

Nach vier Monaten Stellungskrieg waren Ritter und seine Kollegen in dem Team-Offsite schließlich bereit, die eigenen Denkmuster, Urteile und Emotionen zu erkennen zu geben und die Folgen für die Zusammenarbeit zu reflektieren. Die Aufforderung zur »Reflexion in Aktion«, zum Innehalten inmitten des Geschehens, ist hier also in doppelter Hinsicht gemeint: sich und andere in der Situation beobachten – und verstehen, was einen im Inneren umtreibt und beschäftigt. Nur wenn die Teammitglieder diesen zweiten Erkenntnisschritt gehen, den inneren Dialog bewusst wahrnehmen und in offener Runde urteilsfrei miteinander teilen, sind Top-Teams fähig zu lernen und wirksam zusammenzuarbeiten. Spätestens im Konfliktfall bietet diese gemeinsame Reflexion den einzig möglichen Ausweg, um zu erkennen, dass es

Erfolgreiche Teams rekapitulieren nicht nur ihr eigenes Handeln, beobachten sich also nicht nur in der Aktion. Sie befragen sich in der Situation auch selbst – und reflektieren ihr eigenes Handeln: Sie führen einen Dialog im Team, in dem sie die verschiedenen Grundannahmen, Beweggründe und Emotionen bewusst wahrnehmen.

Zeichen des Misslingens	Zeichen des Gelingens
Mitglieder des Top-Teams debattieren – sie argumentieren nur aus ihrer jeweiligen Position heraus.	Mitglieder des Top-Teams suchen den Dialog – sie nehmen die Situation aus Sicht aller Beteiligten wahr.
Mitglieder des Top-Teams bedienen sich einer Schwarz-Weiß-Rhetorik, nach dem Motto »richtig oder falsch«.	Mitglieder des Top-Teams bemühen sich um eine differenzierte Sicht und gemeinsame Aufsetzpunkte.
Mitglieder des Top-Teams beharren auf ihrer Sicht der Dinge und sehen die Schuld bei anderen Teamkollegen.	Mitglieder des Top-Teams suchen in ihrem Verhalten und an konkreten Beispielen den eigenen Beitrag zur Situation.
Mitglieder des Top-Teams suchen nur nach Bestätigung ihrer Annahmen und ungeprüften Phantasien.	Mitglieder des Top-Teams reflektieren ehrlich, was sie wirklich denken, aber nicht im Team aussprechen würden.
Mitglieder des Top-Teams blenden jede Kritik an ihrem Verhalten aus und meiden die offene Reflexion mit anderen.	Mitglieder des Top-Teams nutzen die Reflexion im Team, um die eigenen Annahmen zu erkennen und zu hinterfragen.

sich bei der persönlichen Sicht auf die Situation nicht um Tatsachen, sondern um Annahmen handelt. In der Abbildung »Den inneren Dialog verstehen: Verhaltensmuster im Top-Team« haben wir sichtbare Zeichen des Misslingens und des Gelingens für einen konstruktiven Umgang mit den inneren Dialogen gegenübergestellt.

Erfolgreiche Teams, so Dietrich Dörner, rekapitulieren nicht nur ihr eigenes Handeln, beobachten sich also nicht nur in der Aktion. Sie befragen sich in der Situation auch selbst – und reflektieren ihr eigenes Handeln: Sie führen einen Dialog im Team, in dem sie die verschiedenen Grundannahmen, Beweggründe und Emotionen bewusst wahrnehmen.[83]

Die Sicht der jeweils anderen zu nutzen, um selbst die eigenen Annahmen kritisch zu hinterfragen, war auch in Ritters Top-Team ein erfolgreicher erster Schritt in eine konstruktive Zusammenarbeit. Und Ritter schonte sich nicht. Er hatte unser strukturiertes Feedback an ihn, das wir aus den Vorgesprächen gewonnen hatten, im Team-Offsite in offener Runde geteilt – und damit die Situation für den Dialog geöffnet. Sein Team nahm das Angebot an.

Fall 2: Der CEO der VAM-Co und sein Top-Performer driften in die Rivalität

Zugegeben: Der Fall von Ritter und seinem Top-Team ist ein außergewöhnliches, ja drastisches Beispiel. Aber auch in deutlich weniger dramatischen Situationen kann es weitreichende Folgen für die Zusammenarbeit haben, wenn Manager den eigenen inneren Dialog und den ihres Gegenübers ignorieren. Das zeigt unser zweiter Fall.

Vor zwei Monaten hatte Holzmüller eigentlich Frieden schließen wollen. Denn die Zusammenarbeit mit Kärrner, seit einem halben Jahr neuer CEO und damit Holzmüllers direkter Vorgesetzter bei der VAM-Co, hatte damals ein solch niedriges Niveau erreicht, das ein Neuanfang nötig war. Von Beginn an war die Konstellation zwischen beiden nicht leicht gewesen – und dafür gab es vor allem einen Grund: Kärrners Vorgänger als CEO hatte vor etwa einem Jahr deutlich gemacht, dass er an einer weiteren Verlängerung seines Vertrages nicht interessiert war. Und Holzmüller hatte seinen Hut für die Nachfolge in den Ring geworfen.

Er hatte seinerzeit nicht lange gezögert: Das war sie, seine große Chance, und es gab eine Reihe sehr guter Argumente, die er für sich ins

Feld führen konnte: Seit fünf Jahren verantwortete er mit dem Bereich Engineering und Produktion die geschäftliche Herzkammer der VAM-Co. Und das mit unbestreitbaren Erfolgen: Seiner Strategie, die auf international verteilte Kompetenzzentren setzte, war es zu verdanken, dass die VAM-Co in der Branche als Zukunftsmodell galt. Keinem anderen Wettbewerber war es gelungen, Know-how-Führerschaft und Kostenführerschaft so ideal zu verbinden. Das war sein ganz persönlicher Erfolg – und seine Fahrkarte zur CEO-Position, die ihm jetzt, kurz vor dem Höhepunkt seiner Karriere, niemand mehr streitig machen würde. Die Benennung Kärrners traf ihn wie ein Schock.

»Klar, die Berufung von Kärrner hat mich überrascht«, so beschrieb Holzmüller in unserem Vier-Augen-Gespräch seine erste Reaktion. »Noch dazu einer, der von außen kommt, vielleicht was von Produktion versteht, aber von unserer Branche keine Ahnung hat.« Aber dann habe er sich doch erstaunlich schnell wieder gefangen und sich entschlossen, das Ganze von der sportlichen Seite zu nehmen, nach dem Motto: »Okay, dann zeigen wir unserem neuen Boss doch mal, was wir drauf haben, vielleicht kann er ja noch was lernen.«

Entsprechend selbstbewusst hatte Holzmüller sich dann in seinen ersten Gesprächen mit Kärrner auch gegeben. Seine Botschaft war immer dieselbe gewesen: Engineering und Produktion der VAM-Co sind Leuchttürme der Industrie. Ich habe mein Geschäft absolut im Griff, bin der Top-Performer im Unternehmen. Kurz gesagt: Es gibt keinen Grund, sich als neuer CEO tiefer mit diesem Bereich zu befassen. Entsprechend überrascht war Holzmüller, dass er mit seinem Verhalten bei Kärrner genau das Gegenteil dessen auslöste, was er beabsichtigt hatte.

Der CEO und sein Top-Performer im »Set-up-to-Fail«-Teufelskreis

Die ersten Gespräche zwischen beiden waren noch formell, fast kühl verlaufen, man tastete sich gegenseitig ab. Dann aber hatte sich eine rapide Abwärtsdynamik entwickelt, die nun, nach sechs Monaten, entschlossenes Handeln erforderte. Alles hatte damit begonnen, dass Kärrner die Präsentationen Holzmüllers immer genauer verstehen wollte,

Fragen zu Details stellte und sich nicht mehr damit begnügte, Erfolgsmeldungen einfach zur Kenntnis zu nehmen. »Anstatt anzuerkennen, was wir hier leisten, fängt Kärrner jetzt an, an irrelevanten Details herumzumäkeln«, so brachte Holzmüller seine Entrüstung in unserem Gespräch auf den Punkt. »Ich habe mich noch nie – noch dazu vor den Kollegen im Executive Board – für meine Erfolge rechtfertigen müssen.«

Einen ersten Tiefpunkt hatte die Zusammenarbeit erreicht, als Kärrner in einem der regelmäßigen Business Reviews Holzmüller bei seiner Präsentation der positiven Geschäftsentwicklung mit den Worten unterbrochen hatte, jetzt endlich einmal »mit dem Werfen von Nebelkerzen aufzuhören«.

> Einen ersten Tiefpunkt hatte die Zusammenarbeit erreicht, als Kärrner in einem der regelmäßigen Business Reviews Holzmüller bei seiner Präsentation der positiven Geschäftsentwicklung mit den Worten unterbrochen hatte, jetzt endlich einmal »mit dem Werfen von Nebelkerzen aufzuhören«.

Das »Cutting through the Bullshit« sei schließlich der Job des CEO. Er erwarte ein weit konstruktiveres Miteinander und von Holzmüller, dass er »bis spätestens Ende der Woche eine detaillierte Projekt-Roadmap für das gesamte Jahr« vorlegt.

Mit einer Episode vor zwei Monaten schließlich hatte die Beziehung den absoluten Tiefststand erreicht. Kärrner hatte in einem Teammeeting kurzfristig entschieden, dass er selbst – nicht wie seit Jahren üblich Holzmüller – dem Aufsichtsrat die Strategie des Bereichs Engineering und Produktion vorstellen würde. Nachdem er seine erste Entrüstung überwunden hatte, beschloss Holzmüller, »diesen Anlass für ein großzügiges Friedensangebot an Kärrner zu nutzen«. Er hatte nach dem Meeting Kärrner in dessen Büro besucht, ihm die Präsentation für den Aufsichtsrat im Detail erläutert und seinen Vortrag mit seinem vermeintlichen Friedensangebot beendet: »Ich kann mit diesem Vorgehen gut leben. Und Sie können ganz beruhigt sein: Ich will Ihren Job überhaupt nicht mehr.« Damit war das Tischtuch zerschnitten. Es herrschte Funkstille.

Das Beispiel der VAM-Co ist ein eindringliches Beispiel für eine Dynamik, die Jean-François Manzoni als »Set-up-to-Fail«-Syndrom bezeichnet: einen Teufelskreis von dysfunktionalen Denk- und Ver-

Top-Manager können durch ihr
Verhalten Führungskräfte schlech-
ter machen. Oder anders gesagt:
Top-Manager bringen durch ihr
Verhalten einen Teufelskreis in
Schwung, durch den ihre Füh-
rungskräfte weniger leisten.

haltensmustern zwischen Vorgesetzten und Mitarbeitern.[84] Manzonis umfangreiche Forschung über die Zusammenarbeit zwischen Managern und ihre direkt unterstellten Führungskräfte hat ein beunruhigendes Ergebnis gezeigt: Top-Manager können durch ihr Verhalten Führungskräfte schlechter machen. Oder anders gesagt: Top-Manager bringen durch ihr Verhalten einen Teufelskreis in Schwung, durch den ihre Führungskräfte weniger leisten.

Der Grund für diese Dynamik liegt in einer erlernten Routine, mit der Manager auf Führungskräfte reagieren, die sie als »kritisch« einstufen. Sie hinterfragen genau die Details, machen engere Vorgaben, fordern kleinteilige Aktionspläne, versuchen, ihr eigenes Urteil durchzusetzen, konzentrieren die Aufmerksamkeit auf operative Fragen und setzen auf harte Ansagen. All diese Verhaltensweisen sind Ausdruck eines tiefen, möglicherweise sogar gerechtfertigten Misstrauens in die Kompetenz des Gegenübers. Das Gegenüber aber reagiert auf diese Form der Führung in der Regel mit einer unbewussten »Leistungsdeflation«: Rückzug, Vermeidung, schwindendes Selbstbewusstsein und in der Folge zurückgehende Leistung.

Hier entfaltet der »Halo-Effekt« seine Wirkung – eine kognitive Verzerrung, die die Sicht auf Menschen und Situationen »kohärenter« und einfacher macht als die Wirklichkeit. Der Halo-Effekt verstärkt die Bedeutung des positiven oder negativen ersten Eindrucks so stark, dass nachfolgende Erfahrungen schlüssig in dieses Bild eingeordnet werden.[85]

Die »Set-up-to-Fail«-Dynamik, die
sich zwischen Kärrner als CEO und
Holzmüller entfaltete, bietet ein
klassisches Beispiel für diesen zerstörerischen Teufelskreis. Denn sie
beruhte nicht auf Fakten, sondern
auf Wahrnehmungen, Einschätzungen und inneren Dialogen. Und auf
dem Mangel an Bereitschaft auf
beiden Seiten, die eigenen Wahrnehmungen und die des Gegenübers bewusst zu reflektieren.

Die »Set-up-to-Fail«-Dynamik, die sich zwischen Kärrner als CEO und Holzmüller entfaltete, bietet ein klassisches Beispiel für diesen zerstörerischen Teufelskreis. Denn sie beruhte nicht auf Fakten, sondern auf Wahrnehmungen, Einschätzungen und inneren Dialogen. Und auf dem Mangel an Bereitschaft auf beiden Seiten, die eigenen Wahrnehmungen und die des Gegenübers bewusst zu reflektieren.

In einer Reihe von »Konsultationen« – Reflexionsgesprächen zunächst mit Kärrner und Holzmüller individuell, später auch gemeinsam – entschlüsselten wir nach und nach die spezifische »Set-up-to-Fail«-Dynamik der VAM-Co.

Die inneren Dialoge mit Konsequenzen für die Zusammenarbeit

Den Ausgangspunkt der verhängnisvollen Dynamik zwischen Kärrner und Holzmüller war dessen überhöht selbstbewusstes Auftreten gegenüber seinem neuen Vorgesetzten gewesen, entstanden aus einer gefährlichen Kombination aus Selbstüberschätzung mit Selbstbehauptungswillen, gekränktem Stolz und Enttäuschung: »Ich habe mir innerlich wahrscheinlich gesagt: ›Gut, dann werde ich dem Neuen jetzt mal klar machen, wer hier eigentlich der Platzhirsch ist‹«, so rekonstruierte Holzmüller seine innere Haltung später. Die zunächst formelle, kühle Reaktion Kärrners interpretierte er als mangelnde Wertschätzung für einen Top-Leister, der »den Job, ginge es hier objektiv um die Leistung, eigentlich verdient gehabt hätte«. Kärrners zunehmendes Nachfragen und seine »Einmischung« in Details hatte Holzmüller dann als offenes Misstrauen und als Infragestellen seiner Kompetenz gelesen. Er sah sich als »Underperformer« abgestempelt und versuchte, dieses vermeintliche Fehlurteil Kärrners durch nur noch mehr selbstbewusste Beweise der eigenen Leistungen und Fähigkeiten zu entkräften. Mit der Folge, dass der Teufelskreis Schwung aufnahm.

Denn die Sicht Kärrners auf die Situation war von vornherein von Misstrauen geprägt. Er wusste, dass Holzmüller sich um die Position des CEO bemüht hatte. Entsprechend kritisch war Kärrners Sicht auf seinen vermeintlichen Konkurrenten: »Die ganze Haltung Holzmüllers vermittelte eine einzige Botschaft: Mir ist egal, wer unter mir der neue CEO ist«, so kommentierte Kärrner sein Verhalten in unseren Gesprächen. »Ist doch klar, dass man da misstrauisch wird, ob der eine ›Hidden Agenda‹ hat«, ergänzte er. Aus Holzmüllers Auftritten las Kärrner vor allem zwei Motive: Positionierungsgehabe und den Versuch, Kärrner dessen unterstellte Inkompetenz möglichst drastisch vor Augen zu führen.

Entsprechend fiel Kärrners Reaktion aus: hartes Hinterfragen von Details, um sich selbst Klarheit und Sicherheit zu verschaffen – aber auch, um Holzmüller deutlich zu demonstrieren, dass auch er das Geschäft beherrsche. Klare Deadlines und Ansagen waren Kärrners Versuch, seine Autorität sichtbar unter Beweis zu stellen. Den Vortrag vor dem Aufsichtsrat hatte er als Chance begriffen, sich selbst als gesamtverantwortlichen CEO in Position zu bringen und zugleich Holzmüller auf den »ihm gebührenden Platz zu verweisen«. Holzmüllers vermeintliches Friedensangebot wirkte auf ihn dann wie eine Kriegserklärung: Sein »Ich will Ihren Job nicht mehr« hatte Kärrner in seiner Vorstellung ergänzt mit »obwohl ich, Holzmüller, mit Sicherheit der geeignetere von uns beiden bin«.

Manager, die eine neue Position antreten, übernehmen nicht nur eine neue Aufgabe und eine Gruppe von Führungskräften, die sie wirksam führen müssen. Sie übernehmen auch ein ganzes Portfolio von Beziehungen mit Vorerfahrungen, Wahrnehmungen und Erwartungen – im Aufsichtsrat, mit direkt Geführten, Kollegen in anderen Abteilungen, Kunden und anderen Stakeholdern. Gerade diese persönliche Dimension in der Übernahme einer neuen Position, das hat Manzoni gezeigt, birgt für alle Beteiligten große Risiken: »In diesem Prozess läuft ein unachtsamer Manager Gefahr, andere falsch einzuschätzen, von anderen falsch eingeschätzt zu werden und in das Kreuzfeuer bestehender Dynamiken zu geraten.«[86]

Die Konstellation zwischen Kärrner und Holzmüller war allein schon aufgrund der latenten Rivalität zweier Alphas brisant.

> Die Konstellation zwischen Kärrner und Holzmüller war allein schon aufgrund der latenten Rivalität zweier Alphas brisant. Was die Situation aber in einen Teufelskreis abstürzen ließ, war etwas Zusätzliches: das Verhalten des Gegenübers auf Basis eigener Denkmuster, Urteile und innerer Dialoge zu interpretieren und systematisch falsch wahrzunehmen, das war der springende Punkt.

Was die Situation aber in einen Teufelskreis abstürzen ließ, war etwas Zusätzliches: das Verhalten des Gegenübers auf Basis eigener Denkmuster, Urteile und innerer Dialoge zu interpretieren und systematisch falsch wahrzunehmen, das war der springende Punkt.

Kärrners Misstrauen gegenüber Holzmüller war vor allem ein Misstrauen in dessen Absichten, nicht in dessen Kompetenz – und Kärrner reagierte mit den typischen Routinen einer engen Führung. Holzmüller dagegen interpretierte eben diese Routinen als Ausdruck des Misstrauens in seine Kompetenz – und reagierte, im Innersten empört, mit immer weiteren Kompetenzbeweisen.

Die Unternehmensspitze ist eine Arena, in der zerstörerische Verhaltensmuster der beschriebenen Art besonders häufig auftreten – und besonders gravierende Konsequenzen haben können. Zumeist verlässt einer der Rivalen über kurz oder lang den Platz. Mit der Folge, dass das Unternehmen in jedem Fall verliert: Entweder den neuen CEO, dem es nicht gelungen ist, eine wirksame Dynamik mit seinen Top-Performern aufzubauen – oder es verliert einen Top-Performer, nicht selten an einen Wettbewerber.

So verschieden die konkreten Situationen der Top-Manager der SX-Sale und der VAM-Co auch sind – die zugrundeliegende Herausforderung ist doch gleich: Wirksame Führung erfordert von Managern an der Unternehmensspitze hohe Disziplin darin, den eigenen inneren Dialog zu verstehen und die persönlichen Wahrnehmungsfehler zu erkennen – um einen unproduktiven Teufelskreis in der Zusammenarbeit zu verhindern.

> **Wirksame Führung erfordert von Managern an der Unternehmensspitze hohe Disziplin darin, den eigenen inneren Dialog zu verstehen und die persönlichen Wahrnehmungsfehler zu erkennen – um einen unproduktiven Teufelskreis in der Zusammenarbeit zu verhindern.**

Weil aber der Blick auf die eigenen Wahrnehmungsfehler verstellt ist, kann erfolgreiche Führung an der Unternehmensspitze nur als kollektive Disziplin gelingen: Man brauche, so spitzt es Peter Senge zu, »fremde Hilfe – einen ›schonungslos mitfühlenden‹ Partner. In unserem Streben nach besseren Reflexionsfähigkeiten sind unsere Mitmenschen unser größter Aktivposten.«[87] Klingt einfach, ist aber schwierig. Deshalb hat der Schritt, das Team bewusst als Korrektiv zu nutzen, aus unserer Beobachtung immer auch etwas Paradoxes: Er ist wohl die wirksamste und doch zugleich am wenigsten praktizierte Fähigkeit, wenn es darum geht, Zusammenarbeit und Führung an der Spitze wirksamer zu gestalten.

Für Manager an der Unternehmensspitze heißt es, Abschied zu nehmen von einer populären Managerweisheit, die wohl jeder schon häufig gehört hat: »Wenn du nicht Teil der Lösung bist, bist du Teil des Problems.« Der wirksame Umgang mit natürlichen Wahrnehmungsfehlern erfordert von Top-Managern eine gänzlich andere Perspektive: »Wenn du dich nicht zum Teil des Problems machst, kannst du nicht Teil der Lösung sein.«

Auf einen Blick
Den inneren Dialog verstehen

Herausforderungen

In der Komplexität und Anspannung an der Unternehmensspitze ist eine der schwierigsten Herausforderungen für Top-Manager, das Geschehen reflektiert aus Sicht aller Beteiligten zu betrachten. Jeder Mensch, das gilt auch für Top-Manager, hält die eigenen Wahrnehmungen und Urteile häufig für die einzige Realität – und ist tief überzeugt, rational und unemotional zu agieren. Und dennoch prägt das, was Manager innerlich umtreibt, ihr Denken, Urteilen und Handeln – mit negativen Folgen für wirksame Führungs- und Zusammenarbeit. Die systematische Fehlwahrnehmung des Verhaltens des Gegenübers auf Basis eigener Denkmuster, Urteile und innerer Dialoge ist deshalb auch an der Spitze von Unternehmen alltäglich zu beobachten.

Den inneren Dialog zu verstehen – den eigenen und den des Gegenübers –, ist eine entscheidende Disziplin des Gelingens. Nur der Manager, der in gemeinsamer Reflexion im Team nachvollzieht und versteht, wie seine persönlichen Erfahrungen und Urteile seine Wahrnehmung der Realität, sein Denken und sein Handeln prägen, kann dauerhaft wirksam führen – sich selbst, sein Team und seine gesamte Organisation.

Elemente des Gelingens

▶ Den eigenen Standpunkt verlassen und die Situation aus Sicht der anderen Mitglieder des Top-Teams nachvollziehen.

▶ Die Regel »Perception is Reality« akzeptieren und die Wahrnehmungen anderer als Tatsache und Startpunkt nehmen.

▶ Die Ursachen, Beweggründe und Konsequenzen des eigenen Verhaltens im Top-Team bewusst machen.

▶ Den persönlichen inneren Dialog anerkennen und die Wirkung auf die Zusammenarbeit im Team reflektieren.

▶ Die Mitglieder des Top-Teams als »Aktivposten« nutzen, um die eigenen Wahrnehmungsfehler zu erkennen.

10

Den eigenen Schatten sehen

»Kinder waren nie gut darin, auf ihre Eltern zu hören –
aber sie waren noch immer gut darin, sie zu imitieren.«

James Baldwin

▶ *Fall 1:* Das Top-Team der U-TECH AG lebt Zerstrittenheit vor
▶ *Fall 2:* Der CFO der WFinCor löst Abwehrreaktionen aus
▶ *Exkurs:* Ex-Berater im Top-Team unterschätzen ihren Schatten

Fall 1: Das Top-Team der U-TECH AG lebt Zerstrittenheit vor

»Wir haben ein 500-Pfund-Gorilla-Problem mitten im Raum.« Alle nicken wissend, manche tauschen Blicke aus – und lassen das Entscheidende unausgesprochen. Was meinen sie wirklich? Was ist das »Gorilla-Problem«? Meinen sie das über die letzten zwei Jahre eingeübte Misstrauen untereinander, das jede konstruktive Zusammenarbeit im Team ausschließt? Oder meinen sie Zimmermann, den Marketing- und Produktchef, der durch seine kompromisslose Haltung immer wieder das Team gegen sich aufbringt – und von seinen sechs Vorstandskollegen zum Sündenbock für die konfliktgeladene Lage im Team auserkoren ist?

Ebner, seit zwei Jahren CEO der U-TECH AG, eines fünf Jahre zuvor ausgegründeten Tochterunternehmens eines globalen IT-Konzerns, hatte endlich Mut gefasst und sich zu einem Teamworkshop mit seinem

Top-Team entschlossen. Nun saßen sie fernab vom Tagesgeschäft in den Schweizer Bergen. Und auf der Tagesordnung gab es nur einen Punkt: die Zusammenarbeit im Top-Team. Dazu waren die Vorstandsmitglieder und die Top 30, die Führungsmannschaft des Vorstands, im Vorfeld von uns interviewt worden. Und dieses schonungslose Feedback der Top 30 hatten sie nun schwarz auf weiß vor Augen. Eine erste Diskussionsrunde hatten sie gemeistert. Doch der emotionale Schock saß jedem tief in den Gliedern, die persönliche Betroffenheit war ehrlich und aufrichtig. »Ich kann es nicht fassen, dass wir es so weit haben kommen lassen. Ich fühle mich schuldig, es tut mir unglaublich leid«, so drückte der von allen geschätzte Personalchef in entwaffnender Offenheit aus, was manche der Top-Manager dachten.

Und trotzdem tauchte auch jetzt wieder geradezu reflexartig jenes Verhaltensmuster auf, das die Top 30 als Ursache für die spannungsgeladene Situation im Vorstandsteam ausgemacht hatten: »Schuldzuweisungen werden in unserem Vorstandsteam nicht nur erlaubt, sondern für uns alle sichtbar praktiziert«, hatten viele der Führungskräfte bemängelt. »Wir haben ein 500-Pfund-Gorilla-Problem mitten im Raum« – die Vorstandsmitglieder hatten es also gerade wieder getan. Denn sie meinten nicht ein diffuses Misstrauen, zu dem jeder beitrug. Für sechs der sieben Manager stand der Schuldige fest: Die Ursache aller Konflikte, das hatten sie uns in unseren Vorgesprächen deutlich zu verstehen gegeben, war aus ihrer Sicht Zimmermann. Und selbst jetzt, nachdem sie das Feedback an das gesamte Team erfahren hatten, wurde uns in der Pause von manchen zugeraunt: »Sie wissen doch, was unser Gorilla-Problem ist, oder?« Würde Zimmermann gehen, wäre alles gut. Davon waren sie zutiefst überzeugt.

In den zwei Jahren seit dem Amtsantritt Ebners als CEO hatte sich im Vorstandsteam ein zerstörerischer Kreislauf gebildet, der von vier Mustern geprägt war: Es fehlte

Seit Ebners Amtsantritt hatte sich im Vorstandsteam ein zerstörerischer Kreislauf gebildet, der von vier Mustern geprägt war: Es fehlte Einigkeit über die grundlegende strategische Richtung; es gab starke Interessenkonflikte mit Schuldzuweisungen; Entscheidungen wurden beliebig ausgelegt; und letztendlich herrschte ein krasser Disziplinmangel in der Umsetzung.

Einigkeit über die grundlegende strategische Richtung; es gab starke Interessenkonflikte mit Schuldzuweisungen; Entscheidungen wurden beliebig ausgelegt; und letztendlich herrschte ein krasser Disziplinmangel in der Umsetzung.

Ebner, ein eher introvertierter Manager mit weichem Händedruck, aber analytisch stark, auf Zahlen fixiert, hatte eine klassische Karriere hinter sich. Er hatte bei einem Wettbewerber am Markt erste Führungserfahrung gesammelt und sich nach drei Jahren als CFO der U-TECH AG für die Rolle des CEO empfohlen. Aber nun stand er seit seiner Amtsübernahme unter steigender Anspannung: Er kämpfte um die Position seines Hauses in einem sich konsolidierenden Markt und musste sich gleichzeitig gegen die überambitionierten Ergebnisansprüche des Mutterkonzerns zur Wehr setzen. In den ersten Jahren hatte die U-TECH AG sich als agiler und innovativer Spieler schnell eine solide Marktposition erarbeitet – die in jüngster Zeit aber unter zunehmenden Druck geraten war: Wichtige Produkte kamen verspätet auf den Markt, Parallelentwicklungen in den traditionell verfeindeten Sparten Privatkunden und Geschäftskunden trieben die Kosten nach oben. Zudem steigerte der Mutterkonzern kontinuierlich die finanziellen Ansprüche: Nach Jahren massiver Investitionen, so lautete die Forderung der Konzernzentrale, sei nun die Zeit des »Payback« gekommen.

Das Top-Team im unproduktiven Dauerkonflikt

Dieser äußere Druck spiegelte sich im Top-Team wider. Die Situation war nun schon seit Monaten zunehmend konfliktgeladen: Der um Ausgleich bemühte Ebner hatte es im Vorstand mit zwei ehemaligen Konkurrenten um den CEO-Posten zu tun – mit dem Marketing- und Produktchef Zimmermann und dem CFO Kramer. Er hatte es bisher nicht geschafft, die beiden auf seine strategische Linie einzustimmen. Je mehr Druck von außen kam, umso stärker zog sich Ebner aus seiner Führungsrolle im Top-Team zurück. Wenn er überhaupt Entscheidungen traf, dann meist bilateral gemeinsam mit Zimmermann – und dieser wusste das für seine Machtposition erkennbar zu nutzen. Er baute seinen Bereich konsequent aus – und ging damit unweigerlich auf Kollisionskurs zu den Finanz-, Technik- und Vertriebsressorts. Wie kein anderer im Top-Team hatte Zimmermann Berufserfahrung im Ausland gesammelt und wusste sich unter schwierigen Marktbedingungen zu behaupten. Und er verschaffte sich mit seiner eloquenten Art und seinem sicheren Auftritt schnell Gehör und Aufmerksamkeit.

Aber nicht nur Zimmermann nutzte seine Spielräume. Der willensstarke und kompromisslose Technikchef stand ihm in nichts nach. Er verkämpfte sich regelmäßig mit den anderen Vorstandsmitgliedern in Budgetrunden – und setzte Produktentscheidungen, die an ihm vorbeigegangen waren, nicht um. »Ich bin halt ein Sturkopf«, sagte er oft lächelnd – und nahm sich damit gern von Kritik aus. Und die anderen vier Top-Manager – vom CFO bis zum Personalchef? Sie sahen zu und richteten sich in dem Kreislauf des Misstrauens ein, aktiv oder passiv.

Ebner vermied – um des Friedens willen – grundsätzlich kritische Trade-off-Diskussionen im Team, ersetzte die Teammeetings durch bilaterale Treffen und sternförmige Führung, akzeptierte schweigend die destruktiven Verhaltensweisen in seinem Top-Team und sagte sämtliche Treffen mit den Top 30 ab. Kurz gesagt: Ebner überließ das Top-Team einer fatalen Eigendynamik. Keiner behielt in dieser komplexen Mischung aus »Wagenburgen und Vielpfadigkeit«, wie es einer der Top 30 nannte, den Überblick. Keiner wollte den eigenen Beitrag und die eigene Verantwortung sehen. Keiner schritt ein, um im Sinne des Gesamtunternehmens die Fehlentwicklung zu stoppen.

Interessenkonflikte, Meinungsverschiedenheiten und Positionierungsrituale der Persönlichkeiten im Team sind auf der Top-Etage selbstverständlich und noch kein Alarmzeichen. Sie sind in Top-Teams strukturell angelegt und gehören zum Alltag in sämtlichen Vorstandsetagen. Bereichsvorstände müssen zuallererst die Optimierung des von ihnen verantworteten Geschäftsbereichs im Blick haben. Das ist ihr Job. Die Vergütungs- und Zielerreichungssysteme sowie Budgets sind in erster Linie bereichsorientiert definiert. Das heißt: An der Firmenspitze herrscht aufgrund der individuellen Verantwortung für den jeweils eigenen Geschäftsbereich eine Logik der Konkurrenz.

Harmonie im Top-Team ist kein realistischer Anspruch – und aus unserer Sicht nicht einmal erstrebenswert, wie wir im Kapitel »Den Konflikt nutzen« zeigen. Aber es geht um die Frage, ob Top-Teams in konstruktiver Weise mit ihren natürlichen Konflikten umgehen und damit produktiv Zusammenarbeit und Führung auf den nächsten Ebenen beeinflussen.

»Unser Vorstand als unser Rollenvorbild hat als Team hoffnungslos versagt. Anstatt die Gräben zu überwinden, bekämpfen sie sich öffentlich, gehen sich aus dem Weg oder übergehen sich gezielt, handeln kurzfristig im eigenen Interesse, beschweren sich übereinander und wissen es ganz offensichtlich besser als der jeweils andere«, so brachte ein Mitglied der Top 30 die Situation des eigenen Vorstandsteams genervt auf den Punkt. Die komplette Frustration der Führungsmannschaft der U-TECH AG entlud sich mit voller Wucht in unseren Interviews zur Problemdiagnose.

> Harmonie im Top-Team ist kein realistischer Anspruch – und aus unserer Sicht nicht einmal erstrebenswert. Aber es geht um die Frage, ob Top-Teams in konstruktiver Weise mit ihren natürlichen Konflikten umgehen und damit produktiv Zusammenarbeit und Führung auf den nächsten Ebenen beeinflussen.

Es war eine Mischung aus Empörung, Wut, gespürter Ausweglosigkeit, schwindendem Selbstwertgefühl und Stolz auf die eigene dynamische Firma, die uns entgegenschlug und endlich ein Ventil fand. Nach einer Woche Gesprächen mit den Top 30 wurden wir quasi zu Symptomträgern der aufgestauten Emotionen. Man nutzte uns für eine Art »Detox-Programm«. Wir konnten zumindest nachvollziehen, wie aufwühlend und frustrierend die letzten Monate gewesen sein mussten. »Jeder einzelne von uns ist ein wenig verletzt – und sieht sich allein gelassen. Es mangelt an Anerkennung, und unsere Vorstandsmitglieder praktizieren Unehrlichkeit ganz offen«, brach es aus einer der befragten Führungskräfte heraus. »Durch die fehlende Führungsrolle unseres Vorstands teilen wir alle ein starkes Gefühl der Ohnmacht und reagieren mit hektischer Aktivität, es ist unglaublich frustrierend«, so brachte es eine andere Führungskraft für viele auf den Punkt.

Das Top-Team als Vorbild

Ebner und sein Top-Team hatten eine der größten Herausforderungen für jede Unternehmensspitze verkannt: den eigenen Schatten in die Organisation zu erkennen und die Signalwirkung der individuellen und kollektiven Verhaltensmuster im Top-Team zu verstehen.

Der Begriff »Shadow of Leaders« [88] wird meist sehr unmittelbar gebraucht – und auf kleine Signale im Verhalten angewendet, die große Wirkung haben können. Das alltägliche Handeln der Führungskräfte als Rollenvorbilder zählt deutlich mehr als Worte. Es ist der Kompass, an dem sich Führungsmannschaft und Mitarbeiterschaft unweigerlich ausrichten.

Das gilt insbesondere dann, wenn auf Vorstandsebene Veränderungen in der Organisation angestoßen und eingefordert werden. James Baldwin, US-amerikanischer Schriftsteller, benennt einen Punkt, der auch in der Unternehmenswelt zutrifft: »Kinder waren nie gut darin, auf ihre Eltern zu hören – aber sie waren noch immer gut darin, sie zu imitieren.« Fordert die Unternehmensspitze besseres Serviceverhalten, Aufmerksamkeit und Wertschätzung der Kunden, so ist es entscheidend, inwieweit der CEO und seine Führungsmannschaft auf jeder Hierarchiestufe Wertschätzung gegenüber den Mitarbeitern als internen Kunden vorleben. »Shadow of Leaders« beschreibt genau dieses Rollenmodell, das ein Top-Team durch individuelles oder Teamverhalten implizit in die Organisation gibt – im positiven oder negativen Sinne.

> Der Begriff »Shadow of Leaders« wird meist sehr unmittelbar gebraucht – und auf kleine Signale im Verhalten angewendet, die große Wirkung haben können. Das alltägliche Handeln der Führungskräfte als Rollenvorbilder zählt deutlich mehr als Worte. Es ist der Kompass, an dem sich Führungsmannschaft und Mitarbeiterschaft unweigerlich ausrichten.

Im positiven Sinne kann in Veränderungsphasen also das bewusst vorbildhafte Verhalten auf Top-Ebene zum stärksten Treiber für Transformation werden. Der CEO und sein Team müssten individuell und kollektiv erwünschte Einstellungen und Verhaltensmuster in der täglichen Arbeit vorleben, um Veränderungsbereitschaft in der Organisation zu erzeugen, so betonen die McKinsey-Partner Aiken und Keller.[89] Veränderung des Unternehmens beginne mit der Veränderung des individuellen Verhaltens im Team an der Spitze – so ihre einfache Forderung, die nur durch konsequente gemeinsame Reflexion im Team wirksam einzulösen sei. »Es ist unglaublich, wie konsequent unser CEO Alleingänge ohne crossfunktionale Abstimmung zurückweist und uns in die Zusammenarbeit mit Vertrieb und Kundenservice treibt. Er zeigt damit, dass er es ernst meint. Also mache ich dasselbe. Meine Mitarbeiter kommen mir seitdem nicht mehr mit unabgestimmten Scheinlösungen über die Schwelle.« Deutlicher als dieser Marketingchef eines anderen Klienten kann man die positive Wirkung eines im wahrsten Sinne des Wortes vorbildhaften Verhaltens durch die Manager an der Spitze nicht skizzieren. Wirksam führen heißt also immer auch, sich des eigenen Schattens bewusst zu sein und das tägliche Handeln mit dem erklärten Anspruch in Einklang zu bringen. Denn das Verhalten der Unternehmensspitze kann auch im negativen Sinne als Vorbild genommen werden.

Die unvermeidliche Vorbildrolle – im Guten wie im Schlechten

Dass die Werte, Einstellungen und Verhaltensmuster dominanter CEOs, die ihre Rolle über Jahre wahrnehmen, ganze Organisationen prägen, ist geradezu unvermeidlich. Manfred Kets de Vries bestätigt diese Erfahrung – und überzeichnet sie zugleich: »Neurotische Organisationen« seien immer ein Spiegelbild ihrer CEOs und Top-Teams.[90] In seiner gemeinsam mit Danny Miller verfassten Studie über dysfunktionale Organisationen sieht er den Ursprung der Fehlentwicklung in den überspitzt neurotischen Charakterzügen, die dominante Persönlichkeiten in ihrer Führung erkennen lassen. In der Tat seien, so Kets de Vries, gewisse leicht dysfunktionale neurotische Züge, wie beispielsweise Misstrauen, irrationale Ängste, Schüchternheit oder Depression, bei jedem Menschen, so auch bei Managern, alltäglich und normal. Würden diese neurotischen Züge aber dominieren und wirksames Führungshandeln einschränken, hätte dies unweigerlich Folgen für Strategie, Organisationsstruktur und Führungskultur. Hier ist das Phänomen »Shadow of Leaders« in gewisser Weise synonym mit der im Unternehmenskontext gerne verwendeten Redensart »Der Fisch stinkt vom Kopf«.

Im negativen Sinne kann das vorgelebte Verhalten der Manager im Team an der Spitze ebenso durchgreifend in der Organisation wirken. Die eigene Vorbildrolle bewusst wahrzunehmen, ist leichter gesagt als getan: Wir erleben in unserer Arbeit immer wieder, dass crossfunktionale Zusammenarbeit gepredigt wird, Mitglieder des Top-Teams aber erkennbar gegeneinander arbeiten und Abgrenzung suchen.

Im negativen Sinne kann das vorgelebte Verhalten der Manager im Team an der Spitze ebenso durchgreifend in der Organisation wirken. Die eigene Vorbildrolle bewusst wahrzunehmen, ist leichter gesagt als getan: Wir erleben in unserer Arbeit immer wieder, dass crossfunktionale Zusammenarbeit gepredigt wird, Mitglieder des Top-Teams aber erkennbar gegeneinander arbeiten und Abgrenzung suchen.

Im Kern geht es also um die Frage, ob Manager an der Spitze von Unternehmen die Fähigkeit entwickeln, emotional intelligent zu handeln. Die Idee der emotionalen Intelligenz, ein Begriff, der fälschlicherweise häufig auf Empathie reduziert wird, wurde spätestens mit Daniel Goleman zum Standardrepertoire für erfolgreiches Führungshandeln.[91] Wir verdichten die zahlreichen Dimensionen des Begriffs auf einen Kerninhalt, den wir auch am INSEAD Global Leadership Centre verwenden: Emotionale Intelligenz ist die Fähigkeit, die Ursachen und die Konsequenzen des eigenen Handelns und des Handelns anderer zu erkennen und zu verstehen.

Die Top-Manager der U-TECH AG geben dafür ein gutes Beispiel – im negativen Sinne. In konkreten Situationen hätten sie jeder für sich emotional intelligent handeln können: Hatte CEO Ebner sich jemals dafür interessiert, welche Wirkung es auf das Team haben könnte, dass er ständig bilaterale Entscheidungen mit Zimmermann hinter verschlossener Tür traf? Hatte sich Zimmermann gefragt, wie die anderen Mitglieder im Top-Team damit umgehen würden, dass er sich regelmäßig nach Vorstandssitzungen mit dem CFO Kramer zusammensetzte und Absprachen traf, die den Technikchef sichtbar zur Weißglut trieben? Hatte sich dieser Technikchef nie gefragt, was seine Führungskräfte dachten, wenn er sich lautstarke Wortgefechte im Top-Team lieferte, Entscheidungen offen für falsch erklärte und nicht in die Umsetzung gab? Hatte der Personalchef sich nie gefragt, welche Folgen es für das Top-Team und die Top 30 hatte, wenn er als graue Eminenz die unglückliche Dynamik noch anheizte, anstatt bei den ersten Zeichen dagegenzuhalten? Seine Position – gegen Ebner und Zimmermann – ließ er jeden wissen. Das war ihm wichtig – und auch das wirkte korrosiv auf die gesamte Organisation.

Stattdessen setzte das Führungsteam der U-TECH AG ein Signal, das wir gerade in konfliktreichen Phasen häufig beobachten: Es ließ eine Mitarbeiterbefragung durchführen, um Nähe zur eigenen Mannschaft zu demonstrieren und Stimmungen aus der Organisation aufzunehmen. Genau dieser Schritt aber machte es nur noch schlimmer. Denn das Team veröffentlichte die Befragungsergebnisse, die unter anderem der »Teamarbeit im Vorstand« ein »Mangelhaft« attestierten – und entschied, den Bericht wortwörtlich »in die Schublade« zu legen und zum Tagesgeschäft überzugehen. Deutlicher hätte die Unternehmensspitze ihren Mitarbeitern nicht signalisieren können, wie gering sie ihre Meinungen schätzten. Dies ist keineswegs ein Einzelfall. Der Organisationspsychologe Chris Argyris stellt den Nutzen von Mitarbeiterbefragungen – insbesondere, wenn es um die Veränderung von Verhalten geht – grundsätzlich infrage: Sie »geben nützliche Information über den Service der Cafeteria oder Parkmöglichkeiten – aber sie bringen Manager nicht dazu, ihr Verhalten zu reflektieren«.[92] Mitarbeiterbefragungen, die vermeintliche Fakten bewerten lassen, aber nicht nach Ursachen fragen, können als Ablenkungsmanöver eingesetzt werden: Der Vorstand befragt zwar seine Mitarbeiter und erfüllt so eine populäre Pflicht – aber er vermeidet zugleich die kritische Reflexion über das eigene Handeln.

Unbeabsichtigte Nebenwirkungen im Schatten des Top-Teams

Mit dem Begriff »Shadow of Leaders« gehen wir aber noch einen Schritt weiter: Uns geht es nicht nur um die direkte Vorbildwirkung des Top-Teams für Führungskräfte und Mitarbeiter.

Uns geht es auch um die indirekte Nebenwirkung des Top-Team-Verhaltens, also die unbeabsichtigten schädlichen Folgen, die die gesamte Organisation erfassen können. Und genau hier liegt die eigentliche Herausforderung: Denn unbeabsichtigte Schattenwirkungen – als Folge der Vorbildrolle des CEO und des Top-Teams – sind unvermeidlich, ob man es will oder nicht.

> Die indirekte Nebenwirkung des Top-Team-Verhaltens, also die unbeabsichtigten schädlichen Folgen, die die gesamte Organisation erfassen können, sind die eigentliche Herausforderung: Denn unbeabsichtigte Schattenwirkungen – als Folge der Vorbildrolle des CEO und des Top-Teams – sind unvermeidlich, ob man es will oder nicht.

Ein CEO wie Ebner, der zulässt, dass Entscheidungen erneut diskutiert oder unzureichend konkretisiert werden, darf sich nicht wundern, wenn die nächste Ebene Entscheidungen im eigenen (Bereichs-)Sinne auslegt oder die Umsetzungsdisziplin nachlässt. Ein Vorstand, der Null-Fehler-Toleranz zeigt, muss damit rechnen, dass seine Führungsmannschaft vor Risiko und Verantwortung zurückschreckt. Ein CFO, der Freude daran hat, in Business Reviews Zahlen bis in die x-te Kommastelle zu hinterfragen, kann sicher sein, dass er einzelne Teams in vorauseilenden Gehorsam und Absicherungsdenke treibt und damit lahmlegt.

In jedem Einzelfall bahnen sich Konsequenzen aus unproduktiven Top-Team-Dynamiken in die ganze Organisation: Das ist der eigentliche »lange, kalte Schatten der Top-Manager« – unbewusst, eigendynamisch, nicht vorhersagbar.

> In jedem Einzelfall bahnen sich Konsequenzen aus unproduktiven Top-Team-Dynamiken in die ganze Organisation: Das ist der eigentliche »lange, kalte Schatten der Top-Manager« – unbewusst, eigendynamisch, nicht vorhersagbar.

Es ist besonders die dynamische Komplexität in Unternehmen, die die negative Schattenwirkung des Top-Teams so unberechenbar macht. Wichtigstes Merkmal komplexer menschlicher Systeme wie etwa Unternehmen sei nun einmal, dass Ursache und Wirkung räumlich und zeitlich keineswegs eng beieinander lägen, argumentiert Peter Senge, Wegbereiter der »Lernenden Organisation«: »Es herrscht ein fundamentales Missverhältnis zwischen dem Wesen der Realität in komplexen Systemen und der Art und Weise, wie wir über diese Realität denken.«[93] Die Ursachen für Konflikte in Unternehmen seien also, so schlussfolgert Senge, allein in uns selbst zu suchen. Führungskräfte und Mitarbeiter interpretieren das vorgelebte Verhalten auf individuelle Weise und integrieren die direkten oder indirekten Führungsimpulse optimal in ihre Arbeitsroutinen. Gerade eine negative Vorbildrolle der Manager im Top-Team kann damit exponentiell destruktive Folgen in der Organisation haben, wie das Beispiel der U-TECH AG zeigt.

Die Reaktionen der Top 30 als Brandbeschleuniger

Die negative Vorbildrolle von Ebners Top-Team hatte eine schwer vorhersehbare, aber durchschlagene Wirkung auf der nächsten Führungsebene. Die Top 30 der U-TECH AG reagierten auf die Dysfunktionen in ihrem Vorstand auf ganz eigene Weise. Sie taten das, was ihre besondere Stärke als Führungsmannschaft eines ausgegründeten Unternehmens war: Sie ergriffen die Initiative – und das jeder für sich.

In dem Versuch, mit der Situation umzugehen, zeigten die Top 30 vier Reaktionen, die die Dysfunktionen in der Gesamtorganisation weiter befeuerten:

> Die Top 30 der U-TECH AG reagierten auf die Dysfunktionen in ihrem Vorstand auf ganz eigene Weise. Sie taten das, was ihre besondere Stärke als Führungsmannschaft eines ausgegründeten Unternehmens war: Sie ergriffen die Initiative – und das jeder für sich.

1. Silomentalität Jeder interpretierte die Entscheidungen, die es im Vorstand gab, in seinem Sinne und stärkte dadurch die Silomentalität: »Uns bleibt doch nichts anderes übrig, als uns selbst zu helfen. Das ist praktischer und kostet weniger Zeit als diese elenden Abstimmungsschleifen«, das war die stillschweigende Übereinkunft der Top 30.

2. Offene Schuldzuweisungen Jeder legitimierte sein Verhalten durch offene Anklagen, Schuldzuweisungen und Geheimhaltung gegenüber anderen: »Keiner traut sich mehr, offen zu sprechen – jeder hat doch Angst, dass irgendwer es einem später heimzahlt. Da geht man null Risiko ein, sondern bleibt auf der sicheren Seite«, erklärte einer der Top 30. Eine Kultur des Misstrauens breitete sich so unaufhaltsam wie ein Krebsgeschwür in der gesamten Organisation aus.

3. Opportunistischer Aktionismus Jeder trieb opportunistisch seine Themen im eigenen Einflussbereich voran und versuchte, sich entsprechend Budgets zu sichern, ohne die Folgen für andere einzubeziehen: »Wir kennen keinen Blick mehr fürs große Ganze – das ist pure Anarchie: Jeder läuft mit der eigenen Einkaufsliste rum und macht einfach, was er will«, sagte eine Führungskraft.

4. Mangelnde Umsetzungsdisziplin Jeder übernahm nur Verantwortung für die eigene »Insel«, ohne Gesamtverantwortung anzunehmen und die Umsetzung zu sichern: »Wir sind doch noch nie gut darin gewesen, diszipliniert umzusetzen und Konsequenzen zu ziehen. Das ist unsere Kultur. Also erreichen wir weniger, als wenn wir am selben Strang ziehen würden. Wir verlangsamen unsere Innovationskraft.« So ehrlich und reflektiert die Selbsteinschätzung mancher der Top 30 in unseren Gesprächen ausfiel, so sehr lief doch ihr Handeln im Alltag dieser Einsicht zuwider.

Es ist keine Frage: Die zugrundeliegende »Can-do«-Mentalität, unter positiven Bedingungen ein Garant für Innovationskraft und Schnelligkeit, entfaltete in dieser Situation eine destruktive Kraft.

Die dynamische »Can-do«-Kultur wirkte unter der negativen Vorbildrolle des Vorstands wie ein Brandbeschleuniger: Eigeninitiative und »Macher«-Gen galten als größte Stärken, übergreifende Verantwortung und Disziplin als größte Schwächen.

Die Reaktion der Top 30 im Schatten des Top-Teams – in Rückbesinnung auf ihre in-

> Die dynamische »Can-do«-Kultur wirkte unter der negativen Vorbildrolle des Vorstands wie ein Brandbeschleuniger: Eigeninitiative und »Macher«-Gen als größte Stärken, übergreifende Verantwortung und Disziplin als größte Schwächen.

dividuellen Stärken – trieb den destruktiven Teufelskreis zusätzlich an. Führungskräfte und Mitarbeiter hatten sich in der Dysfunktionalität eingerichtet und daran angepasst. Kleine Reaktionen hatten große Folgen und trugen in der U-TECH AG zu einem, wie Peter Senge es nennt, destruktiven Verstärkungskreis (»Doom Loop«) bei. Jede kleine Aktion wird zum Schneeball, »baut auf sich selbst auf […] und erzeugt eine noch stärkere Bewegung in dieselbe Richtung«.[94] Letztendlich trugen alle Beteiligten – Ebner, die anderen Top-Team-Mitglieder und jeder der Top 30 – zu der komplexen destruktiven Eigendynamik bei. Die Suche nach Sündenböcken ist also keine Option. Und dennoch hat das Top-Team mit seiner Vorbildrolle sicherlich den wirksamsten Hebel zur Hand, um diesen Teufelskreis zu durchbrechen.

Die Dynamik im Top-Team als Ursache des »Doom Loop«

Auch die destruktive Eigendynamik im Top-Team der U-TECH AG fing im Kleinen an. Eigentlich hätte Ebner gewarnt sein müssen. Die Übernahme des gut laufenden Geschäfts war angesichts des schrumpfenden Markts und der Forderungen des Mutterkonzerns ohnehin schon eine Herausforderung. Aber neben der fachlichen Aufgabe stellte sich die Frage, wie er die ehemaligen Konkurrenten um seinen Vorstandsposten auf Linie halten würde. Seine Stärke war die Arbeit mit Zahlen, er hatte nie gelernt, mit zwischenmenschlichen Konflikten umzugehen. Seine langjährige Auslandserfahrung bei einem internationalen IT-Konzern in Südostasien hatte ihn im Vermeiden offener Konflikte noch bestärkt: Jedem gerecht werden, keinen das Gesicht verlieren lassen, zwischen unterschiedlichen Personen vermitteln – das war sein Weg. Als CEO verstand er sich eher als Moderator zwischen starken Vorstandsmitgliedern, versuchte auszugleichen, anstatt klare Grenzen zu setzen und Disziplin einzufordern.

Ebners Sensibilität im Umgang mit anderen hätte sich auch durchaus positiv in seiner Rolle als CEO der U-TECH AG auswirken können. Aber genau das wurde ihm als Schwäche ausgelegt, ohne dass er es wusste. Es ist diese Ko-Kreation von Realität durch alle Beteiligten, die den Ursprung der Negativspirale im Top-Team bildete.

Die Negativspirale hatte ihren Ursprung in der »Set-up-to-Fail«-Dynamik gegenseitiger Fehlwahrnehmungen, wie Jean-François Manzoni es nennt.[95] Jeder sucht unwillkürlich nach Bestätigung der eigenen Wahrnehmung – anstatt mit distanziertem Blick seine Sicht zu hinterfragen und den eigenen Beitrag zu erkennen. In dem Kapitel »Den inneren Dialog verstehen«, wie rasch auch Manager die eigene Wahrnehmung für die Realität halten können – und damit der »Teufelskreis des Versagens« Fahrt aufnimmt.

So könnte auch der Teufelskreis in der U-TECH AG entstanden sein, mit seinen weitreichenden Folgen. »Wie kann man nur Ebner auf diesen Posten setzen?«, fragten sich die Mitglieder seines Top-Teams und versuchten, im bilateralen Gespräch mit ihm zu punkten. Zimmermann wollte das Verhalten von Ebner nur allzu gern als Überforderung auslegen. »Warum greift Ebner nicht durch? Die Rolle des CEO kann eben nicht jeder ausfüllen«, sagte der einstige Konkurrent um den Posten ganz offen, nahm Ebner regelmäßig zur Seite, um mit ihm die wichtigsten Geschäftsthemen durchzusprechen – und bestätigte Ebner in seiner selbst empfundenen Schwäche. Denn bei Ebner übernahm ganz offensichtlich der »innere Dialog« in seinem Kopf die Regie, und er schien sich zu fragen: »Habe ich zu Recht den CEO-Posten erhalten, waren Zimmermann oder Kramer nicht mindestens genauso geeignet?« In dieser Befangenheit nahm Ebner jedes Gegenargument als persönliche Kritik wahr – und ließ auch nach außen Selbstzweifel erkennen: »Die Kollegen stellen doch ganz offensichtlich meine Eignung als CEO infrage, oder?« Ebner wurde vorsichtig, zaghaft, wollte den anderen gefallen. Um der Kritik auszuweichen versuchte er, die Firma kollegial, ohne harten Durchgriff zu führen. Er hatte für sich entschieden: Führen durch Ansage, den offenen Konflikt zu suchen, sei jetzt die falsche Antwort.

> Ebners Sensibilität im Umgang mit anderen hätte sich auch durchaus positiv in seiner Rolle als CEO der U-TECH AG auswirken können. Aber genau das wurde ihm als Schwäche ausgelegt, ohne dass er es wusste. Es ist diese Ko-Kreation von Realität durch alle Beteiligten, die den Ursprung der Negativspirale im Top-Team bildete.

Das Beispiel des Top-Teams der U-TECH AG: Die Lücke zwischen Absicht und Wirkung

Die Verhaltensmuster und Absichten des CEO	Die Wirkung bei den Mitgliedern im Top-Team
»Ich überprüfe im Zweifel die Entscheidungen nochmals – und passe mich damit pragmatisch an die Situation an.«	»Er weiß nicht, was er will – das ist keine klare Führung, sondern erratisch und unentschlossen.«
»Ich wertschätze die Vorstandskollegen auf Augenhöhe – und will sie nicht übergehen.«	»Er scheut die offene Aussprache und Kritik – er ist zu schwach für diese Führungsaufgabe.«
»Ich gestehe jedem eine zweite Chance zu – und fälle nicht voreilig ein endgültiges Urteil.«	»Er lässt alles durchgehen und zieht keinerlei Konsequenzen – das ist Führung ohne Rückgrat.«

Auch wenn das Führungshandeln Ebners angesichts der Situation sicherlich kritisch hinterfragt werden kann: Seine erklärte Absicht und die Wirkung seines Verhaltens bei den Mitgliedern im Top-Team – das ist die einfache, aber bittere Erkenntnis – unterschieden sich grundsätzlich voneinander. Die Abbildung »Das Beispiel des Top-Teams der U-TECH AG: Die Lücke zwischen Absicht und Wirkung« illustriert dieses Dilemma an drei Beispielen.

Ein Neuanfang mit Lehren aus der Vergangenheit

Am Ende hatte es nicht gereicht. Dafür hatten die Top-Manager der U-TECH AG zu nachhaltig das Vertrauen untereinander und ihre Glaubwürdigkeit gegenüber den Top 30 zerstört. Das Feedback der Top 30 und das Verhalten der Manager im Team-Offsite, zu dem Ebner sich nach langer Zeit durchgerungen hatte, bestätigten dies nur noch mehr.

Das destruktive Verhalten mit sichtbaren Folgen für die Handlungsfähigkeit des Vorstands und damit das Geschäftsergebnis war auch der Unternehmensspitze des internationalen Mutterkonzerns nicht verborgen geblieben. Der Konzernvorstand setzte zweieinhalb Jahre nach Ebners Amtsantritt einen neuen Mann auf den Chefposten. Als Nachfolger von Ebner erneuerte er die Hälfte des Vorstands und warb Top-Manager aus dem Konzernverbund und der Marktkonkurrenz an. Der CEO setzte bei den Erfahrungen der letzten Monate an – und machte sich mit seinem neuen Team in einem Offsite und nachfolgend in einem

Den eigenen Schatten sehen: Verhaltensmuster im Top-Team

Zeichen des Misslingens	Zeichen des Gelingens
Mitglieder des Top-Teams sind durch Konflikte und Dynamik im Team absorbiert.	Mitglieder des Top-Teams leben wirksame Zusammenarbeit sichtbar vor und fordern sie ein.
Mitglieder des Top-Teams beschäftigen sich jeweils nur mit sich selbst und ihrer Rolle.	Mitglieder des Top-Teams haben auch die Gesamtverantwortung für das Unternehmen im Blick.
Mitglieder des Top-Teams suchen die maximale Positionierung ihres Bereichs.	Mitglieder des Top-Teams arbeiten konsequent an crossfunktionalen Lösungen zum Gesamtnutzen.
Mitglieder des Top-Teams handeln in engem Aktionsradius und meiden den Kontakt zu den nächsten Ebenen.	Mitglieder des Top-Teams suchen die Ursachen für unwirksame Verhaltensmuster auf den nächsten Ebenen auch bei sich.
Mitglieder des Top-Teams verharmlosen oder ignorieren Feedback von Führungskräften oder Ergebnisse von Mitarbeiterbefragungen.	Mitglieder des Top-Teams arbeiten systematisch und sichtbar mit dem Feedback ihrer Führungsmannschaft und ihrer Mitarbeiter.

Top-30-Offsite konsequent an die Aufarbeitung. Denn eines war klar: Jedes einzelne Mitglied der erweiterten Führungsmannschaft hatte seinen Beitrag zu der unproduktiven Dynamik geleistet. Das zu erkennen und die Lehren aus der Vergangenheit zu ziehen, war Ziel der Offsites. Die gemeinsame offene Reflexion der Verhaltensmuster führte jedem die Vorbildrolle für wirksame Führung und Zusammenarbeit vor Augen und setzte ein geeignetes Signal für den Neuanfang.

Das Verhalten der Manager im Top-Team kann ganze Organisationen in dysfunktionales Verhalten abgleiten lassen. In der Abbildung »Den eigenen Schatten sehen: Verhaltensmuster im Top-Team« haben wir sichtbare Zeichen des Misslingens und des Gelingens für die Wahrnehmung des eigenen Schattens zusammengefasst.

Fall 2: Der CFO der WFinCor löst Abwehrreaktionen aus

Die Schattenwirkung der Manager an der Unternehmensspitze mit ihrer unvorhersehbaren Eigendynamik lässt sich in einer Vielzahl von Varianten beobachten. Das Top-Team der U-TECH AG illustriert mit der Dynamik »Jeder für sich« eine Variante, die durch die »Can-do«-Kultur zusätzlich beschleunigt wird. Aber auch das Gegenmodell »Einer für alle! Alle für einen?« gibt es, beispielsweise in einer stark hierarchischen Kultur. Und es gibt in diesem Fall ebenso erstaunliche Folgen. Was wir als »langen, kalten Schatten der Top-Manager« bezeichnen, fängt manchmal ganz harmlos an. Es muss nicht offene Konfliktvermeidung sein. Auch wenn sich Manager an der Unternehmensspitze in die Details wagen und Mikromanagement betreiben, kann das eine ganze Organisation in dysfunktionale Verhaltensmuster treiben.

»Da ist ein Vakuum, da muss ich rein. Ich weiß, das ist nicht gut, aber was soll ich denn machen, ich kann das nicht einfach so treiben lassen.« Kanter, CFO der WFinCor, einem führenden europäischen Finanzdienstleister, rang mit sich. Das Bild, das die Leiter der Geschäftsbereiche von ihm skizziert hatten, übertraf seine Befürchtungen. Er wusste um seinen Einfluss im Konzern und wollte nach drei Jahren in dieser Rolle eine ehrliche Bestandsaufnahme, wie er durch seine Zusammenarbeit im Vorstand und seine Führungsarbeit in der Organisation wirkte. Dafür hatte Kanter die Vorstandsmitglieder und ausgewählte Vertreter der nächsten Führungsebene um offenes Feedback gebeten. Und genau das gaben sie. Er versuchte, die Ergebnisse herunterzuspielen: »Alles bestens, nur die Bemerkungen am Schluss sind ein bisschen unangenehm. Aber sie haben ja recht.« Obwohl Kanter eine sehr seltene ausgewogene Kombination von Manager- und Leadershipfähigkeiten besaß – im Konkreten lösungsorientiert und zugleich visionär mitreißend –, gewann immer wieder seine, wie er sagte, »Controllerseele« die Oberhand. Das gebündelte Feedback traf ihn unvorbereitet. Er hatte doch immer nur den Erfolg gewollt: Er hatte die regelmäßigen Business Reviews nutzen wollen, um die Top-Team-Mitglieder mitzuziehen, herauszufordern, anzustacheln, gemeinsam zu Top-Leistungen zu kommen. Er hatte nachgefragt bis ins Detail, wusste es in den Bereichen, die er gut kannte, auch manchmal besser als die verantwortlichen Manager. Er wollte im Vorstandsteam gemeinsam um die beste Lösung ringen. Das war sein Verständnis von Zusammenarbeit.

Doch er erreichte das Gegenteil: Je stärker der CFO in das von ihm wahrgenommene Vakuum vorstieß, umso ohnmächtiger fühlten sich die anderen Top-Manager, sie agierten zögerlich und distanzierten sich – eine Reaktion, die den CFO nur bestätigte. Kanter war in ein klassisches Dilemma geraten. Er war von sich ausgegangen, hatte seinen Schatten nicht gesehen.

Und ja, es schwang auch Misstrauen mit. Kanter sagte es nicht, aber er dachte es sich. »Waren die anderen Vorstandsmitglieder nicht zu passiv, nutzen sie wirklich jede Optimierungschance, übersehen sie nicht doch das eine oder andere Potenzial zur Kostenreduktion und zum Wachstum?«, fragte er sich. In seinem täglichen Handeln kam genau das zum Aus-

> Je stärker der CFO in das von ihm wahrgenommene Vakuum vorstieß, umso ohnmächtiger fühlten sich die anderen Top-Manager, sie agierten zögerlich und distanzierten sich – eine Reaktion, die den CFO nur bestätigte. Kanter war in ein klassisches Dilemma geraten. Er war von sich ausgegangen, hatte seinen Schatten nicht gesehen.

druck, was er eigentlich, bewusst oder unbewusst, meinte: Sein permanentes Fordern und Herausfordern der Top-Manager im Vorstand als auffälligstes Verhaltensmuster spiegelte ein tiefes Ur-Misstrauen wider. Die Folgen von Kanters Verhalten bei den Vorstandskollegen waren eindeutig. »Ich mache das nicht mehr, ich rede nicht mehr offen mit ihm. Vor Kanter kann man keine Probleme zugeben, denn er nutzt das einfach aus«, sagte ein Vorstandsmitglied. Und ein anderer gab zu bedenken: »Er erlaubt keine Fehler und vertraut keinem außer sich selbst. Mit seinem zentralen Steuerungsanspruch erdrückt er uns.« Statt die Zusammenarbeit und Leistungsfähigkeit des Vorstands im gemeinsamen Ringen zu stärken, hatte er Misstrauen und Distanz erzeugt. Das Erstaunliche war, wie weit die ehrliche Absicht und die negative Wirkung bei den Mitgliedern des Top-Teams auseinanderdrifteten – und dass Kanter dies nicht erkannte.

Das Mikromanagement des CFO mit unerwarteten Folgen

Denn Kanters fordernde Haltung, die Neigung, Dinge bis ins kleinste Detail zu hinterfragen, warf auch auf die weiteren Führungsebenen einen negativen Schatten. Neben den Business Reviews war die Planung der zweite große Hebel für seine Einflussnahme in der Organisation. Er hatte sich zum Ziel gesetzt, dem Finanzmarkt durch eine möglichst detailgenaue Planung tragfähige Aussagen über künftige Ergebnisse zu liefern. Bekannt als starker Teamentwickler hatte er sein eigenes CFO-Team – in der Organisation gern als »Prätorianergarde Kanters« bezeichnet – mit Top-Performern besetzt, es zusammengeschweißt und auf den Planungsprozess eingeschworen. »Die Finanzer handeln extrem geschlossen und treiben eine überforderte Organisation vor sich her«, war eines der Statements, wie man sie aus den anderen Geschäftsbereichen häufiger hörte – mit einer Mischung aus Bewunderung und Ohnmacht. Auch hier hinterließ Kanters Bedürfnis nach Mikromanagement tiefere Spuren, unbeabsichtigte Nebeneffekte seines Führungshandelns, derer er sich nicht bewusst war. Er hatte den Planungsprozess von seinem Vorgänger übernommen und fest im Griff, so dachte er.

Eine möglichst genaue Planung konnte für alle nur von Vorteil sein. Musste man nicht so denken?

Doch die Geschäftsbereiche, vom Vorstand bis in die nächsten Führungsebenen, hatten schnell gelernt: Nachdem sie in einem »riesigen Planungsprozess mit aberwitziger Granularität über Monate« gearbeitet hatten, entschied der Vorstand durch den Druck des CFO, die Planungswerte nochmals substanziell nach oben zu drücken, getreu dem Motto: »Da muss noch mehr gehen.« Dieser Umgang mit Planung, das stand für die Manager der Geschäftsbereiche fest, war »ein Prozess gewordenes Misstrauensvotum gegenüber den Marktverantwortlichen«. Und dennoch machten sie trotz der »unfassbaren Energieverschwendung« bei den »rituellen Kämpfen von Januar bis Dezember« mit.

Als Führungskräfte einer stark hierarchisch agierenden Organisation fügten sie sich der Order von oben, definierten aber ihre eigene Lesart und nutzen ihre Spielräume. Die Vorstandsmitglieder und die Manager der Business Units hatten ihre Lektion gelernt und passten sich an.

»Nach dem dritten Jahr hat auch der letzte das Spiel durchschaut und macht mit – jeder legt sich Puffer an, alles andere wäre doch naiv«, verriet eine Führungskraft. »Der Prozess zwingt uns Business Units zum Tarnen und Täuschen. Jeder wird zum Lügen genötigt, das ist Misstrauen und ein Gegeneinander«, sagte ein anderer Vertreter der Top 100. Kanter und sein Team hatten diese Folgen nicht einkalkuliert. Sie hatten sich auf das konzentriert, was sie für ihre Arbeit brauchten, ohne darüber nachzudenken, welche schädliche Eigendynamik sie auslösten. Die Absicht Kanters war detailgenaue Planung und damit Sicherheit für alle Beteiligten. Die Konsequenzen aber, die sich im Schatten seines Mikromanagements herauskristallisierten, waren andere: Scheingenauigkeit und Misstrauen.

Die unbeabsichtigten Nebenwirkungen im Falle Kanters wogen umso schwerer, als er sich zur Aufgabe gesetzt hatte, den Finanzbereich neu im Unternehmen zu positionieren: von der klassischen Finanzer-rolle zu einer echten Businesspartnerrolle für die Geschäftsbereiche. Seine Finanzer sollten sich also von einer Steuerung des Geschäfts auf Basis von Kennzahlen hin zur Förderung unternehmerischen Handelns im Dialog mit der Fachseite entwickeln. Doch Kanters eigener Schatten – sein Mikromanagement und sein persönliches Misstrauen – erschwerte es den Mitarbeitern der Geschäftsbereiche, die Finanzer als echte Part-ner zu akzeptieren. Was Kanter nicht bedacht hatte: Nur wenn einem selbst der eigene Schatten bewusst ist und das Verhalten mit den An-kündigungen übereinstimmt, ist Veränderung in Unternehmen glaub-haft und möglich.

Exkurs:
Ex-Berater im Top-Team unterschätzen ihren Schatten

Wir dürfen das. Als ehemalige Berater dürfen wir über die »Déformation profession-nelle« bei Beratern sprechen. Wir haben es bereits an uns selbst beobachtet – und wir beobachten immer wieder bestimmte Verhaltensmuster bei unseren Klienten. Es ist leicht nachzuvollziehen: Wenn ein Berater auf Direktorenebene nach zehn bis 15 Jahren in den Vorstand oder die Geschäftsführung eines Unternehmens wechselt, bringt er aus der Erfahrung spezifische Verhaltensmuster mit, die sich für seinen bisherigen Werdegang als äußerst hilfreich erwiesen haben: brillante Analytik, schnell das Problem erkennen, direkt zur Sache kommen, Klartext spre-chen, sich bewusst abgrenzen von anderen Lösungen, hochmotivierte Task-Force-Teams zu Ergebnissen bringen. Wechselt dieser Berater aber in den traditionellen Unternehmenskontext, so zeigen dieselben Verhaltensmuster oft negative Ne-benwirkungen – im Vorstandsteam, im eigenen Bereichsteam, in der gesamten Organisation wird der Schatten des gelernten Beraters oft zum Problem.

Die Ursachen liegen auch hier in dem oben skizzierten Dreiklang: die persön-liche Wahrnehmung für die Realität halten, die eigene Schattenwirkung ausblen-den und negative Eigendynamiken unterschätzen. Und seien wir ehrlich: Sowohl die (Vor-)Urteile von Beratern gegenüber der Unternehmenswelt als auch die (Vor-)Urteile von Nicht-Beratern im Vorstand gegenüber diesem Berufsstand tragen ganz natürlich zu systematischen Wahrnehmungsfehlern auf beiden Seiten bei. Welche Schatten, unbeabsichtigten Nebenwirkungen sind bei ehemaligen Beratern auf Vorstandsebene also immer wieder zu beobachten?

Beispiel 1: Ex-Berater und ihr Schatten im Top-Team

»Er beschwört das Bild eines Großbrands herauf, um als Phoenix aus der Asche zu steigen«, beschrieb ein Vorstandsmitglied in unserem Interview seine Sicht auf den neuen Marketingvorstand. Der Marketingchef, ein Ex-Berater, hatte seine Kollegen im Vorstand um ehrliche Rückmeldungen gebeten, um seine Zusammenarbeit bereichsübergreifend zu verbessern. Manches hatte er erwartet, anderes hatte ihn in unserer Besprechung des schriftlich aufbereiteten, anonymisierten Feedbacks überrascht. Das Fazit eines seiner Kollegen war deutlich: »Alles, was Vergangenheit war, macht er schlecht. Das ist nicht fair, schlimmer noch – da wird man zum Schuldigen gemacht, obwohl auch er keine durchschlagend neuen Ideen hat.« Kritische Punkte direkt ansprechen, den Finger in die Wunde legen, Verbesserungspotenziale erkennen – das waren seine anerkannten Stärken. »Ist die Situation wirklich so schlecht – oder will er die Situation schlecht reden, um sich und seine Lösung besser darzustellen?«, das fragte sich ein anderes Top-Team-Mitglied. Das Letztere jedenfalls kam an – und auch andere Verhaltensmuster deuteten in dieselbe Richtung: »Er ist sehr unidirektional, versucht, durch mehr Reden zu überzeugen, und sucht auffällig die Nähe zum CEO. Das ist irgendwann auch eine Frage des Respekts gegenüber uns Kollegen.« Das würden sie sich nicht lange bieten lassen. Beim nächsten Mal, so viel stellten er und die anderen Manager klar, würden sie den Neuling kräftig rannehmen und für harten Gegenwind sorgen.

Um dies deutlich zu sagen: Ehemalige Berater haben den unermesslichen Vorteil, mit der Brille des Externen »Fehler im System« zu erkennen, bevor sie im natürlichen Lauf der Zeit selbst zum »Teil des Problems« werden. Fehler zu erkennen und einen Blick auf Defizite zu haben ist die »Währung« der Berater, ihre Stärke und Daseinsberechtigung. Aber sie nutzen häufig auch an der Unternehmensspitze die schnelle kurzfristige Positionierung, ohne die langfristige Wirkung abzuschätzen. Diese pointierte externe Sicht löst im Top-Team ganz automatisch Abwehrreaktionen bei denjenigen aus, die das System gebaut haben. Die Abbil-

Ex-Berater und ihr Schatten im Top-Team:
No-Gos

Ehemalige Berater könnten von Beginn an um vieles wirksamer sein,
würden sie sich ihren Schatten, ihre Verhaltensmuster und deren Folgen
im Top-Team, die wir immer wieder beobachten, bewusst machen:

- Defizite der Vergangenheit überbetonen;
- früh Erfolge für sich beanspruchen;
- meinungsstark und dominant auftreten;
- selektiv mit den Stärksten verbünden.

dung »Ex-Berater und ihr Schatten im Top-Team: No-Gos« zeigt die vier wichtigsten Verhaltensmuster, die sich negativ auf konstruktive Zusammenarbeit auswirken und die es zu vermeiden gilt.

Beispiel 2: Ex-Berater und ihr Schatten im eigenen Bereichsteam

»Er nutzt das Team als Beraterpool und sucht für jedes Problem ad hoc die richtigen drei bis vier Leute zusammen. Das Modell Captain's Dinner ist auf Dauer zu
kurz gedacht«, sagte eine Führungskraft über den neuen Boss, den IT-Vorstand
eines börsennotierten Dienstleistungsunternehmens. Erst nach über einem Jahr
in neuer Position hatte sich der IT-Chef zu einem Workshop mit seinem Team
entschlossen. Er wollte vorbereitet sein. Auch deshalb hatte er sein Führungsteam
im Vorfeld um anonymisiertes, persönliches Feedback gebeten. Er war unsicher,
wie sein Führungshandeln auf seine Direct Reports wirkte. Es war für ihn unbe-
kanntes Terrain. Die Beziehungsebene systematisch auszublenden, ist im Beratungsunternehmen mit ausschließlich hoch motivierten Einzelkämpfern und gemeinsamer Problemlösung auf Zeit die Normalität: »Ein Problem, drei Mann, drei
Monate« – das ist der übliche Arbeitsmodus.

Was aber bedeutet das in einer Organisation unter Normalbedingungen, mit gemischt motivierten Teams, langfristigen Arbeitsbeziehungen, im Langstreckenlauf statt im Sprint? »Er hat keine Antenne dafür, wie er die Organisation als Ganzes nutzen kann«, sagte ein Mitglied des IT-Teams, »und, ehrlich gesagt, will er das wohl auch nicht.« Die Entourage von Ex-Beratern, die er zusätzlich von außen holt und um sich schart, spreche doch für sich, oder nicht? »Zeigt das nicht ganz deutlich, was der Chef von uns und der Organisation wirklich hält?«, reagierte ein anderer Top-Manager irritiert. Wertschätzung sähe anders aus – und motivierend wirke dies auch nicht gerade. Erst einmal abwarten, dies war das Fazit.

Es ist sicher nicht leicht, von den Bedingungen einer internationalen Beratung auf den Arbeitsalltag im Unternehmen umzuschwenken. Was sind die Risiken, wenn dieser Schritt nicht bewusst gegangen wird?

Wir beobachten oft, dass Berater ihre gewohnte Umgebung quasi in das neue Umfeld einpflanzen – ob durch externe Beraterteams, durch einen kleinen internen Kreis von Vertrauten, der wie eine mobile Einsatztruppe genutzt wird, oder durch die Konzentration auf Sachthemen. Die Beziehungsebene, aus unserer Sicht der wichtigste Hebel für Wirksamkeit im Vorstand und im eigenen Bereichsteam, wird zwar auch von Ex-Beratern – theoretisch – als wichtig angesehen. Praktisch

Ex-Berater und ihr Schatten im eigenen Bereichsteam: No-Gos

Auch in der Führung des eigenen Bereichsteams beobachten wir regelmäßig Verhaltensmuster, die die wirksame Zusammenarbeit im Team einschränken:

- sternförmige Führung statt Teampotenzial nutzen;
- Direct Reports als Task Force einsetzen;
- Beziehungsebene systematisch unterschätzen;
- Berater-Entourage um sich scharen.

aber vernachlässigen sie diese Ebene zu häufig und versuchen, Probleme immer erst auf der Sachebene zulösen.

Beispiel 3: Ex-Berater und ihr Schatten in die Organisation

»Da frage ich mich doch, wo die Loyalitäten liegen. Er baut sein eigenes Haus mit Mauern drumherum und polarisiert gegen andere Bereiche mit größter Freude« – in einem »Onboarding«-Check für den neuen Vertriebsvorstand, sechs Monate nach Amtsantritt, waren die Beobachtungen der Vorstandsmitglieder eindeutig. Der neue Vertriebschef hatte von uns wissen wollen, wie wirksam er im neuen Umfeld wirklich war: Was wurde als Stärken, was als Handlungsfelder in der Führungsarbeit gesehen? Darum ging es in unseren Interviews, deren Ergebnisse wir gemeinsam mit ihm reflektierten. Und die Top-Manager hatten bereitwillig Auskunft gegeben. Einer formulierte es so: »Er bringt den ganzen Laden gegen sich auf, weil er seinen eigenen Clan schützt, und infiziert die gesamte Nachbarschaft.« Abgrenzung zu anderen Bereichen, gerade bei ehemaligen Externen, ist auf jeder Führungsebene ein beliebtes und wirksames Mittel, um die eigene Mannschaft

Ex-Berater und ihr Schatten in die Organisation: No-Gos

Als Verhaltensmuster mit weitreichenden unbeabsichtigten Nebenwirkungen in der Organisation beobachten wir immer wieder:

- Bereichsidentität durch Abgrenzung schaffen;
- eigene Mannschaft nach außen abschirmen;
- Teammitglieder mit hohen Ansprüchen überfordern;
- crossfunktionale Kooperationsbereitschaft überschätzen.

schnell auf gemeinsame Linie zu bringen und zusammenzuschweißen. Aber was sind die Kosten im Top-Team und in der Organisation?

Andere herausfordern und die eigene Mannschaft auch gegen berechtigte Kritik in einer Art Generalamnestie in Schutz nehmen – das war aus Sicht der anderen Manager Identitätsbildung, die der neue Vertriebsvorstand auf Kosten der cross-funktionalen Zusammenarbeit pflegte. Bereichsübergreifende Abstimmungsprozesse und Entscheidungsfindung verschlechterten sich – mit der Folge, dass Eskalationen von den unteren Führungsebenen in den Vorstand zunahmen. Die Top-Team-Mitglieder reagierten genervt und schalteten auf Widerstand.

Gerade Ex-Berater im Top-Team unterliegen immer wieder der Versuchung, den diffusen (Vor-)Urteilen auf den nächsten Führungsebenen so rasch wie möglich zu begegnen und ihre Führungsfähigkeit unter Beweis zu stellen. Neupositionierung und Rollenveränderung des eigenen Bereichs sind dabei ein bewährtes Mittel, um die neue Mannschaft schnell an sich zu binden. Sie schaffen eine Organisation in der Organisation. Sicher, jede neue Führungskraft erfindet die Welt erst einmal neu, um sich zu legitimieren. Das ist nicht beraterspezifisch. Besonders Ex-Berater aber überschätzen die realen Fähigkeiten (»Skill«) und die Bereitschaft (»Will«) der Organisation, den hoch gesetzten Ambitionen gerecht zu werden. Die Abbildung »Ex-Berater und ihr Schatten in die Organisation: No-Gos« zeigt die vier wichtigsten Verhaltensweisen, die sich negativ auf konstruktive Zusammenarbeit auswirken und die es zu vermeiden gilt.

* * *

Trotz der unterschiedlichen Ausgangssituationen, die Top-Manager der U-TECH AG, der WFinCor und die Ex-Berater haben eines gemeinsam: Sie alle haben die Herausforderung verkannt, die Führung an der Unternehmensspitze mit sich bringt – die unvermeidliche Vorbildrolle für die gesamte Organisation. Top-Manager an der Unternehmensspitze müssen nicht nur produktive Verhaltensmuster vorleben, sondern auch unerwünschte Auswirkungen des eigenen Handelns konsequent im Auge behalten.

Die eigene Vorbildrolle bewusst wahrzunehmen, ist dabei leichter ge-

Trotz der unterschiedlichen Ausgangssituationen, die Top-Manager der U-TECH AG, der WFinCor und die Ex-Berater haben eines gemeinsam: Sie alle haben die Herausforderung verkannt, die Führung an der Unternehmensspitze mit sich bringt – die unvermeidliche Vorbildrolle für die gesamte Organisation. Top-Manager an der Unternehmensspitze müssen nicht nur produktive Verhaltensmuster vorleben, sondern auch unerwünschte Auswirkungen des eigenen Handelns konsequent im Auge behalten.

sagt als getan: Denn *erstens* sind es die alltäglichen kleinen Signale im Verhalten, die große Wirkung haben können. Und *zweitens* bahnen sich Konsequenzen und unbeabsichtigte Nebenwirkungen aus Top-Team-Dysfunktionen ihren Weg in die gesamte Organisation – eigendynamisch und nicht vorhersagbar.

Wirksame Führung an der Unternehmensspitze kann deshalb nur eine kollektive Disziplin sein: Top-Manager müssen im Team erwünschtes Verhalten vorleben, sich dafür gegenseitig verantwortlich halten – und gemeinsam eigendynamische, unbeabsichtigte Nebenwirkungen auf den nächsten Führungsebenen im Blick behalten.

Auf einen Blick
Den eigenen Schatten sehen

Herausforderungen

Auch wenn es überraschen mag – aber die Erfahrung zeigt: Top-Manager sind sich ihrer Vorbildrolle für das eigene Unternehmen, ihres »Shadow of Leaders« im täglichen Handeln, selten in ganzer Tragweite bewusst. Je komplexer die Probleme sind, desto aufmerksamer wird das Verhalten der Alphas an der Unternehmensspitze von Führungskräften und Mitarbeitern beobachtet und interpretiert, sagt Harvard-Professor Ron Heifetz. Wirksam führen kann also nur der Manager, der versteht: Nicht die expliziten Führungsimpulse, sondern das sichtbare Verhalten der Top-Manager im Team an der Spitze beeinflusst die Zusammenarbeit und das Führungshandeln auf den nächsten Ebenen nachhaltig. Und noch eines muss jedem Top-Manager bewusst sein: Unbeabsichtigte Nebenwirkungen und Eigendynamiken gehören unvermeidlich zum Führen. Denn jede Führungsebene ist geübt darin, Führungsimpulse des Top-Teams zu absorbieren und in die eigenen Routinen einzubauen.

Den eigenen Schatten zu sehen – die selbst vorgelebten Verhaltensmuster ebenso wie unbeabsichtigt ausgelöste Dynamiken in der Organisation –, ist eine weitere entscheidende Disziplin des Gelingens. Umso größer ist die Herausforderung für Manager an der Spitze, wirksame Zusammenarbeit im Team tagtäglich bewusst vorzuleben.

Elemente des Gelingens

▶ Das Top-Team als vorbildhaftes Rollenmodell für Zusammenarbeit und Führungshandeln anerkennen und vorantreiben.

▶ Der indirekten Führung durch wirksame Zusammenarbeit im Top-Team stärkeres Gewicht beimessen als direkten Führungssignalen.

▶ In der täglichen Zusammenarbeit im Top-Team sichtbar konstruktives Verhalten vorleben – wie Kompromissbereitschaft, crossfunktionale Kooperation, Lösungsorientierung und »One Voice«.

▶ Die persönlichen Verhaltensmuster anhand der offiziell in der Organisation eingeforderten Werte und Prinzipien überprüfen.

▶ Unproduktives Verhalten auf den nächsten Ebenen auch als unbeabsichtigte Nebenwirkungen des eigenen Handelns anerkennen, aufspüren und angehen.

11

Die Aufgabe im Blick behalten

»Es ist sinnlos zu sagen: Wir tun unser Bestes.
Es muss dir gelingen, das zu tun, was erforderlich ist.«

Winston Churchill

▶ *Fall 1:* Das Top-Team der First-EN flüchtet ins Operative
▶ *Fall 2:* Ein Top-Team handelt nach der Devise »Jeder für sich«
▶ *Fall 3:* Die Top-Team-Mitglieder entmachten sich selbst

Fall 1: Das Top-Team der First-EN flüchtet ins Operative

»Abgemacht! Drei Tage, open end! Wir nehmen das letzte Wochenende im März und den Montag. Und wir gehen nicht, ehe wir uns auf ein glasklares Ergebnis geeinigt haben.« Beust, Produktionschef der First-EN, der größten Ländergesellschaft eines internationalen Energiekonzerns, beugte sich vor und blickte jedem seiner acht Geschäftsführungskollegen nacheinander in die Augen. Zustimmung im Kreis. Wir saßen gemeinsam in einem Offsite mit dem Führungsteam, das wir seit einiger Zeit regelmäßig in der Entwicklung der Führungs- und Zusammenarbeit begleiteten. Beust hatte kurz zuvor die Initiative ergriffen und die Terminkoordination für ein weiteres Offsite innerhalb der nächsten vier Wochen erzwungen. Sich drei Tage kurzfristig »gemeinsam wegzuschließen«, wie Beust es nannte, war für das neunköpfige Top-Team angesichts übervoller Terminkalender eigentlich unmöglich.

Doch die Zeit drängte, das hatte Beust nach dem Feedback der Top 60, das sie gerade intensiv diskutiert hatten, genau vor Augen: »Das machen wir jetzt hier und sofort – bei unseren prall gefüllten Agenden sind unsere Sekretariate sonst heillos verloren. Also gehen wir die Wochenenden durch. Nur absolute No-Gos sind zulässig.« Jeder wusste um die Dringlichkeit. Blackberrys und iPhones wurden gezückt – zehn Minuten später stand der Termin.

Denn das im Vorfeld des Meetings von uns eingeholte Feedback der eigenen Führungsmannschaft zwang das First-EN-Top-Team, die Prioritäten der letzten Monate infrage zu stellen, bisherigen Gewissheiten den Rücken zu kehren und die Führungsarbeit radikal neu auszurichten.

> Das im Vorfeld des Meetings von uns eingeholte Feedback der eigenen Führungsmannschaft zwang das First-EN-Top-Team, die Prioritäten der letzten Monate infrage zu stellen, bisherigen Gewissheiten den Rücken zu kehren und die Führungsarbeit radikal neu auszurichten.

Der entscheidende Moment folgte direkt danach. Beust schwor die Geschäftsführung auf das gerade terminierte Offsite ein: »Und über eines müssen wir uns im Klaren sein: Wir werden uns wehtun müssen – das wird schmerzhaft und anstrengend.« Beust blickte in die Runde und schaute angriffslustig in die Augen von Finanzchef Tanner. Einzelne Kollegen nickten, manche tauschten Blicke aus. »Das ist mir absolut klar«, sagte Tanner, holte tief Luft und hielt dem Blick stand. Beust fuhr fort: »Darf ich uns Hausaufgaben aufgeben – für jeden von uns zur Vorbereitung?« Die rhetorische Frage diente Beust als Einleitung: »Wo soll die Firma in drei Jahren stehen – welche Art des Geschäfts wollen wir betreiben?« Tanner griff den Faden auf: »Genau, jeder beantwortet drei Fragen für sich: Erstens: Wie sehe ich Chancen und Risiken am Markt? Zweitens: Welche Fähigkeiten und Erblasten haben wir? Drittens: Was sind die Kriterien für den Unternehmenserfolg?« Die anderen zeigten sich mit diesen Hausaufgaben einverstanden.

Aber Beust war noch nicht fertig: »Und wir müssen unsere gemeinsame Marschrichtung anschließend im Konzernvorstand konsequent durchkämpfen – sind wir uns da einig?« Jetzt schaute Beust hinüber zu

Schmidt, dem Vorsitzenden der Geschäftsführung, der für seine konsequente »Appeasement«-Haltung bekannt war. Im Top-Team der First-EN den offenen Positionskonflikt zur eigenen Zukunft zu wagen, das war eine Sache. Aber eine ganz andere war es, im Konzernvorstand zwischen die Fronten zu geraten. Denn auch dort, das war für die oberste Führungsriege leicht erkennbar, schwelte ein ungeklärter Konflikt zur Zukunftsrichtung der größten Ländergesellschaft. Es gab sichtbar Spannungen zwischen dem CEO des Konzerns, der auf Wachstum setzte, und dem CFO, der ohne Unterlass die Kostenschraube anzog.

> Eine klare Weichenstellung hatte es bisher auf Konzernebene nicht gegeben, und sie war auch nicht zu erwarten. Die angestrebte Richtungsentscheidung würde also nicht ohne offenen Konflikt im Team selbst – und auch im Konzernvorstand nicht ohne Konflikt zu haben sein.

Eine klare Weichenstellung hatte es bisher auf Konzernebene nicht gegeben, und sie war auch nicht zu erwarten. Die angestrebte Richtungsentscheidung würde also nicht ohne offenen Konflikt im Team selbst – und auch im Konzernvorstand zu haben sein.

Das Top-Team geschlossen auf Vermeidungskurs

First-EN als ein technologiegetriebenes Energieunternehmen hatte auf der einen Seite seit Jahren in innovative Technologien investiert, dabei aber auf der anderen Seite schwere Altlasten aus dem klassischen Energiegeschäft mitgeschleppt. Ein wirklicher Quantensprung am Markt für neue Energien war mit diesem Ballast nicht zu schaffen. Das Unternehmen stand vor einer schwierigen Trade-off-Entscheidung – einer Entscheidung, in der zwischen zwei Alternativen zu wählen war, die beide durchgreifende positive wie negative Auswirkungen haben konnten. Es galt, massiv in die neuen Technologien zu investieren und gleichzeitig die traditionellen Sparten »abzumanagen«. Das aber hätte bedeutet: Das Unternehmen würde seine bisherige Marktposition verlassen, dem gewachsenen Kundenstamm den Rücken kehren, eindeutig auf Zukunftstechnologien setzen – und damit hohe Risiken eingehen.

Die Geschäftsführung der Ländergesellschaft war dieser Grundsatz-entscheidung bisher aus dem Weg gegangen und hatte sie mit scheinbar plausiblen Begründungen immer wieder vertagt. Das First-EN-Top-Team hatte stattdessen den Spagat geübt zwischen drastischer Kosten-reduktion im traditionellen Geschäft und zaghaften Investitionen auf dem potenziellen Zukunftsmarkt. Der Fall der First-EN ist damit ty-pisch für die Herausforderungen der Unternehmensführung bei zuneh-mender dynamischer Komplexität. Wie wir im Kapitel »Ein komplett anderes Spiel« zeigen, bergen die schwer einschätzbaren Risiken und unkalkulierbaren Folgewirkungen in einem hoch komplexen Umfeld gerade deshalb für Top-Teams Gefahren, weil sie die Fähigkeit und die Bereitschaft einschränken, notwendige Trade-off-Entscheidungen zu treffen.

Eines aber war für die First-EN klar: Nach Jahren intensiven »Cost-Cuttings« steuerte man in absehbarer Zeit auf eine sichere Krise zu – auf eine Situation, in der die Einsparungen im klassischen »Cash-Cow«-Geschäft nicht mehr ausreichend wären, um umfangreiche Investitionen ins Neugeschäft zu refinanzieren. Die Folge wäre ein langsamer, aber vorhersehbarer Niedergang: First-EN wäre im zunehmend unprofitab-len traditionellen Geschäft »eingeschlossen« und würde zugleich den Anschluss an die Zukunft verpassen. Die Geschäftsführung erkannte erst allmählich, dass die bisherigen Antworten und das seit ein paar Monaten praktizierte Krisenmanagement nicht mehr ausreichten, um künftig erfolgreich zu sein. Auch deshalb hatte sie sich nach längerer Pause wieder zu diesem Teamworkshop entschlossen.

Das deutliche Feedback der Top 60, das wir regelmäßig über Inter-views einholten und auch diesmal in einem Leadership-Review struktu-riert und zugespitzt verdichtet hatten, rüttelte die Geschäftsführung der First-EN auf. »Es ist doch ganz einfach«, fasste Tanner die Diskussion des Feedbacks in offener Runde zusammen: »Unsere Mannschaft sagt uns deutlich: ›Wir schenken Euch unser Vertrauen und lassen uns von Euch führen!‹ Das ist schon mal ein dickes Plus und ein Fortschritt ge-genüber letztem Jahr. Aber unsere Mannschaft sagt uns auch: ›Wir wol-len von Euch geführt werden!‹ Hier haben wir nicht geliefert.« Denn wohin wollte die Geschäftsführung die First-EN führen? Das Team bekam von den Top 60 deutlich vor Augen geführt, dass es dazu bislang keine Antwort geliefert hatte. »Wir überpinseln mit diesen randständigen Investitionen in Innovationsbereiche die Notwendigkeit der Strukturreform – das zeigen uns die Top 60 sehr deutlich«, ergänzte Tanner. Beust flankierte seinen Kollegen: »Exakt. Wir gaukeln uns mit diesem ›Innovationsschleier‹ doch selbst nur Sicherheit vor – nach dem Motto: Was wollt ihr denn? Wir arbeiten doch an unserer Zukunft. Aber das reicht nicht, und mehr vom Gleichen löst unser Problem nicht.«

> Die Runde war sich einig, den stillschweigenden Vermeidungskurs der letzten Monate »hier und jetzt« einzustellen, und sprach dies erstmals so offen aus: Nein, sie hätten keine Vision, an die sie selbst und die Mannschaft glauben könnten. Endlich war das Team bereit, sich der Grundsatzfrage der Unternehmenszukunft und damit dem Konflikt mit dem Konzernvorstand zu stellen.

Die Runde war sich einig, den stillschweigenden Vermeidungskurs der letzten Monate »hier und jetzt« einzustellen, und sprach dies erstmals so offen aus: Nein, sie hätten keine Vision, an die sie selbst und die Mannschaft glauben könnten. Endlich war das Team bereit, sich der Grundsatzfrage der Unternehmenszukunft und damit dem Konflikt mit dem Konzernvorstand zu stellen.

Denn die berechtigte Kritik der Führungsmannschaft traf das Problem des Top-Teams im Kern: Die Frage, welche strategische Positionierung zukunftsweisend wäre und wohin die First-EN am Markt geführt werden sollte, hatte die Geschäftsführung bislang vermieden. »Da gibt es nur eins«, resümierte Tanner, »wir müssen gemeinsam klare Linien ziehen – und das so schnell wie möglich.«

Die primäre Aufgabe im Blick behalten

»Off Task« – so simpel lässt sich das Verhalten des Top-Teams der First-EN über die vergangenen Monate zuspitzen – eine Verhaltensweise, wie sie Top-Teams so oder ähnlich gerade angesichts zunehmender komplexer Herausforderungen immer wieder zeigen.

Das gesamte Team wendet sich geschlossen von seiner primären Aufgabe – der strategischen Führung des Geschäfts – ab und flüchtet vor der Realität. Der Fall der First-EN steht damit beispielhaft für eine der größten Herausforderungen in der Zusammenarbeit in Top-Teams: die eigentliche Aufgabe des Teams konsequent im Blick zu behalten – trotz scheinbar unüberwindbarer Probleme, persönlicher Abhängigkeiten oder massiven Zeitdrucks.

Wilfred Bion, einem der Pioniere in der Erforschung der Gruppendynamik, verdanken wir die Erkenntnis, dass jede Gruppe ein latentes »emotionales« Innenleben hat, geprägt von unbewussten Ängsten, Fantasien, Abwehrreaktionen und anderen Impulsen.[96] Dieses Innenleben lenkt Teams gerade unter Dauerstress von der eigentlichen Aufgabe ab – und lässt sie stattdessen so handeln, als ob sie stillschweigend eine neue Aufgabe im Visier hätten. »Practical Drift«[97] nennen wir dieses sichtbare Abweichen von eigenen Ansprüchen und Zielsetzungen, das in der Komplexität auf Top-Management-Ebene immer wieder zu beobachten ist.

Dass Teams auch an der Unternehmensspitze angesichts scheinbar unlösbarer Probleme die Aufgabe aus dem Blick verlieren können und stattdessen auf Vermeidungskurs gehen, hat seine Gründe: Auch wenn sie nicht die Hauptaufgabe lösen, so schaffen sie sich damit doch kurzfristig Erleichterung in einer emotionalen Stresssituation.

> Das gesamte Team wendet sich geschlossen von seiner primären Aufgabe – der strategischen Führung des Geschäfts – ab und flüchtet vor der Realität. Der Fall der First-EN steht damit beispielhaft für eine der größten Herausforderungen in der Zusammenarbeit in Top-Teams: die eigentliche Aufgabe des Teams konsequent im Blick zu behalten – trotz scheinbar unüberwindbarer Probleme, persönlicher Abhängigkeiten oder massiven Zeitdrucks.

Jeder kennt aus eigener Erfahrung Situationen, in denen man sich – anstatt mutig die Ursache eines Problems anzugehen – in Ausweichmanöver flüchtet, nur um Konflikten, Auseinandersetzungen und unkalkulierbaren Risiken aus dem Wege zu gehen. Dies geschieht in manchen Fällen bewusst, in anderen Fällen übernehmen unbewusst individuelle Ängste oder Gruppenfantasien die Regie.

Aus unserer Arbeit kennen wir vielfältige Vermeidungsmuster im Top-Management: 1. Es wird abgestritten, dass das Problem überhaupt existiert; 2. Alle Aktion richtet sich auf einen äußeren »Feind«; 3. Die

Verantwortung wird abgeschoben, beispielsweise auf ein neu gegründetes Committee; 4. Ein Sündenbock – seien es konkrete Personen oder abstrakte Strukturen – wird ausgemacht; 5. Die Schuld wird der höchsten Autorität zugewiesen. All diese Mechanismen reduzieren Stress, weil sie von der eigentlichen schwierigen Aufgabe ablenken und die Verantwortung von den Entscheidern weg verlagern.

> Die Vermeidungsmuster im Top-Management sind vielfältig. All diese Mechanismen reduzieren Stress, weil sie von der eigentlichen schwierigen Aufgabe ablenken und die Verantwortung von den Entscheidern weg verlagern.

Wirksame Führung erfordert also Standhaftigkeit und Mut, diesen verlockenden Ablenkungen zu widerstehen und konsequent die Aufmerksamkeit auf die Lösung des Grundproblems zu richten. Ron Heifetz bringt es auf den Punkt: Es gilt, die Vermeidungsmechanismen wahrzunehmen und gegenzusteuern, die man »hochfährt«, wenn Situationen »gefährlich sein können für die eigene Position«.[98]

Bion hilft uns, dieses Phänomen innerhalb eines Teams zu verstehen, und zeigt uns, dass in jeder Gruppe zeitgleich zwei unterschiedliche Aktivitäten oder »Aggregatzustände« am Werk sind: Realitätsbezogene Aktivitäten nennt Bion »Work Group« (»Arbeitsgruppe«). Hier konzentriert sich das Team auf seine Primäraufgabe; die Verhaltensweisen sind sachorientiert, wirksam und ausgereift. Demgegenüber steht die »Basic Assumption Group«, die der Realität entflieht und auf dem Fundament oft unbewusst geteilter »Grundannahmen« handelt. Unter äußerem Stress tritt die Erhaltung der Einheit des Teams an die Stelle der primären Aufgabe. Die rationale Aufgabenorientierung der »Work Group« droht zu jedem Zeitpunkt durch die emotionale Zugkraft der »Basic Assumption Group« überwältigt zu werden. Das Top-Team der First-EN zeigt dies: Es wendet sich unter zunehmendem Stress von seiner Führungsaufgabe ab und verfällt auf Basis ungeprüfter, aber gemeinsamer Grundannahmen in Symptomlösungen. Konfliktvermeidung wird zum Gebot der Stunde und verdrängt die primäre Aufgabe der strategischen Neuausrichtung und Führung.

In solchen Situationen zeigen Managementteams meist eine von drei Grundannahmen und Verhaltensmustern: Um eine wirksame Beschäftigung mit der Teamaufgabe zu umgehen, verfallen sie in »Kampf / Flucht«, »Vereinzelung« oder »Abhängigkeit«.[99] Jede dieser typischen Vermeidungstaktiken von Top-Teams illustrieren wir anhand von Beispielen aus der Praxis.

Auf der Flucht vor der Realität

Das Top-Team der First-EN gibt ein Beispiel für ein besonders unproduktives Verhaltensmuster: Es wählte stillschweigend und instinktiv die Variante »Kampf / Flucht« (»Fight / Flight«). In diesem Modus versuchen sich die Teammitglieder durch Feindbildung zu stärken. Unter äußerem Stress tritt die Erhaltung der Einheit des Teams an die Stelle der primären Aufgabe – der demonstrative Schulterschluss um jeden Preis wird zum Gebot der Stunde. Das Team flüchtet oder wendet sich geschlossen gegen einen gemeinsamen Feind, den vermeintlichen »Verursacher der Krise«. Im »Kampfmodus« verhält sich das Team aggressiv und feindselig – im »Fluchtmodus« hingegen wählt es Ausweichmanöver, um sich nicht mit der eigentlichen Aufgabe beschäftigen zu müssen. Es sucht sich beispielsweise weniger wichtige Themen, setzt ausschweifend neue Schwerpunkte, widmet sich anderweitigen Aufgaben – all dies, um nur nicht das ungeliebte Kernproblem wirksam adressieren zu müssen. Flucht oder Aggression werden erst als »Lösungsweg« gewählt, wenn die Anforderungen und Ansprüche als geradezu irreal wahrgenommen werden.

> Um den Konflikt um die künftige Strategie des Unternehmens zu vermeiden, trat die Geschäftsführung der First-EN die Flucht nach vorne an und stürzte sich ins Operative. »Kaum verloren wir das Ziel aus den Augen, verdoppelten wir unsere Anstrengungen« – das Bonmot von Mark Twain trifft den Punkt.

Um den Konflikt um die künftige Strategie des Unternehmens zu vermeiden, trat die Geschäftsführung der First-EN die Flucht nach vorne an und stürzte sich ins Operative. »Kaum verloren wir das Ziel aus den Augen, verdoppelten wir unsere Anstrengungen« – das Bonmot von Mark Twain trifft den Punkt.

Wie in unseren anderen Beispielen zeigt sich auch hier, dass in einer Welt komplexer Herausforderungen die Vorstandsetage keine Bastion gegen irrationale Handlungsmuster ist. Auch hier sind die typischen Stolperfallen im Miteinander gut zu beobachten.

Das Top-Team der First-EN setzte seine ganze Kraft daran, die Organisation trotz der »Zwangsjacke« des Kostendrucks operativ in die Erfolgsspur zu bringen. Das Gruppendenken prägte, was als Lösung gedacht werden darf. Dabei geriet aus dem Blick, dass der bisher vom Team verfolgten Kostensenkungs-»Strategie« in der Vergangenheit allenfalls mäßiger Erfolg beschieden gewesen war. Doch sie wurde nicht hinterfragt. Eine fatale Abwärtsspirale: Wenn eine Strategie nur schlecht, aber nicht *sehr* schlecht ist – sie also nicht in den sofortigen Untergang führt –, ist die Wahrscheinlichkeit hoch, dass ein Team gerade in unübersichtlichen (Krisen-)Situationen sehr lange daran festhält.[100] Mangel an Gelegenheiten für eine weitere Optimierung herrschte ja hier keineswegs. Es war also verführerisch, ein Feuerwerk an Maßnahmen zu zünden und der eigentlichen Frage auf Konzernebene aus dem Weg zu gehen. Wie so häufig in komplexen und emotional schwer zu bewältigenden Situationen entfaltete auch hier der natürliche Action-Bias seine Wirkung: Das Handeln hat oberste Priorität. Das Team verfiel in kollektiven Aktionismus, ohne die einfache Frage zu beantworten: Was ist das, was jetzt getan werden muss?

Und die Aktionen des Top-Teams wurden »zwischen den Zeilen« immer mit einem Verweis auf die Situation im Konzernvorstand begleitet. Man könne ja nicht anders, war ein oft genutztes Argument. »Ich höre immer öfter ›Mr. President wants it‹ aus der Geschäftsführung – das heißt doch, sie versteckt sich und geht dem notwendigen Konflikt mit dem Konzernvorstand aus dem Weg«, beschrieb es einer der Top 60. Die Manager beobachteten ihre Geschäftsführung zunehmend kritisch und reagierten irritiert. Die über den Flurfunk verbreiteten Gerüchte belasteten die tägliche Arbeit. Zudem, so hieß es in diesen Kreisen, lebe die Geschäftsführung eine Konfliktvermeidung vor – da dürfe sie sich nicht wundern, dass sich keiner mutig ins Streitgespräch mit dem eigenen Chef wage. Es war die Rede von »Hinhalte-Taktik«, »Kopf in den Sand« und »mangelndem Mut, die Wahrheit zu sagen«.

Die Top 60 erkannten den Vermeidungskurs des Top-Teams sehr klar, bekamen sie doch den neuen Aktionismus der Geschäftsführung schmerzhaft zu spüren. Eigentlich müsse man in ein Notprogramm und von 80 auf drei überlebenswichtige Kernthemen hinunter, hörte man von ihnen. Doch die Geschäftsführung tat das Gegenteil: Sie setzte auf operative Hektik statt auf Richtungsentscheidungen. Unser Leadership-Review auf Basis der Interviews zeichnete daher ein klares Bild. Vier Verhaltensmuster des Top-Teams mit nachhaltigen Folgen für die Organisation kennzeichneten die Situation – Verhaltensmuster, die wir in Stressphasen in Führungsteams immer wieder beobachten:

1. Operative Überlastung Die Geschäftsführung drückte sich vor Priorisierung und Trade-off-Entscheidungen, wollte viel zu viel gleichzeitig und trieb die Organisation vor sich her. »Tanner und Beust hängen mit ihrer unglaublichen Geschwindigkeit die ganze Mannschaft ab und treiben die Organisation hart an die Grenze zum operativen Overstretch«, erklärte eine Führungskraft stellvertretend für viele. Und dies, obwohl – das war der eigentliche Vorwurf aus den Reihen der Top 60 – sie es eigentlich besser wüssten. So bekomme die Organisation keine Traktion.

2. Übertriebenes Mikromanagement Das Top-Team zog immer wieder Themen ad hoc an sich, fuhr zusätzliche Analysen bis ins letzte Detail. »Jetzt war ich dreimal in einer GF-Sitzung, dreimal wurde ich mit einem weiteren Faktencheck beauftragt – irgendwann muss doch auch mal entschieden werden«, beklagte einer der Top 60. »Warum«, so lautete eine Frage, »verzetteln wir uns so und spielen Feuerwehr, anstatt Fragen der Zukunftssicherung zu beantworten? Das ist wuselig und unfokussiert.« Opfer dieses Krisenmanagements sei das Selbstvertrauen der Führungsmannschaft – die Verunsicherung nehme zu.

3. Massiver Druck Die Geschäftsführung verlangte alles, stellte aber nur 80 Prozent der notwendigen Ressourcen an Personal und Budget bereit – und zwang damit die Mannschaft in eine nicht steuerbare Situation. »Statt zu helfen, üben sie gnadenlos Druck aus«, sagte eine Führungskraft dazu. Die Angst habe spürbar zugenommen. Die Top 60 verhielten sich untereinander zunehmend aggressiv, wagten kaum eigenverantwortliche Entscheidungen – aus Angst, »etwas falsch zu machen«.

4. Augen zu und durch Das Top-Team praktizierte Schwarz-Weiß-Denken und drückte seine Themen konsequent durch. »Jeden Widerspruch«, sagte eine Führungskraft, »empfindet die GF als Bedrohung.« Zu viele Widerworte seien derzeit schädlich – da müsse man sehr vorsichtig sein. Dabei müsse die Geschäftsführung in der Krise mehr Konflikt zulassen und die nächste Führungsebene in die Diskussion einbinden.

Das Top-Team als Opfer statt Täter

Und noch etwas trat durch die Aktionen des Top-Teams deutlich hervor. Die Geschäftsführung hatte die Top 60 zum »Verursacher der Krise« gestempelt. Ihre eigenen Führungskräfte, so die einhellige Meinung der Top-Manager, seien »noch lange nicht an ihrer Leistungsgrenze angekommen«.

Im »Kampf-/Fluchtmodus« wird immer auch ein geeigneter Sündenbock für die missliche Lage gesucht. Das Team wendet sich geschlossen gegen vermeintliche äußere »Verursacher der Krise«. Der Lösungsraum von Teams im Vermeidungsmodus verengt sich also auf emotional bequeme Varianten.

So war es auch bei der First-EN: Die Geschäftsführung identifizierte weder den Mangel an Richtungsentscheidungen noch seine eigene Konfliktvermeidung im Verhältnis zum Konzernvorstand als Kernproblem. Konfrontiert mit einer Bedrohung jenseits gewohnter Stresslevels zog sich das Team auf eine ungeprüfte gemeinsame Grundannahme zurück, die Finanzchef Tanner in unserem Vorgespräch so formulierte: »Unsere Topmanager sind mir alle einfach noch zu entspannt, viel zu passiv. Wir brauchen jetzt ein paar schmerzhafte, demonstrative Schritte, um den Druck da draußen noch mal zu erhöhen. Wir müssen die jetzt ganz anders in die Verantwortung nehmen! Und im Übrigen bin ich auch nicht sicher, dass wir da auf jedem Job den Richtigen haben.«

Die unterschwellige Botschaft ist klar: Um die Einheit des Teams zu schützen, die durch eine selbstkritischere Sicht gefährdet wäre, wendet man sich gegen die eigenen Führungskräfte als »hoch bezahlte Manager, die immer noch nicht verstanden haben, was auf dem Spiel steht«. Mit dieser Einschätzung war Tanner keineswegs allein. Man müsse die »Zügel wieder kürzer nehmen«, das seien doch alles »gestandene Manager«, von denen man einiges mehr erwarte – diese Haltung klang auch in unseren anderen Interviews mit der Geschäftsführung immer wieder durch. Dass es exakt dieselben Führungskräfte waren, die bis vor wenigen Monaten eine angesichts der Marktsituation durchaus beachtliche Leistung erbracht hatten, geriet aus dem Blickfeld. Das Top-Team machte die Top 60 zu Tätern – und sich selbst zum Opfer der Krisensituation. Es befand sich auf direktem Weg in eine der zahlreichen Varianten von Selbsttäuschung, die unser tägliches Leben prägen:

Die Teammitglieder projizieren eigene Stimmungen, Bewertungen und Schuldgefühle unbewusst auf andere wie beispielsweise die eigene Führungsmannschaft – und rechtfertigten so implizit ihr Fehlverhalten. In der »Projektion«, einer häufigen Art der Selbsttäuschung, macht sich der eigentlich Verantwortliche zum Opfer – und glaubt sogar daran.

Aber auch die Schuldzuweisung innerhalb des Teams gegenüber dem eigenen Chef ist ein typisches Muster des »Kampf-/Fluchtmodus«, das einzelne Beteiligte scheinbar von der Last der Verantwortlichkeit befreien und ihnen Erleichterung verschaffen kann. So auch im First-EN-Team. Denn Beust und Tanner hatten mit ihren jeweils eigenen Ambitionen auf den Chefposten noch einen weiteren Schuldigen ausgemacht: Schmidt, der eher moderierende Vorsitzende der Geschäftsführung, hätte aus ihrer Sicht im Konzernvorstand konfrontativer auftreten und die Grenzen aggressiver aufzeigen müssen. Schmidt hatte aus ihrer Sicht bisher jede ›bittere Pille‹ geschluckt – und sie damit eben auch. Er sei nicht der durchsetzungsstarke Mann, der eine Lösung forcieren könnte, sagten Beust und Tanner hinter verschlossenen Türen. Mit dieser für jeden spürbar kritischen Haltung schwächten sie die Einheit und Schlagkraft des Teams zusätzlich. Und trugen damit selbst dazu bei, dass eine gemeinsame starke Positionierung gegenüber dem Konzernvorstand in weite Ferne rückte.

Das Problem mit Symptomlösungen

»Shifting the burden« nennt Peter Senge, der Vordenker der »Lernenden Organisation« am Massachusetts Institute of Technology in Boston, Lösungen, die nicht die tieferliegenden Ursachen des Problems ins Visier nehmen, sondern bloß die Symptome eines Problems bekämpfen. Die »Problemverschiebung« ist immer dann zu beobachten, wenn es schwierig ist, das eigentliche Problem zu lösen – sei es, weil die Ursachen nicht erkennbar sind oder »Lösungen« zu riskant, schwer einschätzbar oder kostspielig wären. Diese Reaktion ist nur natürlich und daher gerade auch in der komplexen risikobeladenen Welt des Top-Managements verbreitet. Man schiebt die Last des eigentlichen Problems auf andere Lösungen ab, schreibt Senge, »gutgemeinte, schnelle Patentrezepte, die scheinbar ungeheuer effizient sind. Leider mildert die einfachere ›Lösung‹ nur die Symptome und ändert nichts an dem Grundproblem.«[101]

Genau das ist das Dilemma: Symptomlösungen schaffen nur kurzfristig und vordergründig Erleichterung. Gleichzeitig aber schwelt das ursächliche Problem ungelöst weiter und kann wachsen. Wer sich auf Symptomlösungen einlässt, rückt immer weiter von der Lösung der Problemursache ab – und löst häufig zusätzlich unerwünschte Nebenwirkungen aus.

Senge beschreibt diese heimtückische Wirkung von Symptomlösungen und den verstärkenden Prozess, der durch unbeabsichtigte Nebenwirkungen ausgelöst wird, plakativ am Beispiel von Medikamentengebrauch. Ist die eigentliche Ursache einer Krankheit die ungesunde Lebensweise, dann kann nur die Änderung der Lebensgewohnheiten helfen – und doch greift man häufig zu Medikamenten und lässt sich von der Scheinlösung verführen. Denn: »Die Medikamente (die symptomatische Lösung) beseitigen die Symptome und befreien den Patienten vom Druck, schwierige persönliche Veränderungen vorzunehmen. Aber sie haben auch Nebenwirkungen, die zu weiteren Gesundheitsproblemen führen.«[102] Das Fazit ist daher eindeutig: »Hüten Sie sich vor der symptomatischen Lösung«,[103] empfiehlt Peter Senge.

> Genau das ist das Dilemma: Symptomlösungen schaffen nur kurzfristig und vordergründig Erleichterung. Gleichzeitig aber schwelt das ursächliche Problem ungelöst weiter und kann wachsen. Wer sich auf Symptomlösungen einlässt, rückt immer weiter von der Lösung der Problemursache ab – und löst häufig zusätzlich unerwünschte Nebenwirkungen aus.

Unkalkulierbare Nebenwirkungen und ein sich selbst verstärkender Prozess waren auch im Falle der First-EN gut zu beobachten: Die Führungsmannschaft der First-EN drehte sich in einer Abwärtsspirale der operativen Erschöpfung, ohne Glauben daran, dass ihr Top-Team das strategische Kernproblem konsequent lösen würde. Schlimmer noch: Aus Sicht der Top 60 ließen der Aktionismus, die zunehmende Kontrolle, das spürbare Misstrauen ihres Top-Teams nur einen Schluss zu. Das Team ging auf Distanz und schob Verantwortung an die eigene Führungsmannschaft ab, weil es offensichtlich nicht mehr an eine grundsätzliche gemeinsame Lösung mit dem Konzernvorstand glaubte.

Aus Sicht der Führungsmannschaft wirkte es fast so, als hätten die Geschäftsführer abgeschlossen und sich kampflos in die vom Konzernvorstand gesetzte uneinlösbare Losung des »Sowohl-als-auch« gefügt. Das Meinungsbild der Top 60 war eindeutig: Die Top-Manager gäben sich rein rational-analytisch – weder Zuversicht noch emotionaler Kampfeswillen seien zu erkennen. So schaffe man den »gefühlsmäßigen Turnaround« nicht, war zu hören. Die Stimmung sei angespannt, beunruhigt und skeptisch, ob die Anstrengung sich überhaupt lohne. In dieser Lage fehle das Zeichen der Geschäftsführer, der Appell, ein »Das schaffen wir«. »Ich habe so ein mulmiges Gefühl, dass unser Top-Team schon aufgegeben hat«, sagte einer der Top 60 frustriert. »Warum sollen wir eigentlich noch kämpfen?«, fragte ein anderer.

Unsere Diagnose ließ nur eine Schlussfolgerung zu: Die Geschäftsführung der First-EN hatte den Top 60 nicht nur den »Schwarzen Peter« zugeschoben, sondern verweigerte auch eine kämpferische Vorbildrolle, weil sie an eine Lösung des strategischen Problems nicht mehr glaubte. Die Folgen waren spürbar: Die Organisation war gekennzeichnet von zunehmender Mutlosigkeit, fast schon Resignation.

Die schnelle Symptomlösung des Top-Teams – eine Vielfalt an zusätzlichen Maßnahmen – wirkte wie ein Bumerang mit hoher Durchschlagskraft: Die Lösung des Strategiekonflikts mit dem Konzernvorstand war angesichts des umfangreichen Maßnahmenplans nicht nur in weite Ferne gerückt. Der ungezügelte Aktionismus, Druck und raue Tonfall des Top-Teams nahmen den Top 60 auch jeden Glauben an künftigen Erfolg. Frustration und Demotivation waren die Folge.

Gerade in komplexen Situationen also gilt es mehr denn je, die manageriellen Routinen auszuschalten, vorschnelle verführerische Symptomlösungen zu vermeiden und das eigene Denken, Urteilen und Handeln systematisch zu hinterfragen. Nur ein Team, das nicht in kollektiven Aktionismus verfällt, sondern konsequent mit Feedback – auch der eigenen Führungsmannschaft – arbeitet und dieses zur Reflexion nutzt, kann seine kollektiven Wahrnehmungsfehler und unwirksamen Verhaltensmuster erkennen.

Das First-EN-Team nutzte seine Chance: Mit dem in unserem Leadership-Review strukturierten und verdichteten Feedback der Top 60 vor Augen begann die Geschäftsführung, sich distanziert und selbstkritisch mit dem eigenen Führungsverhalten auseinanderzusetzen: »Wir haben keinen Kampfgeist in der Mannschaft. Die Top 60 sind müde

Zeichen des Misslingens	Zeichen des Gelingens
Mitglieder des Top-Teams verfallen in operative Hektik und verlieren den Blick für das Wesentliche.	Mitglieder des Top-Teams fokussieren auf das, was zur Zukunftssicherung des Unternehmens zu tun ist.
Mitglieder des Top-Teams weichen schwierigen Themen aus und vernachlässigen die übergreifende Führungsaufgabe.	Mitglieder des Top-Teams arbeiten trotz Widerständen und Konflikten an den Aufgaben in ihrer Führungsverantwortung.
Mitglieder des Top-Teams suchen einen Sündenbock für Probleme oder eine Fehlentwicklung des Unternehmens.	Mitglieder des Top-Teams suchen die Ursache für eine schwierige Lage immer zuerst in ihrer Führungsarbeit.
Mitglieder des Top-Teams verengen jeder für sich den Blick auf die Führung des eigenen Bereichs.	Mitglieder des Top-Teams haben das Unternehmen im Blick und nehmen ihre Gesamtverantwortung aktiv wahr.
Mitglieder des Top-Teams erwarten Antworten und eine starke Führungsrolle von ihrem CEO.	Mitglieder des Top-Teams halten sich gegenseitig verantwortlich für die Erarbeitung der Antworten.

und frustriert – und wir ziehen sie auch noch runter«, sagte Beust. Eine ernüchternde Bilanz. »Wir reden uns kollektiv in ein Loch rein! Von uns fällt seit Monaten kein einziger positiver Satz«, ergänzte Finanzchef Tanner, der bekannt dafür war, Bedrohungsszenarien für seine druckvolle Unternehmenssteuerung zu nutzen. »Wir sind selbst schuld, wenn alles nur noch als Belastung empfunden wird – da hat doch keiner mehr Lust, sich anzustrengen«, war das allgemeine Fazit.

Und der im Offsite mit dem Leadership-Review gesetzte Impuls zur

Reflexion mitten im Geschehen war ein rechtzeitiges Alarmsignal für das Top-Team. Im offenen Austausch über die Situation und den eigenen Beitrag begann das Team, sich wieder auf die eigentliche Führungsaufgabe zu besinnen. Die strategische Neuausrichtung und Strukturreform wurden ohne Wenn und Aber als oberste Priorität gesetzt. Der zweite Schritt des First-EN-Top-Teams folgte schließlich in dem dringlich terminierten Strategie-Offsite vier Wochen später. Das Team definierte dort die strategischen Eckpunkte für künftigen Erfolg. Und es fand zu einer gemeinsamen Haltung und einer Marschroute gegenüber dem Konzernvorstand, die jedes Teammitglied in die Pflicht nahm. Es gab keine »Silverbullet«-Lösung, kein »Heureka!«, sondern ein Ergebnis und ein gemeinsam beschlossenes Vorgehen, das der unverändert schwierigen Situation angemessen war. Ein Anfang war gemacht. Mit klarer gemeinsamer Haltung leitete das Top-Team eine neue Phase ein – geprägt von konstruktivem Ringen mit dem Konzernvorstand um die Richtungsentscheidung, offener Kommunikation und enger Zusammenarbeit mit den Top 60.

Sichtbare Zeichen des Misslingens und des Gelingens einer Ausrichtung auf die primäre Aufgabe, die in den Verhaltensweisen der Top-Manager zu erkennen sind, haben wir in der Abbildung »Die Aufgabe im Blick behalten: Verhaltensmuster im Top-Team« gegenübergestellt.

Fall 2: Ein Top-Team handelt nach der Devise »Jeder für sich«

Vermeidungsverhalten ganzer Führungsteams, die Flucht vor der Realität und den eigentlichen Führungsaufgaben – das begegnet uns in unserer Arbeit immer wieder. Dass Fantasien und unbewusst geteilte Grundannahmen in der Gruppe die Regie übernehmen, ist oft viel alltäglicher als im Beispiel der First-EN.

Die Vermeidungstaktik »Vereinzelung« (»Me-ness«) wird in Top-Teams sicherlich am häufigsten praktiziert – und ebenso häufig stillschweigend akzeptiert: »Das macht doch keiner hier! Jeder sucht nur den eigenen Vorteil. Und wenn ich jetzt als einziger klein beigebe, ziehe ich doch den Kürzeren!«

Dieser Satz ist die klassische Verteidigungsrede, wenn es um mangelnde Zusammenarbeit im Top-Team geht. Und auch diese Aussage von einem Vertriebsvorstand am Rande eines Offsites ist typisch, der mit dem Marketingchef im Dauerclinch lag: »Gut, dann bin ich dieses Mal großzügig, gebe dieses Thema ans Marketing ab und binde die Kollegen bei unserem Cross-Selling besser ein« – nicht ohne gleichzeitig darauf hinzuweisen, dass er sich dann aber Entgegenkommen bei seinem jüngsten Vertriebsprojekt erwarte. »Tit-for-tat«, eine transaktionale Haltung also, nicht etwa bessere Einsicht, ist häufig der Anstoß für Kooperation zwischen Mitgliedern im Vorstand. Die Führung des eigenen Bereichs konsequent auf den Gesamtnutzen des Unternehmens auszurichten, erfordert, was viele als »Opfer« bezeichnen – und setzt den Bereichsvorstand auch vor der eigenen Mannschaft unter Erklärungsdruck. »Bring home the beef« – nichts weniger erwartet die Mannschaft. Die dem Vorstandskollegen gern unterstellte Maxime des Handelns, der Eigennutz (»Der andere sucht doch nur seinen Vorteil«), spiegelt gleichzeitig den eigenen Imperativ wider – und dient als geeignete Entschuldigung (»Wenn er das macht, dann muss ich das doch auch tun«).

Die Teammitglieder handeln so, als ob das Team schlicht und einfach nicht existiere und keinerlei Verbindung untereinander bestehe. In diesem »Vereinzelungs«-Modus gründen die Mitglieder ihren Zusammenhalt auf der geteilten Grundannahme, dass alle Einzelkämpfer sind und niemandem zu trauen ist.

In einer eher resignativen Grundstimmung sind die Mitglieder überzeugt, dass

> Die Vermeidungstaktik »Vereinzelung« (»Me-ness«) wird in Top-Teams sicherlich am häufigsten praktiziert – und ebenso häufig stillschweigend akzeptiert: »Das macht doch keiner hier! Jeder sucht nur den eigenen Vorteil. Und wenn ich jetzt als einziger klein beigebe, ziehe ich doch den Kürzeren!«

> Die Teammitglieder handeln so, als ob das Team schlicht und einfach nicht existiere und keinerlei Verbindung untereinander bestehe. In diesem »Vereinzelungs«-Modus gründen die Mitglieder ihren Zusammenhalt auf der geteilten Grundannahme, dass alle Einzelkämpfer sind und niemandem zu trauen ist.

Zusammenhalt grundsätzlich Illusion fördere und es daher rationaler sei, sich ausschließlich auf sich selbst zu beziehen. Insbesondere wenn es um harte Einschnitte geht, steht der Teamzusammenhalt auf dem Prüfstand. Immer, wenn wir die Teamperformance von Teammitgliedern bewerten lassen, gibt es extrem niedrige Zustimmung für die Aussage »Jeder ist zu Zugeständnissen und Kürzungen in seinem Bereich bereit (Budget, Verantwortung, Personal etc.), wenn es dem Teamerfolg nutzt«. Wir erinnern uns noch gut an die ungläubigen Blicke der Teamkollegen eines IT-Vorstands. Dieser hatte nach dem gemeinsamen Beschluss, ein Krisenteam aufzusetzen und die Investitionsbudgets für alle Bereiche radikal zu kürzen, erklärt: »Okay, ich gehe mit gutem Beispiel voran. Ich verpflichte mich, nicht nur 20 Prozent, sondern 25 Prozent zu kürzen. Und ich schicke meine drei besten Leute ins Krisenteam.« Eine solch vorbildhafte Teamfähigkeit ist sicher selten – und setzte in diesem Fall die anderen Mitglieder gehörig unter Druck.

Wenn Top-Team-Mitglieder selbstständige Geschäftseinheiten mit eigener Gewinn- und Verlustverantwortung (Ländergesellschaften oder funktionale Business Units) führen, ist die Versuchung groß, eine Kultur des Bereichsegoismus zu pflegen und die Gesamtverantwortung für das Unternehmen aus dem Blick zu verlieren.

> Wenn Top-Team-Mitglieder selbstständige Geschäftseinheiten mit eigener Gewinn- und Verlustverantwortung (Ländergesellschaften oder funktionale Business Units) führen, ist die Versuchung groß, eine Kultur des Bereichsegoismus zu pflegen und die Gesamtverantwortung für das Unternehmen aus dem Blick zu verlieren.

Konfliktvermeidung als bequeme Lösung

Ähnliches erlebten wir auch im Falle eines internationalen Konzerns für Automatisierungstechnik. »Die meisten Vorstandskollegen sehen unsere Teamsitzungen als Pflichtveranstaltungen und bloße Informationsquelle. Da wird nur konsumiert, aber nichts aktiv beigetragen. Es ist grauenhaft, einfach null Energie«, sagte der CEO, und sein CFO stimmte ihm zu. Beide hatten qua Rolle einen Blick für das Gesamtunternehmen und trugen Querschnittsverantwortung. Sie waren überzeugt, dass das Potenzial des Teams für das Unternehmen brachlag. Die anderen Mitglieder verhinderten mit ihrer Passivität den produktiven Konflikt, das Ringen um beste Lösungen, gemeinsames Hinterfragen und auch jegliche Diskussion im Team. Schließlich hätten sie Position beziehen müssen, um Themen aktiv einzubringen, Entscheidungen voranzutreiben und mitzugestalten. Dabei kann man sich auch schon einmal »gegenseitig auf die Füße treten«. Weil die möglichen Folgen für die Teammitglieder schwer abzuschätzen waren, hatten sie instinktiv eine Art »Nichtangriffspakt« geschlossen, dem alle – im wahrsten Sinne des Wortes – stillschweigend folgten. Sie verleugneten das Team und verweigerten die eigentliche gemeinsame Aufgabe der Unternehmensführung, um sich vor den negativen Auswirkungen der Teamprozesse zu schützen.

In dem an der Unternehmensspitze so häufig beobachtbaren Verhaltensmuster der »Vereinzelung« zeigt sich einmal mehr, dass die besten elf keineswegs automatisch die beste Elf sind. Wie wir im Kapitel »Das Top-Team-Paradox« zeigten, ist dieser Automatismus gerade in der Welt der Alphas auf Top-Ebene eine Illusion. Die stillschweigend geteilte Gruppenfantasie der »Vereinzelung« ist in dem Team an der Spitze eine verführerische Vermeidungstaktik, die von der grundsätzlichen Gesamtverantwortung für das Unternehmen ablenkt.

Fall 3: Die Top-Team-Mitglieder entmachten sich selbst

Die Vermeidung übergreifender Führungsverantwortung an der Unternehmensspitze ist neben dem »Kampf-/Fluchtmodus« und dem Rückzug auf den eigenen Bereich (»Vereinzelung«) noch in einer dritten Variante zu beobachten: »Abhängigkeit.« Obwohl das Ende des heroischen CEO schon lange heraufbeschworen wurde, ist der fragende Blick zur obersten Führungskraft immer noch ein probater »Lösungsweg«, auch im Top-Management.

»Zuerst fühlte ich mich geschmeichelt – aber jetzt ist es nur noch mühselig und belastend. Wir kommen nicht vom Fleck«, sagte der CEO eines Unternehmens im Konzernverbund. Er war bereits zwei Monate nach Amtsübernahme desillusioniert.

Der Manager an der Spitze hatte ein Team übernommen, dessen Mitglieder offenbar vor der Verantwortung zurückschreckten und sich in die »Abhängigkeit« vom CEO flüchteten. Die Teammitglieder folgten kollektiv einer irritierenden Verhaltensregel: Die Antwort weiß der Chef.

Das Team hatte sich in eine Rolle gefügt, die ihm von anderen Konzernbereichen über die Jahre zugewiesen worden war. Es war der ewige Sündenbock. Anstatt kämpferisch und selbstbewusst im Konzern die erkennbaren Geschäftserfolge zu verkünden, hatte sich das Führungsteam schrittweise in eine kollektive Verteidigungs- und Rechtfertigungshaltung manövriert. Sie hatten Stück für Stück Vertrauen in die eigenen Fähigkeiten verloren und übten sich zunehmend in Selbstmitleid. Die defensive Grundhaltung des Teams im Konzernverbund zeigte auch innerhalb des Teams Wirkung: Um sich nicht zusätzlich zu schwächen, hatten die Teammitglieder einen Modus gefunden, in dem sie die Auseinandersetzung mit kritischen Themen mieden. Konflikt oder auch nur gegenseitiges Challengen war ein absolutes No-Go.

In dem selbst gewählten »Abhängigkeitsmodus« (»Dependency«) glauben die Team-Mitglieder, dass nur eine starke Führungspersönlichkeit alle Probleme lösen und sie vom Entscheidungsdruck unter Unsicherheit befreien kann.

Lässt sich ein CEO dazu hinreißen, die Erwartungen eines Teams im Vermeidungsmodus zu erfüllen, setzt er einen Teufelskreis in Gang. In dieser Vermeidungsvariante spricht das Team alle Macht dem starken Mann zu und negiert jede persönliche Mitverantwortung. Die Teammitglieder ziehen sich in die Passivität zurück und erwarten Antworten durch die Autorität an der Spitze.

Die ganz alltägliche freiwillige Abhängigkeit vom CEO

Zugegeben, in Zeiten zunehmender Komplexität und krisenhafter Unternehmensentwicklung ist der Blick zum CEO verführerisch. Aber auch ohne Krise ist Delegation »nach oben« keine Seltenheit – und eine Versuchung für jede Top-Führungskraft. Wir sind immer wieder erstaunt, wie schnell sich gestandene Top-Manager auch in ganz alltäglichen Situationen auf die Devise »Einer wird es wissen« zurückziehen. Wenn wir bei Team-Reviews in unseren Gesprächen hören, dass es im Team »knirscht«, die Zusammenarbeit mit manchen Kollegen »suboptimal« läuft und »mangelnde Offenheit und Berechenbarkeit« mit zahllosen Beispielen untermauert werden kann, stellen wir eine einfache Frage: »Wenn die Arbeit im Team so offensichtlich nicht funktioniert, warum sprechen Sie das nicht an?« Und wir bekommen immer ähnliche Antworten, begleitet von Schulterzucken oder leicht fatalistischem Unterton: »Das ist nicht meine Aufgabe – das muss schon unser CEO machen«; »Es müsste uns einer auffordern, die Dinge offen auf den Tisch zu legen. Das ist nun mal Chefsache«; »Jeder hat hier seine Rolle – meine ist das nicht«; »Unser CEO müsste das Offensichtliche mal ansprechen und unsere Konflikte zum Thema machen – aber das tut er halt nicht«. Hier entfaltet der bequeme »Authority-Bias« seine Wirkkraft.

Nun ist es keineswegs so, dass die Top-Manager nicht die Anerkennung im Team und die Durchsetzungskraft hätten, um unwirksame Zusammenarbeit an der Unternehmensspitze anzusprechen und positive Impulse zu setzen. Sie könnten es durchaus, entscheiden sich aber dagegen und verengen den Blick freiwillig auf den eigenen Bereich. Aus welchem konkreten Grund auch immer – eines wird deutlich: In allen diesen Fällen vermeiden es die Top-Manager, die Initiative zu ergreifen und die übergreifende Verantwortung aktiv wahrzunehmen, die sie selbstverständlich neben ihrer funktionalen Rolle innehaben. Sie nehmen ihre ureigene Aufgabe wirksamer Führungsarbeit an der Unternehmensspitze nicht angemessen wahr. Stattdessen begeben sie sich in Abhängigkeit von ihrem CEO, warten und hoffen.

Auch wir kennen die verführerische Abkürzung, durch den Blick zur Autorität schnell und bequem zur Lösung zu kommen, nicht nur aus unserer eigenen Managementerfahrung: Es war dieser typische Reflex angesichts einer schier unlösbaren Aufgabe in einer Vorlesung von Peter Senge am MIT in Boston. »Was sind die Ursachen des 11. Septembers?«, fragte Senge fast beiläufig – und schrieb auf Zuruf die Antworten der zehn Teilnehmer auf eine Tafel, die die ganze Stirnseite des Raumes einnahm. Dann skizzierte er durch Striche, wie die Ursachen aus unserer Sicht zueinander in Verbindung standen. Auf fünf Metern Breite und zwei Metern Höhe breitete sich vor unseren Augen die pure Komplexität aus. »Gut. Da wir nun die Ursachen kennen: Was sollten wir tun, um den Terrorismus zu bekämpfen?«, fragte uns Senge und schaute auffordernd in die Runde. Eine lange Stille folgte. Keiner sagte etwas. Alle schauten gebannt auf die Tafel, blätterten in ihren Notizen oder tauschten leicht irritierte Blicke aus. Dann, ganz, ganz langsam, richteten sich alle Augenpaare wie eine Kompassnadel in gespannter Erwartung auf einen Punkt aus: Peter Senge.

> Das – bewusste oder unbewusste – Vermeidungsverhalten von ganzen Teams oder Top-Managern kann sehr unterschiedliche Formen annehmen. Eines aber ist allen Beispielen gemeinsam: Die eigentliche Führungsaufgabe ist aus dem Blickfeld geraten – sei dies nun die strategische Richtungsentscheidung, die bereichsübergreifende Führungsarbeit im Top-Team oder die gemeinsame wirksame Zusammenarbeit an der Unternehmensspitze.

Wir haben gesehen: Das – bewusste oder unbewusste – Vermeidungsverhalten von ganzen Teams oder Top-Managern kann sehr unterschiedliche Formen annehmen. Eines aber ist allen Beispielen gemeinsam: Die eigentliche Führungsaufgabe ist aus dem Blickfeld geraten – sei dies nun die strategische Richtungsentscheidung, die bereichsübergreifende Führungsarbeit im Top-Team oder die gemeinsame wirksame Zusammenarbeit an der Unternehmensspitze.

»Konzentriere dich auf das, was getan werden muss«, fordert uns Ron Heifetz auf – und auch wenn es einfach klingt, ist es doch schwierig, das konsequent zu tun. Umso wichtiger ist es, das Team als Kollektiv zu nutzen, um natürliche Wahrnehmungsfehler, Fantasien, Unsicherheiten und Ängste, die von der primären Aufgabe ablenken, zu erkennen und zu bewältigen. Ein notwendiger Schritt gegen diese Vermeidungsfallen ist die »Reflexion in Aktion« im Team: das eigene Denken und Handeln und das der Kollegen im Top-Team in der Situation und aus der Beobachterperspektive gemeinsam kritisch zu betrachten.

Auf einen Blick
Die Aufgabe im Blick behalten

Herausforderungen

Es hört sich einfach an, ist aber in der Managementpraxis an der Unternehmensspitze schwer einzuhalten: Wir beobachten immer wieder, dass ganze Top-Teams und Top-Manager ihre eigentliche Aufgabe der wirksamen Unternehmensführung aus dem Blick verlieren. Häufiger als wir meinen flüchten sich auch Top-Manager – bewusst oder unbewusst – in einen Vermeidungskurs, um den Konflikten und Risiken im Management-Alltag aus dem Wege zu gehen. Ob durch »Kampf- oder Fluchtmodus« angesichts scheinbar unlösbarer Probleme, durch Rückzug auf den eigenen Bereich oder durch freiwillige »Abhängigkeit« vom CEO – in allen Varianten vermeidet die Unternehmensspitze wirksame Führung und Zusammenarbeit hinsichtlich der primären aktuellen Aufgabe.

Die Aufgabe im Blick behalten – auch angesichts von Risiken und Unsicherheiten – ist eine entscheidende Disziplin des Gelingens. Nur ein Top-Team, das inmitten des Geschehens innehält und sich gemeinsam die Frage stellt: »Was geht hier eigentlich vor?«, kann Vermeidungsverhalten, Wahrnehmungsfehler und impulsive Abwehrreaktionen erkennen und wirksam in den Griff bekommen.

▶ Die primäre Aufgabe für eine wirksame Zusammenarbeit und Führung des Unternehmens erkennen und bewusst machen.

▶ Die Widerstände und Konflikte, die der Führungsarbeit an der primären Aufgabe im Weg stehen, im Top-Team offenlegen.

▶ Das eigene Führungsverhalten im Team in konsequenter gemeinsamer »Reflexion in Aktion« auf Vermeidungsmuster prüfen.

▶ Sündenbockrhetorik als Warnsignal nutzen, um die Ursachen für Fehlentwicklungen in der eigenen Führungsarbeit zu suchen.

▶ Sich mutig im Team gegenseitig zur Verantwortung rufen, um wirksam bereichsübergreifende Führungsarbeit zu leisten.

12
Die Autorität verdienen

»Was ein hohes C ist, bestimme ich.«

Placido Domingo

▶ *Fall 1:* Das Top-Team der ZWZ-Versicherung kündigt die Gefolgschaft auf
▶ *Fall 2:* Ein CEO verweigert die Dienstleistungen der Führung

Fall 1: **Das Top-Team der ZWZ-Versicherung kündigt die Gefolgschaft auf**

Die Tür flog auf. Er rauschte herein. Wir hatten im Büro des CEO schon Platz nehmen dürfen, wir kannten ihn ja seit mehr als zwei Jahren. Der Termin war auf eine Stunde angesetzt. Er ließ seine Mappe auf den Tisch fallen, sah flüchtig zu uns herüber und schleuderte uns entgegen: »Na, und was machen wir jetzt im Team-Offsite? Ich habe zehn Minuten.« Angriffslust in seinen Augen. In seiner Nähe blies einem stets harter Wind entgegen, es gab keine Minute Entspannung. Es war wie immer: Er forderte einen heraus und wartete ab, ob man es schaffte, gegenzuhalten und sich erfolgreich aus der Klemme zu befreien. Erst dann akzeptierte er einen als würdigen Gesprächspartner. Ein Macher durch und durch. Er – wie sagt man so schön – challengte um des Challengens willen.

»Das Offsite interessiert uns nicht. Das ist nicht das Thema«, retournierten wir. Erste Irritation beim Gegenüber. »Wir reden jetzt eine Stunde ausschließlich über Sie«, ergänzten wir. Er zuckte hoch, ein Hauch von Lächeln in den Mundwinkeln. Jetzt hatten wir seine ungeteilte Aufmerksamkeit. »Sie kriegen ungefragt Feedback von uns. Und das wird nicht angenehm«, eröffneten wir das Gespräch. Neunzig Minuten später war er bereit für die nächsten Schritte. Wir ließen ihm keine Wahl.

»Sie haben in den letzten sechs Monaten Vertrauen verspielt. Sie müssen das Feedback vor dem Team offen auf den Tisch legen und sich der Kritik stellen. Das ist Ihre einzige Chance.« Und genau das tat er.

Diese kurze Eröffnungsszene unseres Treffens mit Strack, dem CEO der ZWZ-Versicherung, spiegelte perfekt wider, was das Führungsteam des Unternehmens durchlebte: Strack übte konsequent Druck aus. Trotz nachgewiesener Erfolge des Vorstands schraubte er unaufhörlich seine Ansprüche an das Team in immer größere Höhen. Und die Teammitglieder fühlten sich mehr denn je im eisernen Griff des CEO. Dabei wählte er auch für sich selbst nie den einfachen Weg, sondern stellte sich mutig jeder Herausforderung, war hart im Nehmen.

In den zwei Jahren seit Amtsantritt des neuen Führungsteams unter Leitung von Strack war dem Unternehmen eine erstaunliche Kehrtwende gelungen: In Abkehr von den Misserfolgen der Vorgänger hatte die ZWZ-Versicherung unter Führung des neuen Teams schon im zweiten Jahr die hoch gesteckten Geschäftsziele erreicht und lag auch im ersten Quartal dieses Jahres trotz hoher Ambitionen bei 100 Prozent Zielerreichungsgrad. Wichtige Transformationsprozesse waren erfolgreich aufgesetzt, und – das war der eigentliche Durchbruch – die nächsten zwei Führungsebenen standen nach anfänglicher Skepsis hoch motiviert hinter ihrem Top-Team. Strack und seine Vorstandskollegen hatten die Führungsmannschaft überzeugt. Sie hatten das Unternehmen mit klarem Ziel und engem Schulterschluss auf Erfolgskurs gebracht. Man durfte wieder stolz auf das Unternehmen und die eigenen Leistun-

Strack übte konsequent Druck aus. Trotz nachgewiesener Erfolge des Vorstands schraubte er unaufhörlich seine Ansprüche an das Team in immer größere Höhen. Und die Teammitglieder fühlten sich mehr denn je im eisernen Griff des CEO. Dabei wählte er auch für sich selbst nie den einfachen Weg, sondern stellte sich mutig jeder Herausforderung, war hart im Nehmen.

gen sein. Eigentlich also standen alle Ampeln auf grün. Auch wenn noch lange nicht Entwarnung gegeben werden konnte, sollte doch ein beharrliches Voranschreiten auf dem gemeinsam eingeschlagenen Pfad genügen. Und dennoch: In den letzten sechs Monaten seit dem vorangegangenen Offsite hatte sich eine Stimmung im Team eingeschlichen, die zunehmend von Frust, Sarkasmus und Vermeidung gekennzeichnet war.

Ein Team vor der Meuterei

»Ich hasse Montage. Ich weiß genau, da gibt es wieder nur Schmerz.« Die klaren Worte des sonst so ausgeglichenen Vertriebschefs Ahrend ließen keine Fragen offen. Die Anfangseuphorie war verflogen, sie waren hart in der Realität aufgeschlagen. Auch die anderen Vorstandsmitglieder machten keinen Hehl aus ihrer Stimmungslage. Selbst Peters, der CFO, engster Vertrauter und langjähriger Wegbegleiter Stracks, reagierte gereizt: »Die Meetings mit Strack sind der Tiefpunkt der Woche. Du kommst nicht in die Sitzung und sagst dir: ›Heute treiben wir wieder was voran!‹«

Warum sollten sie überhaupt noch in das Team investieren, fragten sich alle. »Ich glaube an die Teamdividende, aber Strack lässt doch nichts wirklich zu«, erklärte der IT-Chef. Das war einhellige Meinung im Team. Das Team-Offsite sei reine Zeitverschwendung. Bislang hatte es das Team geschafft, diese Emotionen nicht in die weiteren Ebenen der Organisation dringen zu lassen. Bilateral oder in kleiner Runde aber – ohne Strack – verschafften sich die Top-Team-Mitglieder Luft. Unsere Vorgespräche zum Offsite boten ein zusätzliches Ventil. Die Top-Manager waren sich einig: Die Situation verschlimmerte sich von Tag zu Tag.

Dem »Mood-Elevator«-Modell der Unternehmensberater Larry Senn und Jim Hart

Konnte man die Stimmung im Team noch Monate zuvor mit Worten wie zuversichtlich, zupackend, kreativ, reflektierend, wertschätzend, humorvoll beschreiben, hatte sich nun das Blatt gewendet. Die Attribute ungeduldig, besorgt, defensiv, verurteilend, selbstgerecht, verärgert und sarkastisch charakterisierten inzwischen das Verhalten einzelner Teammitglieder vor dem Offsite.

zufolge war das Team von einer positiven Stimmungslage nun in eine destruktive Negativstimmung heruntergefahren. Unser Denken bestimmt nun einmal unseren Gemütszustand und damit unsere alltäglichen Erfahrungen.

Konnte man die Stimmung im Team noch Monate zuvor mit Worten wie zuversichtlich, zupackend, kreativ, reflektierend, wertschätzend, humorvoll beschreiben, hatte sich nun das Blatt gewendet. Die Attribute ungeduldig, besorgt, defensiv, verurteilend, selbstgerecht, verärgert und sarkastisch charakterisierten inzwischen das Verhalten einzelner Teammitglieder vor dem Offsite.[104]

Der CEO im Autoritätsrausch

Auslöser für diesen gravierenden Stimmungswechsel innerhalb von sechs Monaten war aus Sicht der Teammitglieder die Führungsarbeit ihres CEO. Hierbei sahen sie ihren eigenen Anteil durchaus klar: »In allem, was ich sage, bin ich Teil des Problems. Aber was Strack nicht vorlebt, leben wir nicht nach«, brachte es einer der Top-Manager auf den Punkt. Leistungsstark, zielorientiert, hoch diszipliniert, energiegeladen und entschlossen – die Stärken von Strack waren für jeden klar erkennbar. Diese Eigenschaften eines typischen Alphas waren die solide Basis seines Erfolgs, auch im Führungsteam der ZWZ-Versicherung. Strack produzierte beste Ergebnisse und hatte bisher noch in jeder Position die Erwartungen übertroffen – für ihn Ansporn und Bürde zugleich. Um seinem eigenen Ruf ein weiteres Mal gerecht zu werden, war er in den Augen seines Teams mit seinen ausgewiesenen Stärken über das Ziel hinausgeschossen. Er war unter dauerhaftem Erfolgsdruck seinen »nahen Feinden« – Stärken, die in übersteigerter Form zu Schwächen werden – in die Falle getappt.

Sein Verhalten bot ein perfektes Beispiel für das Alpha-Syndrom, das wir bereits im Kapitel »Das Top-Team-Paradox« beschrieben haben: Die unersetzbaren individuellen Stärken von Alphas – wie unbedingter Leistungswille, Durchsetzungskraft, Unbeirrbarkeit und Wettbewerbsorientierung – können in ihrer extremen Ausprägung eine hochkritische

Dynamik im Team auslösen. Gerade für erfolgreiche Alphas ist es entscheidend, sich in komplexen Situationen nicht von den eigenen Stärken und Erfolgsmodellen verführen zu lassen – sondern konsequent den kritischen Blick auf die möglichen Nebenwirkungen des eigenen Handelns zu schärfen.

Statt die Teamarbeit und den Teamerfolg in den Mittelpunkt zu rücken, ließ sich Strack von der Welle seines persönlichen Erfolgs mitreißen. »Wenn ich scheitere, dann spült es Euch mit« war so ein Satz, den er seinem Team entgegengeschleudert hatte und der – einmal ausgesprochen – die Vertrauensbasis nachhaltig vergiftete. Dass drei Kollegen im Vorstand nicht nur nach eigener Einschätzung selbst das Potenzial für eine CEO-Position hatten, machte die Situation sicher nicht einfacher. Auch das hätte Strack bedenken müssen. Nichts war ihm gut genug, er meinte vieles selbst besser zu können.

Diese Überschätzung des eigenen Wissens und der eigenen Fähigkeiten als Spielart der natürlichen systematischen Wahrnehmungsfehler im Top-Management hatte direkte Folgen. Im Kapitel »Top-Manager sind auch nur Menschen« haben wir die häufigsten Wahrnehmungsfehler an der Unternehmensspitze beschrieben. Im Falle Stracks entfalteten sie in ihrem Zusammenspiel eine hoch unproduktive Dynamik. In vier Varianten von Stracks Führungsarbeit wurde das Team mit dieser Dynamik konfrontiert – typische Muster eines Alphas unter Stress:

1. Die Latte immer höher hängen »Strack quetscht uns aus und managt uns nach der Verschleiß-Logik – in dem Moment, in dem du scheinbar wieder tragen kannst, kriegst du was draufgeladen. Irgendwann zerbrichst du daran.« Die Erschöpfung von Vertriebschef Ahrend war deutlich zu hören. Beste Leistung führe nur zu noch höheren Ansprüchen und Erwartungen. Ein Wort des Dankes – so viel war klar – war nicht zu erwarten, sondern immer nur eine »Schippe obendrauf«.

2. Nur auf Defizite schauen Strack sei perfekt darin, Fehler zu finden, und verwende keine Zeit für das, was gut laufe, erklärten uns die Top-Manager. »Kennen Sie die Gotcha-Logik?«, fragte uns Peters, der CFO. Und erklärte weiter: »Got you! Erwischt! Strack sucht nur nach Negativem und hat dann so eine heimliche Freude, wenn er wie beim Paintball tatsächlich einen von uns erwischt.«

3. Offen Misstrauen zeigen »Er traut uns einfach nicht. Immer wieder diese destruktiven Killerfragen – das überhört man doch schon«, beschrieb der Personalchef die derzeit übliche Fragetechnik Stracks. Als ob sie einen »Schlamperladen« führten und »Dilettanten« wären, so fühlten sie sich. Das sei doch weder wertschätzend noch motivierend.

4. Andere Meinungen ausblenden Keiner hatte das Gefühl, dass Strack wirklich zuhören wollte, geschweige denn sich die Mühe machte, andere Argumente zu verstehen. »Da diskutieren wir sachlich Pros und Cons – und dann überstimmt er alle: Das ist das Allerwichtigste, Punkt«, beschrieb Ahrend diese »Basta-Methode«. Als habe man den Turnaround der letzten beiden Jahre nicht in gemeinsamer Kraftanstrengung geschafft.

Die Reaktionen des Teams pendelten zwischen Sarkasmus, offener Verzweiflung und Resignation. »Kritik an seiner Führung üben? No way, wir sind doch nicht masochistisch veranlagt.« Die Reaktion selbst von Peters als nahestehendem Vertrauten war eindeutig. »Der Chef explodiert doch sowieso wieder, sage ich mir immer. Das hat sich jetzt echt abgeschliffen«, erklärte uns der IT-Chef achselzuckend. Stillschweigend hatten die Teammitglieder ihren eigenen Umgang mit der unnachgiebigen und aggressiven Forderungshaltung von Strack gefunden. Einer brachte es so zum Ausdruck: »Da gibt es nur eins: Kontaktpunkte reduzieren und nur Positives kommunizieren.«

Die Mitglieder des Top-Teams wählten Vermeidung oder strukturierten ihre Themen so, dass eigentlich notwendige Diskussionen umgangen wurden und »die Sache« vermeintlich glatt durchging. Sie kündigten

> Die Mitglieder des Top-Teams wählten Vermeidung oder strukturierten ihre Themen so, dass eigentlich notwendige Diskussionen umgangen wurden und »die Sache« vermeintlich glatt durchging. Sie kündigten Strack stillschweigend und schleichend ihre Gefolgschaft und entfernten sich Schritt für Schritt von einer wirksamen Zusammenarbeit.

Strack stillschweigend und schleichend ihre Gefolgschaft und entfernten sich Schritt für Schritt von einer wirksamen Zusammenarbeit.

Autorität im Austausch für eine Dienstleistung

Strack war einem Trugschluss unterlegen, der auf der Ebene von Top-Teams häufig geschieht: Er hatte gedacht, seine formale Autorität sichere ihm Gefolgschaft – unabhängig von seinem Führungsverhalten. Er hatte seine Autorität schlicht und einfach überschätzt. Im Moment des höchsten Triumphes und damit der maximalen Autorität diente schon im alten Rom der Mahnruf »Memento mori« dazu, den siegreichen Feldherrn auf dem Boden der Realität zu halten. So stand hinter dem ruhmreichen Sieger, dem ein Triumphzug gewährt worden war, stets ein Sklave, der dem Feldherrn einen Lorbeerkranz oder die Jupiter-Tempel-Krone über den Kopf hielt und ihn ununterbrochen vor einer Hybris mit den Worten mahnte: »Bedenke, dass Du sterblich bist.«

> Sagen wir es einfach, wie es ist: Autorität ist nichts anderes als zugestandene Macht im Austausch für eine Dienstleistung.

Sagen wir es einfach, wie es ist: Autorität ist nichts anderes als zugestandene Macht im Austausch für eine Dienstleistung. Schon in einfachsten Formen menschlichen Zusammenlebens findet sich dieses Verständnis von Autorität – das der französische Anthropologe Claude Lévi-Strauss auf seiner Suche nach den Ursprüngen von Gesellschaftsformen Ende der 1930er Jahren entdeckte: Selbst bei brasilianischen Indianerstämmen könne sich ein Häuptling bei seinen vielfachen Funktionen »weder auf eine präzise Macht noch eine öffentlich anerkannte Autorität stützen«. »Die Macht beruht einzig auf der Zustimmung, und aus dieser Zustimmung bezieht er auch seine Legitimation.«[105] Neben der Zustimmung aber als psychologische Grundlage ist die Gegenseitigkeit ein zentrales Attribut der Macht: Zwischen dem Häuptling und der Gruppe »entsteht ein sich ständig erneuerndes Gleichgewicht zwischen Leistungen und Privilegien, Diensten und Pflichten«.[106] Mit anderen Worten: Erbringt der Häuptling, also die Führungskraft, nicht die von ihm erwartete professionelle Dienstleistung, so entziehen ihm die anderen die Autorisation und damit die Gefolgschaft.

Es sind also die konkreten Erwartungen derjenigen, die – formell oder informell – Autorität gewähren, die den engen Rahmen und die Grenzen der Autorität definieren. Welche Form von Dienstleistung meinen wir? Ron Heifetz verdanken wir den plakativen Vergleich mit einem »Silberrücken« – dem Alphatier in einem Gorilla-Clan. In seinem Seminar in Harvard brachte er mit diesem Bild die grundlegenden Verantwortlichkeiten auf den Punkt, die mit Autorität in einer hierarchischen Struktur verbunden sind – ganz gleich, ob man an der Spitze eines Teams, eines Bereichs oder einer Organisation steht. Der Silberrücken übernimmt traditionell fünf zentrale Dienstleistungen für sein Rudel:

1. Richtung geben,

2. Schutz sichern,

3. Orientierung bieten,

4. Ordnung gewährleisten,

5. Normen aufrechterhalten.

Normen aufrechterhalten? »Ja, denn ein Gorilla wird nun mal nicht mit dem Wissen geboren, was ein Gorilla so zu tun hat«, schloss Heifetz seinen Ausflug in die Tierwelt ab.[107]

Autorität ist also per definitionem fragil – abhängig von den Erwartungen anderer und der eigenen Dienstleistung, kann sie jederzeit entzogen werden.

Wir erinnern uns noch gut an die Einstiegsszene bei einem Gastvortrag von Ron Heifetz in INSEAD ein Jahr später. Es waren einige Gerüchte über die ungewöhnliche Methode des Harvard-Professors im Umlauf. Die Skepsis im Raum war deutlich zu spüren. »Na, wie viel Zeit gebt Ihr mir, um meine Autorität unter Beweis zu stellen und zu verdienen?«, fragte er in die Runde. »Die

> Autorität ist also per definitionem fragil – abhängig von den Erwartungen anderer und der eigenen Dienstleistung, kann sie jederzeit entzogen werden.

Uhr tickt. Maximal drei Minuten werden wir ihm geben, diesem Harvard-Typen, sagt Ihr Euch vermutlich. Aber dafür erwartet ihr Außergewöhnliches und zwar schnell.« Mit diesen Worten ging er einen Schritt zurück, stolperte – tatsächlich unbeabsichtigt – über seine am Boden liegende Tasche, blickte uns an und sagte: »Okay, jetzt habe ich nur noch 30 Sekunden.« So schnell kann es gehen mit der Enttäuschung von Erwartungen und dem Verlust von Autorität – zumindest in den Augen derer im Seminar, die mit Autorität einen makellosen Auftritt und Fehlerlosigkeit identifizierten.

Führung an den Grenzen der Autorität

Führungsarbeit sollte also, um Autorität zu sichern, schlicht die Erwartungen der anderen erfüllen? Nein. Führung muss die Grenzen der Autorität überschreiten – in einem Ausmaß, das von den Teammitgliedern verkraftet wird.

»Führen ist gefährlich«, so formuliert Heifetz sein Verständnis und seinen Anspruch an Führung.[108] Die Gefahren der Führung liegen genau darin, sich nicht darauf zu beschränken, allein die Erwartungen der anderen zu erfüllen. Das wäre ein enges Korsett für Führungshandeln und würde dem entwicklungsorientierten Kern von Führung nicht gerecht. Heifetz erinnert damit an die Ursprünge von Führung, die heute in Vergessenheit geraten sind: Führen heißt voranzugehen. »Leader« entstammt dem indo-germanischen »leit« und bedeutet »gehen, fortgehen, sterben«.

> **Führung muss die Grenzen der Autorität überschreiten – in einem Ausmaß, das von den Teammitgliedern verkraftet wird.**

Es bezeichnete eben jenen Fahnenträger an der Spitze einer in den Kampf ziehenden Armee, der üblicherweise beim Feindesangriff als Erster starb. Es war sein Tod, der die nachfolgende Armee vor der bevorstehenden Gefahr warnte. Ähnliches berichtet Claude Lévi-Strauss von seinen Expeditionen zu Indianervölkern in Brasilien: Das Privileg des Häuptlings sei es, als erster in den Krieg zu ziehen. Führung erfordert also im ursprünglichen Wortsinn Mut.

Das ist die große Herausforderung von Führung: nicht nur die traditionellen Erwartungen an Autorität zu erfüllen, sondern Mut zu zeigen und Risiken einzugehen; die Teamkollegen herausfordern, Tabus ansprechen, Widersprüche aufzuzeigen, den Status quo infrage zu stellen, überfordern, auch auf Kosten von Enttäuschungen die Grenzen der Autorisation auszudehnen – ohne die Gefolgschaft auf dem Weg zu verlieren.

Führung heißt, die eigene Glaubwürdigkeit und Position aufs Spiel zu setzen, um an grundsätzlichen Fragen und Problemen zu arbeiten und damit dem üblichen Lösungsrahmen zu entfliehen. Führen heißt also, das zu sagen, was andere hören müssen, nicht, was sie hören wollen.

Genau das ist die große Herausforderung von Führung: nicht nur die traditionellen Erwartungen an Autorität zu erfüllen, sondern Mut zu zeigen und Risiken einzugehen: die Teamkollegen herauszufordern, Tabus anzusprechen, Widersprüche aufzuzeigen, den Status quo infrage zu stellen, überfordern, auch auf Kosten von Enttäuschungen die Grenzen der Autorisation auszudehnen – ohne die Gefolgschaft auf dem Weg zu verlieren.

Denn Top-Manager, die mutige Führung in diesem Sinne praktizieren, überschreiten per definitionem die Grenzen ihrer ursprünglich zugestandenen Autorität. Die zentrale Frage ist doch: Versteht man unter Führung nur die Erfüllung üblicher Erwartungen an Autorität oder will man entwicklungsorientierte Führungsarbeit an und über die Grenzen der Autorität leisten? Es gilt also, im Einzelfall die angemessene Antwort zu wählen. Was wären für einen CEO wie Strack die Alternativen in der Führungsarbeit gewesen? Die Abbildung »Das Beispiel des CEO der ZWZ-Versicherung: Alternativen der Führung in und jenseits der Grenzen der Autorität« stellt diese Varianten pointiert gegenüber.

Führung und die Enttäuschung anderer

Führungskräfte auf Top-Ebene sollten nicht primär gefallen wollen, sondern irritieren und Gefahren in Kauf nehmen. Im Fall des sehr reifen und potenten Top-Teams von Strack war genau diese risikoreiche Führung durchaus erwünscht. Aber eben nicht jeder Schritt außerhalb der

Das Beispiel des CEO der ZWZ-Versicherung: Alternativen der Führung in und jenseits der Grenzen der Autorität

Erwartungen erfüllen	In Führung gehen
1. Richtung geben	
… indem er selbst die strategische Zielrichtung und den Lösungsrahmen für die Umsetzung definiert – **oder**	… indem er grundlegende Fragen und Problembereiche adressiert und das Team konsequent in konfliktreichem Dialog zu einer gemeinsamen Antwort führt.
2. Schutz sichern	
… indem er das Team vor äußeren Angriffen beispielsweise des Aufsichtsrats schützt – **oder**	… indem er die Angriffe offenlegt und das Team den Druck und Unsicherheiten in gewissem Ausmaß spüren lässt.
3. Orientierung bieten	
… indem er Rollen und Verantwortlichkeiten gleich bei ersten Problemen anpasst – **oder**	… indem er dem Handlungsdruck widersteht, seine Teammitglieder in die bereichsübergreifende Verantwortung zwingt und die Rollenkonflikte im Team offen austragen lässt.
4. Ordnung gewährleisten	
… indem er selbst schnell und unmittelbar Konflikte löst oder Lösungen vermittelt, quasi »von oben« – **oder**	… indem er zuspitzt, tieferliegende, auch persönliche Ursachen der Konflikte anspricht und offenlegt.
5. Normen aufrechterhalten	
… indem er die Einhaltung der gemeinsam definierten Normen wirksamer Zusammenarbeit immer wieder einfordert – **oder**	… indem er unproduktives Verhalten seiner Teammitglieder direkt adressiert, selbst Normen vorlebt und sich explizit daran messen lässt.

traditionellen Autorität ist Führung in diesem Sinne. Strack – das zeigt die Reaktion des Top-Teams – hatte in seiner fordernden Führungsarbeit die Grenzen konstruktiven Challengens überschritten: Mit seiner internen Kampfansage (»Wenn ich scheitere, dann spült es Euch mit«) hatte er die Schutzfunktion für die Teammitglieder aufgekündigt. Sicherheit war von ihm nicht mehr zu erwarten. Offensichtliche Konflikte und Meinungsverschiedenheiten, blendete er aus und wischte sie vom Tisch. Normen der konstruktiven Zusammenarbeit hatte er für sich umdefiniert. Er hatte sich mit seiner Führungsarbeit zu weit von dem Kern der ihm gewährten Autorität entfernt.

Die Enttäuschung anderer ist zwangsläufig Teil der Führungsarbeit. Es ist nur die Frage, wer in welchem Ausmaß enttäuscht werden kann, ohne dass die Gefolgschaft aufgekündigt wird. Daniel Vasella, ehemaliger CEO der Pharmakonzerns Novartis, benennt diesen Anspruch an Führung im Spannungsfeld, die Erwartungen anderer manchmal zu erfüllen, manchmal zu enttäuschen: »Ich denke, es ist wichtig, die konkrete Situation zu sehen und was die Menschen von dir erwarten und erhoffen. Aber als Führungspersönlichkeit bist du nicht da, um den Menschen all das zu geben, was sie sich erhoffen. Dein Job ist es, die Menschen zu überzeugen, das zu tun, was du langfristig als richtig erachtest. Menschen wollen, dass du führst. Und wenn du führst, wirst du verletzen. Mal wirst du zufriedenstellen, mal wirst du feiern und mal enttäuschen. Das ist alles Teil deines Jobs.«[109]

In der Welt der Großkonzerne mit Matrixorganisationen gilt dies per se: Denn die Logik der Enttäuschung ist hier schon in den Strukturen angelegt und Bestandteil der täglichen Arbeit. Schließlich beruht die Logik der Matrix auf der Annahme, dass der Kompromiss zwischen Regionalgesellschaften und funktionalen, zentralen Unternehmenseinheiten zur optimalen Lösung führe. Dass diese Annahme in der Realität in allseits erschöpfenden Revierkämpfen mündet, zeigt die Grenzen der theoretischen Idee – und die Angst, die eigenen Mitstreiter zu enttäuschen. Im Falle Stracks war die Situation klar: Vor der Wahl, als CEO den hoch anspruchsvollen Forderungen des Aufsichtsrats nachzugeben oder das eigene Team nicht zu enttäuschen, hatte er sich eindeutig für den Aufsichtsrat entschieden.

Das Team im »produktiven Ungleichgewicht«

Strack hatte über lange Zeit vermocht, wirksam an den Grenzen seiner Autorität zu balancieren: Seine effektivste Methode war, Konfliktpunkte offenzulegen und das Team systematisch über das gemeinsame Abarbeiten an diesen Konflikten zusammenzuschweißen – eine kollektive Anstrengung, der sich nur wenige CEOs so konsequent stellen. Denn zu viele scheuen noch immer vor der enormen Anstrengung und dem Risiko zurück, eine Gruppe von Alphas gezielt und gegen alle natürlichen Widerstände in die konstruktive Zusammenarbeit als Team zu treiben. Nicht allein die am Ende errungene Lösung, sondern der gemeinsame Prozess des durchaus hoch emotionalen Dialogs bildete den Grundstein für eine starke Teamkohäsion, wie wir es selten erlebt haben. Strack hatte die Grundlage für eine gemeinsame Verantwortlichkeit in seinem Team geformt, in der gegenseitiges bereichsübergreifendes Challengen nicht als persönlicher Angriff, sondern als konstruktiver Beitrag aufgenommen wurde. Diese so hoch wirksame Zusammenarbeit im Top-Team waren Stracks Mut zum Risiko und seiner Hartnäckigkeit – seinem Willen zur Führung – zu verdanken.

Strack hatte in der Anfangsphase genau das getan, was Führungsstärke auf Top-Ebene verlangt: das Team unerbittlich aus der Komfortzone herausholen, um Entwicklung zu ermöglichen. Er hatte das Team erfolgreich über nahezu zwei Jahre in einem risikoreichen »produktiven Ungleichgewicht«[110] gehalten, ohne dass die Stimmung ins Negative gekippt war.

Gerade in Krisenzeiten ist die Führung eines Top-Teams in »produktivem Ungleichgewicht« eine wahre Herausforderung. Denn Krisensituationen verleiten allzu rasch zu Dramatisierung und Druck anstatt balancierter Führungsarbeit. In unserem Kapitel »Die Spannung regulieren« zeigen wir an weiteren konkreten Fallbeispielen, wie entscheidend es für Top-Ma-

> Strack hatte in der Anfangsphase genau das getan, was Führungsstärke auf Top-Ebene verlangt: das Team unerbittlich aus der Komfortzone herausholen, um Entwicklung zu ermöglichen. Er hatte das Team erfolgreich über nahezu zwei Jahre in einem risikoreichen »produktiven Ungleichgewicht« gehalten, ohne dass die Stimmung ins Negative gekippt war.

nager ist, äußere Krisen gemeinsam gezielt zu bewältigen – um sie nicht zu inneren Krisen eskalieren zu lassen.

Ist man aber einmal in diese negative Stimmung abgerutscht, wirken die gemeinsame Erfahrung und der Austausch mit Teammitgliedern wie ein zusätzlicher Motor auf dem Weg in die Negativspirale. Das hat weitreichende Folgen: Ein Team in Negativstimmung und in emotionalem Stress ist bei Weitem nicht so leistungsfähig in seiner Führungs- und Zusammenarbeit. »So ist das nun mal, schlechte Stimmung muss man auch mal aushalten«, könnte man lapidar sagen. Aber was sich so alltäglich anhört, hat – wie in diesem Fall – durchaus einschneidende Konsequenzen für die wirksame Zusammenarbeit im Top-Team. Unser Gemütszustand prägt unser Handeln. In positiver Stimmungslage sind wir fähig, mit klarem Kopf kreativ zu denken und selbstbewusst zu handeln. Wir hören zu, bemerken Zwischentöne, behalten den Überblick, sind entscheidungsfähig und kooperativ. Wir sind individuell auf der Höhe unserer Leistungsfähigkeit – und bestens aufgestellt, um im Team konstruktiv zusammenzuarbeiten.

In negativer Stimmung aber verengt sich unser Denken. Unsere Sorgen beherrschen unser Handeln, ganz gleich, ob unsere Befürchtungen real werden oder nicht. Wir sehen die Dinge unscharf, drehen uns schnell im Kreise, schotten uns ab.

In negativer Stimmungslage reduziert sich damit unsere Wirksamkeit – individuell und mehr noch im Team – drastisch. Daniel Goleman beschreibt in seinem Klassiker *Emotionale Intelligenz* sehr eindrücklich, wie sich eine negative Stimmung auf die Gruppenintelligenz auswirkt. Er verweist auf die Tatsache, dass die Gruppenintelligenz, der Gruppen-IQ als Summe der Talente und Fähigkeiten aller Beteiligten, maßgeblich von der Fähigkeit abhängt, ein soziales Gleichgewicht zu erzeugen: »In Gruppen, wo – aus Angst oder Wut, aufgrund von Rivalitäten oder Ressentiments – die emotionalen Spannungen groß sind, können die Leute nicht ihr Bestes geben.«[111]

Bei einem konstruktiven Miteinander, in einem »produktiven Ungleichgewicht« dagegen kann die Gruppe aus den Fähigkeiten ihrer kreativsten Mitglieder den größtmöglichen Nutzen ziehen. Der nicht nur potenzielle, sondern tatsächliche IQ einer Gruppe ist also maßgeblich von ihrem EQ, der emotionalen Intelligenz der Gruppe, abhängig.

Um das produktive Ungleichgewicht in der Führung von Top-Teams zu wahren und die innere Aufkündigung der Gefolgschaft zu vermeiden, bleibt nur eins: die schonungslose selbstkritische Betrachtung des eigenen Führungshandelns und ein klarer Blick darauf, was man dem Team gerade noch zumuten kann. Das Korrektiv des Teams an der Unternehmensspitze ist unverzichtbar. In der Abbildung »Die Autorität verdienen: Verhaltensmuster im Top-Team« haben wir sichtbare Zeichen des Misslingens und des Gelingens für eine produktive Führungsarbeit im Team in und an den Grenzen der Autorität gegenübergestellt. Die Frage, die auch hier über allem steht, ist doch: Wann fördert Führung die gemeinsame Verantwortlichkeit im Team – und wann nicht?

Genau das hatte Strack gelernt. Am Morgen nach zwei Tagen Offsite hatte Stracks Team eine Arbeitssitzung angesetzt. Wir erlebten ein hoch engagiertes Team in der Diskussion. Gut gestimmt, aufgegleist. Sie hatten es gemeinsam geschafft, sich aus der Negativspirale herauszuarbeiten. Sie hatten ihren ganzen Mut zusammengenommen, nicht nur Strack, sondern danach jedem einzelnen in offener Runde ehrlich Feedback gegeben. Sie hatten ein gutes Stück Vertrauen zueinander zurückgewonnen und aufgebaut. Sie hatten es gemeinsam aus eigener Kraft geschafft – und das Gefühl der Selbstwirksamkeit beflügelte sie. Und trotzdem: Das alles war nur möglich gewesen, weil einer den ersten Schritt getan und das kritische Feedback sogar schwarz auf weiß mit allen geteilt hatte – zum Nutzen des Teams. Einer hatte die Herausforderung des Führens angenommen, sich voll ins Risiko gestellt und sich seine Autorität im Team in ganz wörtlichem Sinne verdient.

Bei einem konstruktiven Miteinander, in einem »produktiven Ungleichgewicht«, kann die Gruppe aus den Fähigkeiten ihrer kreativsten Mitglieder den größtmöglichen Nutzen ziehen. Der nicht nur potenzielle, sondern tatsächliche IQ einer Gruppe ist also maßgeblich von ihrem EQ, der emotionalen Intelligenz der Gruppe, abhängig.

Zeichen des Misslingens	Zeichen des Gelingens
Mitglieder des Top-Teams erwarten und erhalten Antworten und Lösungen zu zentralen Fragen von ihrem CEO.	Mitglieder des Top-Teams ringen gemeinsam im konstruktiven Dialog um die beste Lösung.
Mitglieder des Top-Teams ziehen sich auf ihre Rolle und ihren Bereich zurück.	Mitglieder des Top-Teams challengen sich gegenseitig in gemeinsamer Verantwortung.
Mitglieder des Top-Teams meiden offene Konflikte und erwarten Entscheidungen durch den CEO.	Mitglieder des Top-Teams sprechen Konflikte offen an und suchen nach tieferliegenden Ursachen.
Mitglieder des Top-Teams erwarten von ihrem CEO vorgelebtes wirksames Verhalten und stetiges Anmahnen der Disziplin.	Mitglieder des Top-Teams halten sich gegenseitig verantwortlich für wirksame Zusammenarbeit und lassen sich daran messen.
Mitglieder des Top-Teams akzeptieren unwirksame Verhaltensweisen ihres CEO.	Mitglieder des Top-Teams adressieren unwirksames Verhalten jedes Mitglieds, auch des CEO.

Fall 2: Ein CEO verweigert die Dienstleistungen der Führung

Eine Fehleinschätzung der eigenen Autorität, gerade in der exponierten Führungsposition eines CEO, ist kein Einzelfall. Stracks Verhaltensmuster als CEO der ZWZ-Versicherung spiegelt den massiven Erfolgsdruck, die hohe Schlagzahl von Entscheidungen und die Taktung täglicher Veränderungen auf Top-Ebene wider, die es einzukalkulieren gilt: rasant, mit direktem Eingriff in Details, nahezu aktionistisch, unnachgiebig, fordernd bis über die Schmerzgrenze. Das ist die klassische Erfolgsfalle für CEOs, mit entsprechend negativen Folgen für das Führungsteam.

Ein Zuwenig in der Wahrnehmung der Autorität im Führungsteam hat jedoch eine ähnlich große Sprengkraft wie ein Zuviel. Auch das konnten wir beobachten: Berner, CEO der nationalen Geschäftseinheit eines internationalen Technologiekonzerns, ein »Silberrücken«, der die wichtigsten Dienstleistungen schlicht verweigerte. »Sein Standardsatz lautet: ›Das müsst Ihr lösen‹ – nicht ohne den Nachsatz zu vergessen: ›Oder ich ziehe Konsequenzen‹«, sagte der Senior im Team, Produktionschef Hassel. Er war sichtlich irritiert über die offenen Drohungen. »Berner macht sehr deutlich: Wer schwächelt, muss seinen Hut nehmen«, ergänzte der Vertriebschef. Er brachte die Sache auf den Punkt: Berner distanziere sich und verstehe sich offensichtlich nicht als Teil des Teams. Im Gegenteil, es verbreitete sich das Gefühl, dass der Chef wohl nur als Erster seine »Haut retten wolle«.

> Ein Zuwenig in der Wahrnehmung der Autorität im Führungsteam hat jedoch eine ähnlich große Sprengkraft wie ein Zuviel.

Berner hatte sich nach langem Zögern zu einem Teamworkshop entschlossen, nicht ohne seine Skepsis deutlich zum Ausdruck zu bringen. Er hatte sich in Abwehrstellung gebracht und jegliche Kritik an seiner Führungsarbeit mit einer Mischung aus Sarkasmus, Dinge herunterzuspielen und einer dicken Teflonschicht an sich abprallen lassen. Nach drei intensiven Vorgesprächen mit uns hatte er Schritt für Schritt diese Defensivhaltung aufgegeben und war langsam aus der Deckung gekommen. Er war gut auf das Offsite und das, was ihn dort wohl erwarten würde, eingestimmt. Wir hatten uns im Team umgehört und von dieser Seite ein klares Bild gewonnen.

Führen in Extremen: Drohgebärden, Freiräume und Machtworte

Vor dem Hintergrund seiner Drohgebärden praktizierte Berner eine Führung in Extremen: Berner nutzte seine formale Autorität, um einerseits an das Team maximale Verantwortung zu delegieren und andererseits mit maximaler Wucht in Entscheidungen seiner Teammitglieder einzugreifen, also Lösungsprozesse im Team per Machtwort zu beenden.

Berner bewegte sich in seiner Führungsarbeit in diesem Spannungsfeld somit zwischen zwei Polen:

1. Delegation von Verantwortung bis zur Schmerzgrenze Berner hatte sich auf eine Marschrichtung festgelegt und eine weitreichende Umstrukturierung des Unternehmens mit massiven Konsequenzen an den Kundenschnittstellen als Ziel ausgegeben. Aber er gab nur das grobe Ziel vor – ohne Zeichen konkreter Orientierung für den Weg. »Ist das noch Delegieren oder nur Wegschieben von Verantwortung?«, fragte sich einer der Top-Manager. Unter anderen Umständen hätte diese Führungsvariante mit größtmöglichem Freiraum die Tatkraft sicherlich beflügelt. Stracks erfahrenes Team wäre mit dieser groben Richtschnur vermutlich zu Hochform aufgelaufen – nicht so Berners Führungsteam. Dazu war die Aufgabe zu gewaltig.

> Berner nutzte seine formale Autorität, um einerseits an das Team maximale Verantwortung zu delegieren und andererseits mit maximaler Wucht in Entscheidungen seiner Teammitglieder einzugreifen, also Lösungsprozesse im Team per Machtwort zu beenden.

Der enorme Erwartungsdruck wirkte auf Berners Team zersetzend. Aber mehr Orientierung war von ihm nicht zu erwarten, das ließ er jeden spüren. Mit dieser Fallhöhe überforderte er sein junges Team. Die Hälfte seines neu zusammengesetzten Führungsteams hatte er selbst intern auf die oberste Führungsebene befördert. »Er ist doch der wichtigste Spieler im Team – da muss er auch konkreter nachhaken. Diese Ansprüche im Gießkannenprinzip und die kräftigen Ansagen, ohne Orientierung zu geben, das läuft ins Leere«, erklärte einer der Top-Manager. Das mache den CEO zunehmend unglaubwürdig.

2. Ad-hoc-Durchgriffe ohne Dialogbereitschaft Berner griff ad hoc in Entscheidungen ein – und sprach ein Machtwort, schnitt Diskussionen ab, unberechenbar, nicht vorhersagbar. Das notwendige Maß an Erwartungssicherheit, das für konstruktive Zusammenarbeit im

Team unerlässlich ist, war Berner nicht bereit zu liefern. Statt die Lösungsfindung im Team zu fördern, griff er unversehens und unsteuerbar ins Geschehen ein – erlaubte keine weitere Diskussion. »Er ist halt ›trigger happy‹, schnell am Abzug«, erklärte uns ein Teammitglied. Er entwickle dann eine sehr hohe Dynamik, höre die Argumente der anderen gar nicht mehr und sei für Kritik nicht empfänglich. Diskussionen zu Vor- und Nachteilen oder gar Konsequenzen seien dann unmöglich. Er sei sehr schnell in einer Schwarz-Weiß-Logik und ziehe sein Ding durch.

Aber genau das sei das Problem: »Keiner traut sich, ihm zu widersprechen, dabei wissen alle, dass es so nicht funktioniert – jeder schweigt.« Ein Top-Manager machte keinen Hehl daraus, dass die Misstrauensatmosphäre mit Druck und Dialogverweigerung für jeden einzelnen wirklich bedrückend sei. Dabei müsse Berner doch dazu beitragen, dass die Kollegen den Mut haben, offen im Team zu sprechen. Man müsse ihn eigentlich ab und zu »von der Palme pflücken«, um ihn und das Team zu schützen. Aber genau das traue sich keiner. Von einer Teamleistung sei man weit entfernt. Höchste Ansprüche, grobe Richtung, Ad-hoc-Machtworte statt Unterstützungsleistung oder produktives Challengen in täglichen Diskussionen und Konflikten – die Eckpunkte von Berners Führungsarbeit entzogen den Teammitgliedern jeglichen Schutz und Sicherheit.

Die verweigerte Führungsleistung und ihr Schatten in das Team

Vor dem Hintergrund einer alles überlagernden Drohkulisse mit »Konsequenzen« verstärkte sich die angstgetriebene Negativstimmung im Team – mit deutlich sichtbaren Folgen für die Zusammenarbeit im Top-Team und die Führungsarbeit der Manager in ihren Bereichen.

In diesem Spannungsfeld zwischen breiten Handlungsspielräumen aufgrund fehlender Leitplanken und plötzlicher Einengung durch Machtworte »von oben« versuchten die Teammitglieder zurechtzukommen – mit sehr begrenztem Erfolg.

Zwei direkte Folgen der Führungsarbeit Berners waren allgegenwärtig. *Erstens*: Viele Themen wurden im Team nicht ausdiskutiert und abgeschlossen. Allzu dominant funkte Berner dazwischen – und ließ seine Teammitglieder mit einem Wust ungeklärter Fragen und Widersprüche zurück. An eine rasche Umsetzung dieser Schnellschussentscheidungen aber war nicht zu denken – die Organisation verlor rapide an operativer Geschwindigkeit und Präzision. *Zweitens*: Viele Themen wurden im Sinne des eigenen Bereichs geregelt und Entscheidungen entsprechend interpretiert. Unter dem Damoklesschwert Berners waren eine offene Diskussion mit Teamkollegen und gegenseitiges Vertrauen undenkbar. Unabgestimmte Aktionen und Bereichsegoismen nahmen unweigerlich zu – und schwächten das crossfunktionale Räderwerk sowie die Leistungsfähigkeit der Organisation zusätzlich.

> In diesem Spannungsfeld zwischen breiten Handlungsspielräumen aufgrund fehlender Leitplanken und plötzlicher Einengung durch Machtworte »von oben« versuchten die Teammitglieder zurechtzukommen – mit sehr begrenztem Erfolg.

»Es findet schleichender Abrieb statt.« Mit diesem Satz meinte Produktionschef Hassel nicht nur die Leistungsfähigkeit des Teams, sondern auch den wachsenden Zweifel an der Autorität Berners und die stille Aufkündigung der Gefolgschaft.

> »Es findet schleichender Abrieb statt.« Mit diesem Satz meinte Produktionschef Hassel nicht nur die Leistungsfähigkeit des Teams, sondern auch den wachsenden Zweifel an der Autorität Berners und die stille Aufkündigung der Gefolgschaft.

Keine Frage, das folgende Team-Offsite rückte das Team wieder näher an Berner – er stellte sich offen dem Feedback. Aber von seinem Führungsverständnis, das sich ausschließlich an seinen Maßstäben orientierte, nicht aber auch an der Situation und der Zusammensetzung seines Teams, rückte er nur wenig ab. Es wäre sicher nur eine Frage von Monaten gewesen, bis sein Verständnis von Autorität erneut destruktiv auf die Führungs- und Zusammenarbeit in seinem Team gewirkt hätte – hätte nicht die Neustrukturierung des Konzernverbunds ihn vor neue Aufgaben gestellt. Zugegeben, »Berner« ist ein extremer Fall. Dienstleistungsverweigerung der klassischen Erwartungen an Autorität einerseits und Missbrauch von Autorität weit jenseits der üblichen Grenzen andererseits.

Und doch zeigt der Fall Berner ebenso wie das Beispiel von Stracks Top-Team sehr klar: Der CEO muss sich mutig dem Korrektiv der Teammitglieder stellen, um gemeinsam dauerhaft wirksame Zusammenarbeit und Führungsarbeit in der Organisation zu entwickeln. Wir haben es zuvor gesagt: Führungsarbeit darf nicht nur die Erwartungen der Teammitglieder bedienen, sondern muss sehr viel mehr leisten. Und dennoch sollte aufmerksame und selbstkritische Führung das eigene Team nicht in eine solche unproduktive Dynamik stürzen, dass die Autorität und Gefolgschaft auf dem Spiel stehen. Umso wichtiger ist also die aktive Rolle der Team-Mitglieder: Denn es ist die gemeinsame Verantwortung der Manager im Top-Team, couragiert destruktives Verhalten jedes Teammitglieds, auch des CEO, anzusprechen.

> **Der CEO muss sich mutig dem Korrektiv der Teammitglieder stellen, um gemeinsam dauerhaft wirksame Zusammenarbeit und Führungsarbeit in der Organisation zu entwickeln. Es ist die gemeinsame Verantwortung der Manager im Top-Team, couragiert destruktives Verhalten jedes Teammitglieds, auch des CEO, anzusprechen.**

Wir greifen gerne nochmals auf die Beobachtungen von Lévi-Strauss zurück, um an die nur geliehene Autorität der obersten Führungskraft zu erinnern: »Ein tadelnswertes Verhalten […] [kann] das gesamte Programm des Häuptlings […] in Frage stellen. […] Er muss also eine Geschicklichkeit an den Tag legen, die mehr der eines Politikers ähnelt, der eine schwankende Mehrheit bei der Stange zu halten versucht, als der eines allmächtigen Herrschers.«[112]

Das »produktive Ungleichgewicht« in der Führung von Top-Teams zu wahren und gleichzeitig den Zusammenhalt zu sichern, erfordert von Managern an der Unternehmensspitze hohe Disziplin – in der selbstkritischen Betrachtung des eigenen Führungshandelns und der realistischen Einschätzung, was man dem Team zumuten kann. Das Korrektiv des Teams an der Unternehmensspitze ist dafür unverzichtbar.

Auf einen Blick
Die Autorität verdienen

Formale Autorität – ob in der Rolle des CEO oder des Bereichsvorstands – wird häufig fehlinterpretiert: als Freifahrtschein für Dominanzverhalten oder als Aufforderung, lediglich den klassischen Erwartungen an Führung gerecht zu werden. Das heißt: Richtung geben, Schutz sichern, Rollen definieren, Konflikte lösen, Normen einfordern. Wirksames Führen und Vorleben auf Top-Ebene aber erfordert Mut zum Risiko – ein Team konsequent aus der Komfortzone führen und in die übergreifende Verantwortlichkeit treiben, Konfliktpunkte offenlegen, gemeinsame Lösungsfindung konstruktiv vorleben und sich daran messen lassen. Dies immer in einem Ausmaß, das von den Mitgliedern verkraftet werden kann.

Die Autorität verdienen – durch wirksames Balancieren an den Grenzen der Autorität – ist also eine entscheidende Disziplin des Gelingens. Nur der Manager, der das Team in ein »produktives Ungleichgewicht« führt, ohne die Gefolgschaft zu verlieren, kann wirksam führen. Und er fördert und lebt damit das Verhalten vor, das von jedem einzelnen Teammitglied gefordert ist: die gemeinsame Verantwortlichkeit – auch in der Kritik des eigenen CEO oder anderer Teammitglieder.

Elemente des Gelingens

▶ Die Erwartungen der Teammitglieder an Autorität – in den Kategorien Richtung, Schutz, Orientierung, Ordnung, Normen – verstehen.

▶ Die Teammitglieder nicht nur über sichere Antworten führen, sondern Fragen stellen, Konflikte offenlegen, Verhalten reflektieren.

▶ Das Team aus der Komfortzone hinausführen und in einem »produktiven Ungleichgewicht« wirksam werden lassen.

▶ Andere Teammitglieder für das gemeinsame Ziel verantwortlich halten und kritische Punkte crossfunktional transparent machen.

▶ Mutig Missbrauch von Autorität adressieren und angemessene Führung an den Grenzen der Autorität einfordern.

13

Den Konflikt nutzen

»Wenn du nicht kritisiert wirst, tust du wohl nicht viel!«

Donald Rumsfeld

▶ *Fall 1:* Das Top-Team der GERADAG verweigert den Konflikt
▶ *Fall 2:* Der CEO der Syna Systems setzt auf Kompromisse

Fall 1: Das Top-Team der GERADAG verweigert den Konflikt

Hagenbucher hakte nach: »Damit ich Sie richtig verstehe: Ich habe Sie geholt, um die Konflikte in unserer Organisation in den Griff zu kriegen – und Sie behaupten, wir hätten nicht zu viel, sondern zu wenig Konflikte?« Die tiefe Irritation über das Ergebnis unseres Leadership-Reviews war Hagenbucher überdeutlich anzumerken. Seit fünf Jahren war er CEO der GERADAG Automation, eines globalen Technologieführers im Anlagenbau. Seine eigene – sehr klare – Einschätzung seiner »durch Konflikte völlig gelähmten Organisation« hatte er uns drei Wochen zuvor in unserem ersten Vorgespräch erläutert: »Unsere Führungskräfte und selbst die anderen sieben Mitglieder meines Top-Teams blockieren sich durch die in unsere Organisation eingewobenen Konflikte völlig. Alles wird zu mir hocheskaliert. Und ich muss dann als CEO Entscheidungen treffen, die eigentlich zwei, drei Ebenen tiefer getroffen werden sollten. Wir müssen hier Prozesse einziehen, um Konflikte früh zu erkennen und schon bei ihrer Entstehung zu lösen.« Sein erklärtes Ziel, so hatte Hagenbucher im Vorgespräch seinen Anspruch formuliert, sei eine konfliktfreie und damit endlich »hoch agile« Organisation.

Wir hatten Hagenbucher im Vorgespräch schließlich davon überzeugt, dass – wie er sich ausdrückte – »so ein Konflikttraining für unsere Führungskräfte« mit Sicherheit der falsche Weg wäre. Weil das Ziel einer konfliktfreien Organisation als solches weder realistisch noch sinnvoll sei. So unrealistisch Hagenbuchers Vorstellungen einer »technischen Lösung« des Konfliktproblems der GERADAG sein mochten – seine Beschreibung der Symptome seiner »blockierten Organisation« erwies sich, so stellten wir im Rahmen unserer Interviews mit Führungskräften und Mitgliedern des Top-Teams fest, als durchaus zutreffend.

»Klar, wir haben im Vorstand ein Entscheidungsmonopol – und das heißt Hagenbucher«, kommentierte Elsner, seit 2009 Vorstand für die Region Europa, Naher Osten und Afrika (EMEA), in unserem Interview schulterzuckend die Dynamik im Top-Team. »Unsere Führungskräfte sind Meister in der Aufwärtsdelegation von Entscheidungen. Die Produktion und unsere Vertriebe in den Ländern zum Beispiel blockieren sich oft gegenseitig so lange, bis uns der Kittel wirklich brennt und der Kunde mit Absprung droht – es klingt absurd, aber dann muss der CEO eben als letzte Instanz entscheiden.« Das sei natürlich nicht der richtige Weg und führe zu einer »Entmannung« sowohl der Führungskräfte als auch des Top-Teams. Aber die Führungskräfte der GERADAG hätten es in der Vergangenheit nie gelernt, bei kontroversen Auffassungen gemeinsame Lösungen auszuhandeln: »Die eskalieren dann ihre kontroversen Meinungen an ihre jeweiligen vorgesetzten Vorstände im Top-Team hoch. Jeder von uns wird von seinen eigenen Leuten regelrecht aufmunitioniert und aufgepumpt. Und deshalb kommen auch wir im Vorstand nur selten zu einer Lösung, die aus übergreifender Businesssicht richtig und für beide Seiten annehmbar ist.« Und bevor man sich dann in der Vorstandssitzung offen »an den Kragen« gehe, lasse man die Entscheidungsvorlagen dann eben besser von den Führungskräften vortragen und den CEO entscheiden. Das sei eben der Preis, den man für eine kollegiale und spannungsfreie Zusammenarbeit an der Unternehmensspitze zu zahlen habe.

Ähnliche Argumente brachte Geberbauer, Vorstand Produktion der GERADAG, in unserem Interview mit ihm auf den Tisch: »Wir sind im Top-Team alle etablierte Manager – ich würde nie offen vor unserem CEO einen Kollegen angehen.« Zum einen würde er es vom Kollegen irgendwann irgendwie zurückgezahlt bekommen, sei es offen oder verdeckt. Und vor allem würde Hagenbucher wieder sofort die Entscheidung an sich reißen: »Wenn er das tut, wird er schnell auch mal persönlich und beschuldigt einen, bloß wieder sein eigenes Königreich zu verteidigen. Das sollte man besser vermeiden, denn in den letzten drei Jahren habe ich gesehen, wie eine ganze Reihe dieser angeblichen Könige vom Platz gestellt wurde.«

> Das Top-Team der GERADAG hatte eine stillschweigende Übereinkunft getroffen: Offene Kontroversen mit den Kollegen im Team und dem CEO waren um jeden Preis zu vermeiden, um einen Gesichtsverlust für alle Beteiligten zu verhindern. »Kollegiales Verhalten« hieß vor allem: keinerlei Auseinandersetzungen.

Das Top-Team der GERADAG hatte eine stillschweigende Übereinkunft getroffen: Offene Kontroversen mit den Kollegen im Team und dem CEO waren um jeden Preis zu vermeiden, um einen Gesichtsverlust für alle Beteiligten zu verhindern. »Kollegiales Verhalten« hieß vor allem: keinerlei Auseinandersetzungen.

Das Risiko der Harmonie

Die GERADAG ist ein charakteristisches Beispiel für eine Symptomatik, die wir bei vielen unserer Klienten beobachten: Top-Teams und ihre Organisationen haben eine tief verwurzelte Abneigung gegen den offenen Konflikt. Zu viele Top-Teams bevorzugen unproduktive Harmonie gegenüber dem produktiven Konflikt.

Rational-analytisch betrachtet ist jedem, der irgendwann einmal komplexe Herausforderungen in Teams und Organisationen angehen musste, klar: Konflikte sind allgegenwärtig. Und dennoch haben fast alle Menschen – Manager eingeschlossen – eine natürliche Abneigung gegen Konflikte. Auch wenn es hin und wieder zum »unvermeidbaren«

Ausbruch eines offenen Konflikts kommen mag – das Streben nach Konfliktfreiheit ist tief in der menschlichen Natur angelegt. Das hat Gründe, die zum einen in der psychischen Grunddisposition des Menschen zu Verbundenheit und Zugehörigkeit zu finden sind: Der Mensch ist ein soziales Wesen, das sich erst durch seine Beziehungen und Verbundenheit mit anderen Menschen definiert. Die Verbundenheit mit anderen und die Zugehörigkeit zur Gruppe sind wesentliche Quellen des persönlichen Selbstbewusstseins und Selbstwertgefühls – eine Gefährdung dieser Quellen ist ein Risiko, das es zu vermeiden gilt.[113] Und zusätzlich wirkt unsere abendländische religiöse und philosophische Tradition in einer breiten Grundströmung auf eine Ächtung des Konflikts hin: Friede ist der Normalzustand, den es zu erhalten gilt – der Konflikt ist die Ausnahme, die es zu begründen gilt. Vor diesem Hintergrund ist der Befund nicht überraschend: Die meisten Top-Teams und ihre Organisationen reagieren geradezu allergisch auf Konflikte. Sie betrachten den Konflikt primär als eine Quelle von Unsicherheit und Risiko – anstatt als produktive Kraft, die durch den Wettstreit unterschiedlicher Perspektiven einen unschätzbaren Beitrag zur Weiterentwicklung des Unternehmens leisten kann.

Das Prinzip des »Shadow of Leaders« haben wir im Kapitel »Den eigenen Schatten sehen« schon beschrieben – und es gilt in ganz besonderem Maße für die Art und Weise, in der Unternehmen, ihre Top-Teams und ihre Führungskräfte mit Konflikten umgehen. Und das Bild ist eindeutig: Viele CEOs unterschätzen systematisch die produktive Kraft des Konflikts und versuchen, den offenen Widerstreit soweit es geht zu vermeiden. Der US-amerikanische Managementforscher Patrick Lencioni zählt denn auch das Streben nach Harmonie zu den »Fünf Versuchungen eines CEO«: »Die meisten Menschen, CEOs eingeschlossen, glauben, dass es besser ist, gut miteinander auszukommen und übereinzustimmen, als miteinander zu streiten und

> Die meisten Top-Teams und ihre Organisationen reagieren geradezu allergisch auf Konflikte. Sie betrachten den Konflikt primär als eine Quelle von Unsicherheit und Risiko – anstatt als produktive Kraft, die durch den Wettstreit unterschiedlicher Perspektiven einen unschätzbaren Beitrag zur Weiterentwicklung des Unternehmens leisten kann.

gegeneinander zu sein. So sind sie aufgewachsen. Harmonie aber beschränkt den ›produktiven ideologischen Konflikt‹, den leidenschaftlichen Meinungsaustausch über wichtige Fragen.«[114]

Die Reaktion Hagenbuchers als CEO der GERADAG und die Konsequenzen für die Zusammenarbeit im Top-Team sind in dieser Hinsicht typisch: Oberstes Ziel ist, den offenen Konflikt um jeden Preis zu vermeiden, um den äußeren Anschein eines harmonischen, kollegialen Miteinanders im Top-Team aufrechtzuerhalten. Die Mitglieder des Top-Teams der GERADAG folgten dem weit verbreiteten Muster, das wir als »Authority-Bias« bereits beschrieben haben: Konflikte werden nicht konstruktiv miteinander ausgetragen, sondern an den CEO hochdelegiert. Dieser reagiert aus dem Impuls heraus, die Harmonie erhalten zu wollen, als »Entscheider der letzten Zuflucht«. Und schafft damit hohe Risiken für die langfristige Funktionsfähigkeit des Top-Teams und darüber hinaus der gesamten Organisation.

Der Konflikt im Top-Team – unersetzbar und unterschätzt

Die hohe dynamische Komplexität an der Unternehmensspitze, die Top-Teams bewältigen müssen, potenziert die Wirkung von Konflikten – im Positiven wie im Negativen: An keiner Stelle im Unternehmen sind die positiven Wirkungen produktiven Konflikts so bedeutend wie an der Unternehmensspitze – und nirgendwo sind die potenziellen Risiken unproduktiven Konflikts so hoch wie hier.

> An keiner Stelle im Unternehmen sind die positiven Wirkungen produktiven Konflikts so bedeutend wie an der Unternehmensspitze – und nirgendwo sind die potenziellen Risiken unproduktiven Konflikts so hoch wie hier.

Wir haben es in Teil I gezeigt: Teams an der Unternehmensspitze müssen in einem Umfeld wirksam führen und zusammenarbeiten, das von hoher generativer, dynamischer und sozialer Komplexität geprägt ist. Deswegen sind die Fähigkeit und die Bereitschaft, Konflikte produktiv auszutragen, gerade hier von entscheidender Bedeutung für den Unternehmenserfolg. Denn anders als bei komplizierten Problemen, wie sie in den unteren

Ebenen der Organisation täglich vorkommen, läuft hier der populäre Rat, Konflikte auf die Sachebene zu verlagern und sich um eine rational-analytische Lösung zu bemühen, oft ins Leere: Die Zusammenhänge von Ursache und Wirkung sind zu unklar, Handlung und Handlungsfolgen liegen zeitlich und räumlich weit auseinander, Daten und Fakten sprechen häufig keine eindeutige Sprache – eindeutige »Lösungen«, die sich allein aus einer vermeintlich zwingenden Sachlogik ergeben, sind an der Unternehmensspitze eher die seltene Ausnahme als die Regel.

Weil aber komplexe Herausforderungen eindeutigen, über jeden Zweifel erhabenen rein sachlogischen Entscheidungen häufig entzogen sind, werden die soziale Komplexität und ihre produktive Nutzung für den Unternehmenserfolg zu einer herausragenden Aufgabe für das Team an der Unternehmensspitze. Wir haben die Charakteristik sozialer Komplexität beschrieben: Hohe soziale Komplexität entsteht aus der Tatsache, dass die unterschiedlichen Gruppen und Stakeholder innerhalb des Unternehmens höchst unterschiedliche, ja widersprüchliche, »richtige« Blickwinkel auf die Lösung eines Problems haben können – abhängig von ihren Werten, ihren Grundüberzeugungen, ihren Rollen, Erfahrungen und ihren spezifischen Zielsetzungen. Gerade das Top-Team ist es, dem an der Unternehmensspitze die Aufgabe zufällt, jene Konflikte, die sich aus diesen konkurrierenden Perspektiven zwingend ergeben – und die nicht auf den tieferen Ebenen der Organisation »gelöst« werden können –, in eine produktive Zusammenarbeit im Interesse des Gesamtunternehmens umzuformen.

Eine der wichtigsten Führungsherausforderungen für Top-Teams besteht darin, den Konflikt nicht zu vermeiden – sondern mit den konkurrierenden Perspektiven, offenen Differenzen und latenten Konflikten im Unternehmen und im Team in einer Weise umzugehen,

> Eine der wichtigsten Führungsherausforderungen für Top-Teams besteht darin, den Konflikt nicht zu vermeiden – sondern mit den konkurrierenden Perspektiven, offenen Differenzen und latenten Konflikten im Unternehmen und im Team in einer Weise umzugehen, die ihr destruktives Potenzial verringert und ihre konstruktive Wirkung verstärkt.

die ihr destruktives Potenzial verringert und ihre konstruktive Wirkung verstärkt.

Die Fähigkeit und die Bereitschaft des Top-Teams, bei Entscheidungen mit hoher Komplexität konkurrierende Perspektiven der Teammitglieder in einen produktiven Konflikt umzuformen, ist entscheidend für die Leistungsfähigkeit der Organisation und damit für den Erfolg des Unternehmens. Teams, deren Mitglieder einander konstruktiv »challengen«, entwickeln ein weit besseres Verständnis über Entscheidungsalternativen, schaffen ein breiteres Spektrum an Optionen und treffen wirksam und diszipliniert die Entscheidungen, die in einem komplexen und wettbewerbsintensiven Umfeld notwendig sind.

Entscheidungen hingegen, bei denen nicht im Vorfeld alle relevanten Standpunkte und nicht alles verfügbare Wissen des Top-Teams auf den Tisch gebracht wurden, werden immer suboptimal sein – nicht nur in der Entscheidungsfindung, sondern auch in ihrer Umsetzung. Denn ein Teammitglied, das seine kontroverse Sicht nicht in den Entscheidungsprozess einbringen konnte, wird sich niemals voll der Entscheidung verpflichten und diese nie – vor allem nicht gegen den möglichen Widerstand im eigenen Bereich – konsequent umsetzen. Echtes »Commitment« braucht den produktiven Konflikt. Und nur ein Top-Team, das offen in die Entscheidung geht, geht auch geschlossen in die Umsetzung. Und rein rational ist den meisten Managern klar: Konflikte über Sachfragen sind natürlich, ja sogar notwendig.

So überzeugend eine analytisch-rationale Argumentation für die Notwendigkeit des produktiven Konflikts im Top-Team auch sein mag – in unserer Arbeit stellen wir immer wieder fest, dass Top-Teams gerade mit dieser Führungsherausforderung vor eine fast unüberwindbare Hürde gestellt werden: »Das Risiko gehe ich nicht ein – damit sprenge ich das Team« oder »Warum sollte ich mich exponieren, die anderen halten sich doch auch in der Deckung?« – so lauten häufig die Antworten, wenn wir Klienten fragen, wie sie mit Konflikten im Top-Team umgehen. Offenbar fördern weder das Verhaltensrepertoire von Top-Managern noch die Strukturen an der Unternehmensspitze bei den Mitgliedern von Top-Teams eine Perspektive, die den Konflikt als notwendiges Instrument wirksamer Entwicklung betrachtet.

Alphas als Konfliktvermeider?

Ein Grund für die weit verbreitete Konfliktvermeidung liegt in der Komposition von Top-Teams. Sie bestehen zum überwiegenden Teil aus Alphas, die wir im Kapitel »Das Top-Team-Paradox« ausführlich beschrieben haben – dominanten, wettbewerbsgetriebenen Höchstleistern, die von ihrer eigenen rational-analytischen Perspektive zutiefst überzeugt sind. Ihrer persönlichen Grunddisposition nach sind Alphas alles andere als konfliktscheu oder gar harmonieorientiert. Schließlich beruht ihr persönliches Erfolgsmodell, das sie bis an die Unternehmensspitze gebracht hat, nicht zuletzt auf Durchsetzungskraft gegenüber tatsächlichen oder vermeintlichen Konkurrenten.

Aber sobald sie an der Unternehmensspitze angekommen sind, entwickeln viele Alphas im Top-Team eine Verhaltensdynamik, die auf den ersten Blick paradox erscheint: Sie versuchen, den offenen Konflikt im Team um nahezu jeden Preis zu vermeiden.

Sobald sie an der Unternehmensspitze angekommen sind, entwickeln viele Alphas im Top-Team eine Verhaltensdynamik, die auf den ersten Blick paradox erscheint: Sie versuchen, den offenen Konflikt im Team um nahezu jeden Preis zu vermeiden.

In Vorstandssitzungen beobachten wir sehr häufig, dass sich abzeichnende Kontroversen zwischen Mitgliedern des Top-Teams – zum Beispiel über die Verteilung von Budgets oder sonstigen Ressourcen – sehr schnell deeskaliert werden, sei es von den Beteiligten selbst, sei es von anderen Mitgliedern des Teams: »Lasst uns die Fakten noch mal gemeinsam anschauen« oder »Wir klären das bilateral« sind gängige Bewältigungsmechanismen, die die Teammitglieder aktivieren, wenn sich ein offener Konflikt abzeichnet. Diese erfahrungsbasierte Strategie der Konfliktvermeidung hat auf den ersten Blick für alle Beteiligten nur Vorteile. Denn gerade Alphas haben im Laufe ihrer Karriere häufig ein und dieselbe Erfahrung gemacht: Das, was als sachorientierte Auseinandersetzung beginnt, wird schnell zu einem intellektuellen Schlagabtausch und schlägt schließlich in einen unproduktiven Positionierungskampf oder gar in einen »Turf War« um – mit Gewinnern, Verlierern und dem Risiko, die mühsam aufrecht erhaltene Balance im Top-Team zu zerstören.

Der zweite zentrale Grund dafür, dass gerade in Top-Teams die Bereitschaft zu produktivem Konflikt nur gering ausfällt, liegt in dem inhärenten »Konservatismus«, der die Kultur der meisten großen Unternehmen prägt. Auch wenn es heute kaum ein Top-Team gibt, das sich nicht eine »Transformation unseres Unternehmens« auf die Fahne schreiben würde: Eine zentrale Aufgabe eines Teams an der Unternehmensspitze ist es stets, das funktionierende System »Unternehmen« zu stabilisieren und »am Laufen zu halten«. Viele Manager im Top-Team sind deshalb Vertreter einer Management-Kultur, die geradezu ängstlich auf jede Form von Unordnung und damit Instabilität reagiert.

> Gerade in den mit konkurrenzorientierten Alphas dicht besetzten Top-Teams besteht das Risiko, dass berechtigte unterschiedliche Standpunkte sehr schnell zu unproduktiven Konflikten eskalieren. Deshalb versuchen die Teammitglieder, Ordnung, Teamkohäsion oder gar Harmonie zu erhalten – selbst um den Preis, dass auch der produktive Konflikt unmöglich wird. Absolute Konfliktvermeidung aber birgt mindestens ebenso hohe Risiken wie absolute Konfliktneigung.

Der 2011 verstorbene Harvard-Professor Abraham Zaleznik hat gezeigt: Diese traditionelle Managementkultur ist an ihrem Anspruch auf Rationalität und Kontrolle zu erkennen. Die Verantwortlichen versuchen, einvernehmliche Entscheidungen zu treffen, Win-win-Ergebnisse zu schaffen und widerstreitende Interessen auszugleichen – kurz: Spannungen in der Organisation zu verringern. Aus dieser kulturellen Grunddisposition heraus betrachtet muss jeder offene Konflikt im Top-Team zwangsläufig wie eine Form risikobehafteter »Unordnung« wirken, auf die es auf eine von zwei Arten zu reagieren gilt: durch Vermeidung oder durch Unterdrückung.[115]

Gerade in den mit konkurrenzorientierten Alphas dicht besetzten Top-Teams besteht das Risiko, dass berechtigte unterschiedliche Standpunkte sehr schnell zu unproduktiven Konflikten eskalieren. Deshalb versuchen die Teammitglieder, Ordnung, Teamkohäsion oder gar Harmonie zu erhalten – selbst um den Preis, dass auch der produktive Konflikt unmöglich wird. Absolute Konfliktvermeidung aber birgt mindestens ebenso hohe Risiken wie absolute Konfliktneigung.

Der Umgang des Top-Teams mit Konflikten ist von entscheidender Bedeutung für die Leistungsfähigkeit der gesamten Organisation. Lebt ein Top-Team die Vermeidung von Konflikten als Rollenmodell vor, werden identische Verhaltensmuster von ihren Führungskräften nachgelebt; mit der häufig zu beobachtenden Folge, dass die dysfunktionalen Verhaltensmuster von Konfliktvermeidung die gesamte Organisation durchziehen und deren Leistungsfähigkeit substanziell beeinträchtigen.

Der Konflikt als Prinzip der Matrixorganisation

Der Fall der GERADAG illustriert in mehrfacher Hinsicht diesen typischen Umgang vieler Unternehmen und ihrer Top-Teams mit Konflikten. Wie viele Unternehmen im Anlagenbau hatte die GERADAG aufgrund der Verschiebung des globalen Marktgefüges und beschleunigt durch die globale Finanz- und Absatzkrise seit 2008 eine schwierige Phase durchlaufen. Bis dahin hatte die GERADAG seit den 1980er Jahren eine konsistente Geschäfts- und Organisationsphilosophie verfolgt: Eigenständig agierende, über den gesamten Globus verteilte nationale Tochtergesellschaften – jeweils voll integrierte Unternehmen mit eigener Forschung und Entwicklung, Produktion und Vertrieb – waren durch ihre Kundennähe der Garant für den Markterfolg.

Entsprechend hatte die GERADAG über die vergangenen 30 Jahre eine Wachstumsgeschichte geschrieben, die im Wesentlichen auf der Akquisition hervorragender nationaler Anlagenbauunternehmen basierte – ohne den Anspruch zu erheben, diese in ihrem operativen Geschäft zu einem integrierten Konzern zu formen. Die Führungskräfte sprachen halb im Ernst, halb scherzhaft von den »United Nations of GERADAG«: Neben dem CEO und dem CFO gab es sechs weitere Vorstandsmitglieder, die als sogenannte Area Manager relativ autonom und ergebnisverantwortlich die Führung für regionale Ländergruppen ausübten. Über 30 Jahre hinweg hatte dieses Modell funktioniert. Wachstumsraten über Marktdurchschnitt, loyale Kunden und eine zufriedenstellende Rendite waren Belege eines im Kern erfolgreichen Geschäftsmodells.

Die Veränderung der globalen Dynamik der Anlagenbauindustrie, rapide zunehmender Innovations- und Kostendruck und schließlich die Absatzkrise des Jahres 2008 hatten den Vorstand dann zu einem radikalen Strategiewechsel, zu einem Bruch mit der Vergangenheit, gezwungen. Mitarbeiter und Führungskräfte der GERADAG sprachen noch Jahre später – teils mit offener Ablehnung, teils mit kritischer Zustimmung – nur von »der Wende« (»the turn«): Bruch mit der lokalen Autonomie vormals voll integrierter Anlagenbauunternehmen – hin zu einem »integrierten Konzern für Automatisierungslösungen«. Das bedeutete: Konzentration der nationalen Gesellschaften auf Vertriebsaktivitäten und Führung der nationalen »CEOs« durch drei regionale Vorstandsmitglieder (EMEA, ASIA, AMERICAS); konzernweite funktionale Steuerung der Bereiche Forschung / Entwicklung, Engineering und Produktion unter Führung jeweils eines verantwortlichen Vorstandsmitglieds; und schließlich Bildung regionaler Kompetenzzentren für Großprojekte unter einem neuen weiteren Vorstandsmitglied. Die GERADAG hatte damit einen Weg beschritten, den viele Unternehmen wählen: Sie beantwortete höhere Komplexität und Risiken in der Außenwelt mit höherer Komplexität und Risiken im Inneren – mit einer Matrixorganisation.

»Wir haben versucht, in der Matrixorganisation maximale Kundennähe mit maximalen Kosten- und Entwicklungssynergien zu kombinieren«, so kommentierte Hagenbucher, als CEO der GERADAG einer der Hauptverantwortlichen für den Strategieschwenk, die Situation, »und was wir bekommen haben, ist eine Organisation, die sich durch Konflikte lähmt, elend lange für Entscheidungen braucht und dann auch noch undiszipliniert in der Umsetzung agiert.« Der Befund Hagenbuchers ist in vielerlei Hinsicht typisch für Unternehmen, die sich – zumeist unter dem Druck äußerer Komplexität – dafür entscheiden, eine Matrixorganisation einzuführen. Wir haben die zentrale Herausforderung von Matrixorganisationen bereits zu Beginn von Teil II beschrieben: Das ist im Kern eine Organisationsform, die ein Unternehmen dazu in die Lage versetzen soll, konkurrierende Ziele gleichzeitig und gleichrangig zu verfolgen. Im Falle der GERADAG hieß dies: Kundennähe auf den nationalen Märkten bei gleichzeitigen Kosten- und Entwicklungssynergien im globalen Maßstab. Das bedeutet auch, dass bewusst kein Mitglied des Top-Teams, das für eines dieser Ziele primär verantwortlich zeichnet, ein automatisches Vorfahrtsrecht hätte. Mit der Matrixorganisation schafft man eine Organisation, die auf der Gleichordnung von konkurrierenden Zielen und deren Vertretern basiert – und die darauf setzt, dass aus dem Wettstreit der konkurrierenden Interessen und Perspektiven die optimale Lösung entsteht.

> Die innere Logik der Matrixorganisation basiert auf dem Wettstreit gleichrangiger, konkurrierender Grundüberzeugungen, Interessen und Ziele – und damit auf dem Glauben an die produktive Kraft von Konflikten. Kurz: Wer die Matrix will, muss auch den Konflikt wollen.

Die innere Logik der Matrixorganisation basiert auf dem Wettstreit gleichrangiger, konkurrierender Grundüberzeugungen, Interessen und Ziele – und damit auf dem Glauben an die produktive Kraft von Konflikten. Kurz: Wer die Matrix will, muss auch den Konflikt wollen.

Diese Konsequenz, so stellen wir in unserer Arbeit immer wieder fest, ist vielen Top-Managern nicht bewusst. Sie unterschätzen nicht nur die Tatsache, dass Konflikte in komplexen Organisationen allgegenwärtig sind – sondern auch, dass Konflikte für die Leistungsfähigkeit und Weiterentwicklung des Unternehmens notwendig sind. Gerade der offene und kontroverse Austausch unterschiedlicher Sichtweisen, Zielsetzungen und strategischer Schwerpunktsetzungen bringt erst den Nutzen hervor, den eine Matrixorganisation schaffen kann. Erst die kontroverse Auseinandersetzung zwischen den Parteien ermöglicht vernünftige Trade-off-Entscheidungen angesichts konkurrierender Zielsetzungen.

Wir haben im Kapitel »Das Problem erkennen« die wichtige Differenzierung zwischen technischen Lösungen und adaptiven Veränderungen von Ronald Heifetz eingeführt: Technische Lösungen sind typischerweise »Hardware«-Lösungen, die mit manageriellen Routinen »umgesetzt« werden können – zum Beispiel neue Organisationsstrukturen, Prozessbeschreibungen oder Vergütungssysteme. Adaptive Lösungen hingegen beziehen sich vor allem auf die »Software«, sie erfordern das *Er*lernen neuer wirksamer Verhaltensmuster – und das *Ent*lernen dysfunktionaler Verhaltensweisen.

In unserer Klientenarbeit, so auch im Fall der GERADAG, finden wir häufig ein paradoxes Phänomen: Top-Teams implementieren aus analytisch-rationalen Erwägungen heraus eine Matrixorganisation als scheinbar optimale Hardware für komplexe Herausforderungen. Sie sind aber nicht bereit, ihre »Software« – das eigene Verhalten und das der gesamten Organisation in Richtung einer höheren Bereitschaft zu produktiven Konflikten – entsprechend anzupassen. Das Resultat ist eine organisatorische Hardware, auf der die Software erprobter Verhaltensweisen einfach nicht »läuft«.

> Top-Teams implementieren aus analytisch-rationalen Erwägungen heraus eine Matrixorganisation als scheinbar optimale Hardware für komplexe Herausforderungen. Sie sind aber nicht bereit, ihre »Software« – das eigene Verhalten und das der gesamten Organisation in Richtung einer höheren Bereitschaft zu produktiven Konflikten – entsprechend anzupassen. Das Resultat ist eine organisatorische Hardware, auf der die Software erprobter Verhaltensweisen einfach nicht »läuft«.

Die Folgen kann man in vielen Unternehmen beobachten: Das System wird instabil, langsam – und stürzt schließlich ab. Matrixorganisationen sind deshalb so häufig eine wenig erfolgreiche, typisch technisch-managerielle Lösung: Sie sind der Versuch des Top-Teams, den Herausforderungen dynamischer und sozialer Komplexität an der Unternehmensspitze mit dem klassischen Repertoire des Managements Herr zu werden – um damit die potenziellen Risiken einer adaptiven Veränderung von Verhaltensmustern hin zu mehr produktiven Konflikten zu vermeiden: »Wir müssen doch als Vorstand vor unseren Mitarbeitern und Führungskräften jeden Anschein vermeiden, wir seien irgendein zerstrittener Haufen«, so formulierte das Vorstandsmitglied für ASIA die Haltung des Top-Teams der GERADAG. »Gerade in schwierigen Zeiten ist Geschlossenheit und Einigkeit an der Unternehmensspitze entscheidend!«

Dieser Reflex ist weit verbreitet und liegt begründet in der Abneigung der meisten Manager gegen Unordnung, Instabilität und Risiko.

Viele Top-Teams, so diagnostiziert auch Abraham Zaleznik, bauen ihre Handlungen auf antizipierten Reaktionen ihrer Mitglieder auf: »Sie vermeiden unmittelbare Konfrontation ebenso wie Lösungen, die starke Gefühle der Unterstützung oder des Widerstands hervorrufen können.« Das Ideal des Managers sei, so Zaleznik weiter, Entscheidungen zu treffen, die der Organisationstheoretiker Chester Barnard als »Zone der Gleichgültigkeit« bezeichnet hat, also in dem Bereich, von dem die Menschen sich nicht persönlich berührt oder betroffen fühlen.[116]

Top-Teams, deren Mitglieder nicht bereit sind, sich den adaptiven Risiken des produktiven Konflikts und unmittelbarer Konfrontation zu stellen, sondern auf technische Lösungen ausweichen, schaffen in aller Regel hoch dysfunktionale und ineffiziente Matrixorganisationen.

Top-Teams, deren Mitglieder nicht bereit sind, sich den adaptiven Risiken des produktiven Konflikts und unmittelbarer Konfrontation zu stellen, sondern auf technische Lösungen ausweichen, schaffen in aller Regel hoch dysfunktionale und ineffiziente Matrixorganisationen.

Der Vorrang von Symptomlösungen

Der Ansatz Hagenbuchers als CEO der GERADAG war es gewesen, eine, wie er es nannte, »konfliktfreie Zusammenarbeit« im Top-Team und im Kreis der oberen Führungskräfte durch ein »Konflikttraining« herzustellen. Er hatte sich aber schließlich davon überzeugen lassen, dass eine genaue Diagnose der konkreten Konfliktfelder und dysfunktionalen Verhaltensweisen einen ersten substanziellen Beitrag zur Verbesserung der Leistungsfähigkeit der Organisation würde leisten können. Unser Leadership-Review der GERADAG auf der Grundlage strukturierter Interviews mit den acht Vorstandsmitgliedern und weiteren 40 Führungskräften der ersten Ebene ergab ein sehr konsistentes Bild: die Autopsie einer Organisation, die die Anstrengungen und Risiken notwendiger Konflikte in hohem Maße scheute und ein höchst kompliziertes Geflecht von technischen Symptomlösungen entwickelt hatte, um die adaptive Herausforderung zu meiden.

Top-Team und Führungskräfte der GERADAG verfolgten eine implizite Strategie der Konfliktvermeidung, die wir in unterschiedlicher Intensität in einer Vielzahl von Unternehmen finden. Sie basierte auf drei Kernelementen: 1. Verlagerung, 2. Verregelung, 3. Verzielung.

Verlagerung auf die nächste Führungsebene

»Man kann im Vorstand sehr schön unterschiedliche persönliche Strategien beobachten«, so diagnostizierte das Vorstandsmitglied für Global Engineering die Dynamik im Top-Team aus eigener Erfahrung, »aussitzen, wegdrücken, überspielen oder in die eigene Mannschaft runterpushen.« Nach anfänglichen »harten, auch persönlichen« Auseinandersetzungen im Top-Team und insbesondere zwischen Hagenbucher als CEO und einzelnen Vorstandsmitgliedern hatte sich eine Dynamik eingespielt, die alle Beteiligten für sich als »gesichtswahrend« empfanden: Die Team-Mitglieder vermieden konsequent die offene Darlegung von konkurrierenden Standpunkten oder Konfrontation und zogen sich in ihre passive Komfortzone zurück – Hagenbucher zog das Gesetz des Handelns an sich und traf im Zweifel wichtige Entscheidungen im Alleingang.

Das Top-Team begab sich kollektiv und bewusst in die Autoritätsfalle – mit gravierenden Konsequenzen nicht nur für die Qualität der Entscheidungen, wie eine Führungskraft aus der Entwicklungsabteilung deutlich machte: »Mein Vorstand kommt mit einem nicht optimalen Ergebnis aus der Vorstandssitzung zurück und sagt, Hagenbucher habe das so entschieden. Es kann doch nicht sein, dass die Vorstände ihre Konflikte nicht offen und klar auf den Tisch bringen – aber offensichtlich haben die sich gegenseitig zum Schweigen erzogen.« Eine Entscheidung aber, die so getroffen wird, werde doch niemals wirksam und mit vollem Commitment umgesetzt.

Zur mangelnden Umsetzungsdisziplin in der GERADAG trug darüber hinaus eine weitere dysfunktionale Praxis bei, die wir bei vielen konfliktvermeidenden Organisationen sehen: Das De-Briefing, das Rückmelden von Entscheidungen an die entsprechenden Führungskräfte, findet nicht durch klar formulierte Aussagen, sondern durch vieldeutige Zeichen statt. Entscheidungen im Top-Team der GE-RADAG wurden in weitschweifigen Protokollen stets gesichtswahrend für alle Parteien und damit »diplomatisch« unpräzise formuliert. Die Information der nächsten Führungskräfte fiel somit den jeweils verantwortlichen Mitgliedern des Top-Teams zu, die ihrerseits versuchten, jeden Anschein von Konflikten oder Gewinner-Verlierer-Dynamiken im Top-Team zu vermeiden: »Die De-Briefings von Vorstandssitzungen erfordern von uns eine hohe Kunst in der Interpretation und Exegese«, so fasste eine Führungskraft aus dem Bereich Engineering zusammen. »Wir müssen die Entscheidungen sozusagen aus unseren Vorständen ›herausoperieren‹ – und wenn du die Entscheidung dann mit einem Kollegen aus einem Nachbarbereich umsetzen willst, ist der von seinem Chef völlig anders eingeordnet.«

Die Top-Team-Mitglieder der GERADAG praktizierten eine indirekte, vieldeutige Form der Kommunikation mit ihren Direct Reports, die eher auf Zeichen als auf konkrete Aussagen setzte. Während Aussagen aber klare und eindeutige – und damit eben auch konfrontative – Positionen enthalten, sind Zeichen in aller Regel diffus und mehrdeutig. Sie fordern geradezu zur Re-Interpretation auf, falls sie der jeweils eigenen Position widersprechen. Die sich entfaltende »Shadow of Leaders«-Dynamik ist fatal: Lösen Mitglieder substanzielle Konflikte nicht konstruktiv im Top-Team, werden diese bewusst oder unbewusst durch inkonsistente Zeichen in die nächsten Führungsebenen verlagert und entfalten dort ihr volles Blockadepotenzial.

Entscheidungen, an deren Umsetzung

Lösen Mitglieder substanzielle Konflikte nicht konstruktiv im Top-Team, werden diese bewusst oder unbewusst durch inkonsistente Zeichen in die nächsten Führungsebenen verlagert und entfalten dort ihr volles Blockadepotenzial.

Konflikte, die im Zuge der Entscheidungsfindung im Top-Team nicht produktiv gelöst wurden, treten in der Umsetzungsphase umso stärker hervor. Da sich auch die Führungskräfte aus Bereichsloyalität nicht auf ein gemeinsames Vorgehen verpflichten können, entwickelt sich ein hoch unproduktives Wechselspiel von Eskalationen und Rückdelegation. Die Folge: Lähmung der gesamten Organisation durch rasenden Stillstand.

mehrere Unternehmensbereiche mitwirken müssen, werden von den Managern der jeweiligen Bereiche »loyal« ausschließlich im Sinne des eigenen Bereichs und des eigenen Vorgesetzten interpretiert: »Wir haben hier eine absolute Loyalität in den Bereichssilos«, so fasste eine Führungskraft aus der Produktion die Dynamik zusammen, »die Bereiche sind in sich streng geschlossen und wir strafen jeden ab, der vorprescht.«

Konflikte, die im Zuge der Entscheidungsfindung im Top-Team nicht produktiv gelöst wurden, treten in der Umsetzungsphase umso stärker hervor. Da sich auch die Führungskräfte aus Bereichsloyalität nicht auf ein gemeinsames Vorgehen verpflichten können, entwickelt sich ein hoch unproduktives Wechselspiel von Eskalationen und Rückdelegation. Die Folge: Lähmung der gesamten Organisation durch rasenden Stillstand.

Verregelung übergreifender Zusammenarbeit

Das zweite tragende Element der Konfliktvermeidung in der GERADAG bildete die exzessive Verregelung jeglicher Zusammenarbeit zwischen den Unternehmensbereichen – gerade dort also, wo die Matrixorganisation ihren vollen Nutzen entfalten sollte. Nach ersten ernüchternden bis alarmierenden Erfahrungen mit der Entscheidungsgeschwindigkeit und -qualität in der neuen Matrixorganisation, vor allem aber unter dem Eindruck, dass Entscheidungen, so Hagenbucher, »von unseren hochbezahlten Führungskräften erst ewig vertagt und dann permanent in den Vorstand hochdelegiert wurden«, hatte das Top-Team sich 2010 entschlossen, einen Durchbruch zu versuchen.

Angesichts eines auch von den eigenen Führungskräften seinerzeit diagnostizierten »unüberschaubaren Wirrwarrs« von funktionaler und disziplinarischer Führung in der Matrix, von »Entscheidungslähmung« und »Verantwortungsdiffusion«, hatte der Vorstand eine Managementkonferenz der Top-100-Führungskräfte einberufen. Ziel war laut Einladungstext, »die Verantwortlichkeiten in der neuen Organisation effektiv, effizient, eindeutig und transparent« zu regeln und »Entscheidungen dorthin zu verlagern, wo sie tatsächlich getroffen werden sollten«.

Das Ergebnis der Managementkonferenz war kurzfristig höchst beeindruckend und langfristig höchst ernüchternd. Die 100 Führungskräfte hatten drei Tage in acht Workshops damit verbracht, acht unterschiedliche »Kernentscheidungsprozesse« für die bereichsübergreifende Zusammenarbeit im Detail auszuarbeiten und jeden Schritt mit einem sogenannten IBZED-Code zu versehen. Der IBZED-Code ist eine weit verbreitete, ursprünglich von der Unternehmensberatung McKinsey entwickelte Systematik, die es erlauben soll, für komplexe Prozesse festzulegen, wer in welchem Schritt in welcher Weise in eine Entscheidung einzubinden ist: die Buchstaben IBZED stehen in diesem Sinne für »Information, Beratung, Zustimmung, Entscheidung und Durchführung«.

Sichtbares Resultat der gemeinsamen Anstrengung war eine 34-seitige Powerpointpräsentation mit dem Titel »Basic Rules and Regulations concerning Collaboration«, die bereits unmittelbar bei Veröffentlichung mit der Klassifikation »Streng vertraulich!« höchst widersprüchliche Reaktionen bei den Beteiligten auslöste: »Das Dokument war auf den ersten Blick eigentlich genau das, was wir gesucht hatten – eine Mechanik der Zusammenarbeit, konstruiert mit der Präzision eines Ingenieurs«, so fasste eine Führungskraft aus dem Bereich Engineering seinen Eindruck zusammen. »Aber zwischen den Zeilen konnte jeder die eigentliche Kernbotschaft lesen: Wir sind nicht bereit, die in unsere Organisation eingewebten Konflikte konstruktiv anzugehen und pragmatisch Entscheidungen zu treffen.« Man rettete sich in eine bürokratische Lösung, die ausschließlich auf präzise Verregelung, nicht auf die wirkliche Delegation von Verantwortlichkeit setzte.

Die »Rules and Regulations« der GERADAG sind ein anschauliches Beispiel für einen unter Managern weit verbreiteten Denkfehler, den der Philosoph Alfred North Whitehead »Fallacy of misplaced concreteness« (Irrtum deplazierter Konkretheit) genannt hat: das übertriebene Vertrauen in detaillierte, methodische Prozessbeschreibungen.

Die »Rules and Regulations« der GERADAG sind ein anschauliches Beispiel für einen unter Managern weit verbreiteten Denkfehler, den der

Philosoph Alfred North Whitehead »Fallacy of misplaced concreteness« (Irrtum deplatzierter Konkretheit) genannt hat: das übertriebene Vertrauen in detaillierte, methodische Prozessbeschreibungen.

Der Irrtum deplatzierter Konkretheit führt regelmäßig dazu, dass eine vermeintlich perfekte Methodik die soziale Realität und die geschäftliche Substanz ignoriert.[117] So auch in der GERADAG: Zum einen erwiesen sich die »Rules and Regulations« als viel zu kleinteilig und sperrig, um dynamische Entscheidungsprozesse zu ermöglichen – im Zweifel setzten sich die Führungskräfte schlicht darüber hinweg. Zum anderen aber wirkten sie geradezu als Brandbeschleuniger für eine zunehmende Entscheidungslähmung. Denn die in Entscheidungen jeweils »unterlegene« Seite nutzte die »Rules and Regulations« systematisch dazu, für sie ungünstige Entscheidungen als »nicht ordnungsgemäß zustande gekommen« infrage zu stellen und den Entscheidungsprozess wieder von vorn zu beginnen.

In einer Welt deplatzierter Konkretheit mutiert jeder notwendige geschäftsorientierte Pragmatismus zu einer potenziellen Prozessverletzung – unabhängig von der möglichen »Richtigkeit« des Ergebnisses. Die Unfähigkeit, Konflikte konstruktiv zu nutzen, führt letztlich zur Unterminierung eben jenes Prozesses, der die Zusammenarbeit fördern soll.

> In einer Welt deplatzierter Konkretheit mutiert jeder notwendige geschäftsorientierte Pragmatismus zu einer potenziellen Prozessverletzung – unabhängig von der möglichen »Richtigkeit« des Ergebnisses. Die Unfähigkeit, Konflikte konstruktiv zu nutzen, führt letztlich zur Unterminierung eben jenes Prozesses, der die Zusammenarbeit fördern soll.

Verzielung der Gemeinsamkeit

Für viele Unternehmen, so auch für die GERADAG, ist die Verzielung, also die Verankerung wichtiger Geschäftsziele in individuellen Zielvereinbarungen, ein häufig verwendetes Instrument, um erwünschte Verhaltensweisen bei Führungskräften und Mitarbeitern zu »erzeugen«. Finanzielle Belohnung wird, so die zugrundeliegende, verführerisch rationale Kalkulation, richtiges Verhalten hervorbringen. Ganz in diesem Sinne hatte sich der Vorstand der GERADAG nach äußerst ernüchternden Erfahrungen mit der Umsetzung der »Rules and Regulations« dazu entschlossen, »Zusammenarbeitsziele« systematisch in den Zielvereinbarungen der Führungskräfte zu verankern. In diesem Modell erhielten zum Beispiel die Führungskräfte des Bereichs Produktion nicht nur Produktionsziele, sondern zusätzlich funktionenübergreifende Absatzziele und explizite Zusammenarbeitsziele, basierend auf Feedback unter anderem aus dem Bereich Forschung und Entwicklung.

»Fünf Prozent mehr Zielerreichung merke ich kaum auf meinem Kontoauszug, dafür nehme ich doch nicht den ganzen Abstimmungsterror in Kauf und riskiere vielleicht sogar die Loyalität zu meinem Chef«, so brachte eine Führungskraft aus dem Produktionsbereich das Scheitern der Verzielung auf den Punkt. Das Verhalten scheint auf den ersten Blick paradox. Denn Führungskräfte sind in aller Regel außerordentlich zielorientiert – bis hin zur »Zielbesessenheit«, jener Kraft, so der bekannte US-amerikanische Coach Marshall Goldsmith, »die uns motiviert, unsere Vorhaben auch gegen alle Widerstände zu Ende zu führen – und zwar so perfekt wie möglich«.[118]

Und dennoch: Vor die Wahl gestellt, die letzten »fünf Prozent« persönliche Zielerreichung zu realisieren oder sich die Loyalität des Vorgesetzten zu sichern, entscheiden sich die meisten Führungskräfte gerade in konfliktgeladenen Organisationen für die zweite Variante.

Die zugrundeliegende Überlegung ist klar – und basiert zumeist auf einschlägiger Erfahrung: Solange die Leistung im eigenen Bereich insgesamt »stimmt«, kann nahezu jede Führungskraft darauf vertrauen, dass die Loyalität vom eigenen Vorgesetzten angemessen belohnt werden wird. Und die Komplexitätskosten zusätzlicher funktionenübergreifender Zusammenarbeit übersteigen in der Wahrnehmung der meisten Führungskräfte den zusätzlichen finanziellen Nutzen um ein Vielfaches.

Vor die Wahl gestellt, die letzten »fünf Prozent« persönliche Zielerreichung zu realisieren oder sich die Loyalität des Vorgesetzten zu sichern, entscheiden sich die meisten Führungskräfte gerade in konfliktgeladenen Organisationen für die zweite Variante.

Es trifft sicher zu: Der exklusive Fokus auf Bereichsziele setzt in vielen Unternehmen massive Fehlanreize gegen Zusammenarbeit und damit gegen den produktiven Konflikt. Aber der Umkehrschluss trifft leider nicht zu, so stellen auch die Unternehmensberater Jeff Weiss und Jonathan Hughes fest: »Selbst die am sorgfältigsten konstruierten Vergütungsmodelle werden die Spannungen zwischen Menschen mit konkurrierenden Geschäftszielen nicht eliminieren. Die Vergütung ist ein viel zu stumpfes Instrument, um sicherzustellen, dass die Hunderte von Trade-offs, die in einer komplexen Organisation zu machen sind, optimal gelöst werden.«[119]

Ein Top-Team lernt, den Konflikt zu nutzen

Das Leadership-Review für die GERADAG bildete den Ansatzpunkt für einen Entwicklungsprozess, in dem sich das Top-Team Schritt für Schritt eine produktive Grundeinstellung zu Konflikten innerhalb des Teams und in der Organisation erarbeitete.

Als entscheidend für den Erfolg erwies sich die Kombination von »adaptiven Veränderungen« der Einstellungen und Verhaltensweisen im Top-Team mit »technischen Maßnahmen« in Form von Regeln und Prozessen zur Nutzung von Konflikten auf den nächsten Führungsebenen.

> Als entscheidend für den Erfolg erwies sich die Kombination von »adaptiven Veränderungen« der Einstellungen und Verhaltensweisen im Top-Team mit »technischen Maßnahmen« in Form von Regeln und Prozessen zur Nutzung von Konflikten auf den nächsten Führungsebenen.

Ein wichtiger erster Durchbruch gelang dem Top-Team in einem gemeinsamen Offsite-Workshop. Erstmals konfrontierte sich das Team auf Basis des Leadership-Reviews offen und konstruktiv mit den eigenen dysfunktionalen Verhaltensweisen im Umgang mit Konflikten und mit den daraus resultierenden Konsequenzen für die Organisation. In dem Offsite schuf sich das Team einen risikofreien Raum für eine offene, strukturierte und faktenbasierte Reflexion ohne reflexhafte Schuldzuweisungen und Verteidigungsmechanismen. Die Mitglieder des Top-Teams konnten erstmals »kontrolliert und geschützt« ihre unterschiedlichen Erfahrungen und Grundmuster in Bezug auf Konflikte offenlegen – um zu einer gemeinsamen Haltung zu finden und schließlich verbindliche Vereinbarungen zu treffen.

Die gemeinsame Reflexion der Teammitglieder – der urteilsfreie Austausch der unterschiedlichen Sichtweisen und Erfahrungen mit Konflikten, kombiniert mit einem persönlichen Feedback – bildete die Grundlage für eine Selbstverpflichtung, den Konflikt als notwendige, produktive Kraft für das Team und das Unternehmen zu nutzen: »Für mich«, so fasste der Vorstand Engineering das Ergebnis zusammen, »habe ich Konflikte immer vor allem als ein persönliches Risiko gesehen, das ich um jeden Preis vermeiden wollte. Jetzt wissen wir alle, dass der Konflikt – und der offene, auch kontroverse Umgang damit – einfach Teil unserer Job-Description ist. Das ist Teil unserer Rolle, kein Angriff auf den Kollegen.«

> Es ist dieses »Re-Contracting« – eine Redefinition von Konflikten nicht als persönliche Schwäche, sondern als kollektive Stärke –, das die Basis für eine systematische Verhaltensänderung im Top-Team bildete.

Es ist dieses »Re-Contracting« – eine Redefinition von Konflikten nicht als persönliche Schwäche, sondern als kollektive Stärke –, das die Basis für eine systematische Verhaltensänderung im Top-Team bildete.

Die konstruktive, mitunter auch emotionale Auseinandersetzung bezüglich wichtiger Entscheidungen ist heute ein Kernbestandteil jeder Vorstandssitzung: Bei wichtigen Entscheidungen »challengen« sich die Teammitglieder gezielt gegenseitig. Hagenbucher als CEO fordert regelmäßig von den Teammitgliedern ein, gerade abweichende Einschätzungen, Perspektiven und Grundüberzeugungen auf den Tisch zu bringen. Ein systematisches gegenseitiges Feedback zum Verhalten der Teammitglieder in den Vorstandssitzungen trägt dazu bei, gemeinsam die Fortschritte nachzuhalten – und Rückfälle in dysfunktionale Muster wie Vermeidung, Verdrängung und aggressives oder manipulatives Verhalten zu verhindern. Die Kernfragen des Kurzfeedbacks nach jeder Vorstandssitzung sind immer gleich: Haben wir alle gegensätzlichen Auffassungen auf den Tisch gebracht? Haben wir Konflikte vermieden? Haben wir eine klare, begründete, von allen getragene Entscheidung?

Auf Grundlage der adaptiven Veränderung eigener Grundeinstellungen entwickelte das Top-Team eine ganze Reihe von technischen Mechanismen, um die Konflikte in der GERADAG transparent und nutzbar zu machen:

1. Abgeleitet aus einer klarer konturierten Strategie gibt es gemeinsam entwickelte eindeutige Kriterien, nach denen Trade-off-Entscheidungen zwischen den Unternehmensbereichen getroffen werden – persönliche Gewinner-Verlierer-Dynamiken und unproduktive Kompromisslösungen werden auf diese Weise weitgehend reduziert.

2. Entscheidungen des Top-Teams werden mit allen Pros und Cons protokolliert, direkt am Ende der Sitzung abgestimmt und unmittelbar an alle relevanten Führungskräfte versandt.

3. Die »Rules and Regulations« wurden durch einen transparenten, strukturierten Eskalationsprozess abgelöst, der Eskalationspunkte und Verfahrensschritte klar beschreibt.

4. Zusätzlich hat das Top-Team in der GERADAG einfache Regeln kodifiziert und verankert, die unproduktive Eskalationen unmöglich machen: Die Führungskräfte sind heute verpflichtet, Meinungsverschiedenheiten unmittelbar mit ihrem direkten Gegenüber im jeweils anderen Bereich zu klären, denn die Vorstandsmitglieder akzeptieren Eskalationen innerhalb des eigenen Bereichs schlicht nicht mehr. Ist eine Lösung auf diese Weise nicht möglich, wird eine Entscheidung in letzter Instanz in einem Eskalationsgespräch zwischen beiden beteiligten Führungskräften und beiden beteiligten Vorstandsmitgliedern getroffen.

Und schließlich wurde dieses neue Instrumentarium an technischen Maßnahmen durch eine entscheidende sichtbare Veränderung unterstützt: den »Shadow of Leaders« – die gezielte Anpassung der Verhaltensmuster des Top-Teams hin zu produktiven Konflikten. Diese Zeichen des Gelingens für einen konstruktiven Umgang mit dem Konflikt im Top-Team haben wir in der Abbildung »Den Konflikt nutzen: Verhaltensmuster im Top-Team« zusammengefasst.

Den Konflikt nutzen: Verhaltensmuster im Top-Team

Zeichen des Misslingens	Zeichen des Gelingens
Mitglieder des Top-Teams folgen dem Impuls, Harmonie im Team erhalten zu wollen.	Der CEO und alle Mitglieder des Top-Teams gehen offen und aktiv in den Konflikt - und betrachten Auseinandersetzungen im Team als Notwendigkeit, nicht als Risiko.
Mitglieder des Top-Teams greifen bei kontroversen Diskussionen das Gegenüber persönlich an und fühlen sich persönlich angegriffen.	Mitglieder des Top-Teams forcieren und akzeptieren die sachbezogene Auseinandersetzung als Teil ihrer Rolle und Verantwortlichkeit.
Mitglieder des Top-Teams suchen um jeden Preis einen Kompromiss auf Basis von Win-win-Ergebnissen.	Mitglieder des Top-Teams gehen Trade-off-Entscheidungen entschlossen an und streiten konstruktiv um die beste Lösung im Gesamtinteresse.
Mitglieder des Top-Teams beziehen keine klare Position zu kontroversen Fragen und verlagern Entscheidungen auf den CEO oder auf die Führungskräfte.	Mitglieder des Top-Teams beziehen offen und standhaft Position zu kontroversen Fragen und stellen sicher, dass jeder hinter einer getroffenen Entscheidung steht.
Mitglieder des Top-Teams schaffen systematisch technische Lösungen, um Konflikte aus dem Top-Team fernzuhalten.	Mitglieder des Top-Teams agieren als Rollenvorbild für das produktive Nutzen von Konflikten und setzten auf einfache, klare Eskalationsmechanismen.

Fall 2: Der CEO der Syna Systems setzt auf Kompromisse

Matrixorganisationen sind wegen ihrer komplexen Struktur von Verantwortlichkeiten ein extremes Beispiel für die Allgegenwart und die Notwendigkeit von Konflikten in großen Unternehmen. Aber nicht nur für Matrixorganisationen gilt: Konflikte sind eine produktive Kraft, die das Top-Team für die Entwicklung des gesamten Unternehmens nutzbar machen muss.

»Ich gebe ja zu, ich habe diese Top-Team-Meetings früher manchmal regelrecht gehasst«, erinnerte sich Schröder, Vertriebsvorstand der Syna Systems, kopfschüttelnd. »Dieses ständige In-den-Konflikt-getrieben-Werden, dieses permanente Gechallengt-Werden, diese nächtelangen Auseinandersetzungen! Das war wirklich Kampf – und erst jetzt sehe ich: Genau diesen Kampf haben wir gebraucht.« Schröder hatte uns zu einem vertraulichen Gespräch eingeladen: »Wir müssen mal wieder miteinander sprechen – unser Top-Team ist im Moment auf einem ziemlich kritischen Pfad.«

Im Gespräch ließ Schröder, ein langjähriger Klient, seiner Besorgnis über die Entwicklung der Syna Systems freien Lauf. Wir hatten das Top-Team während einer kritischen Turnaround-Phase unterstützt und waren beeindruckt gewesen – von Hermanns, seinerzeit CEO, und dem gesamten Team.

> Der CEO hatte den produktiven Konflikt systematisch genutzt und sogar gezielt provoziert, um das Top-Team und die gesamte Organisation zu Höchstleistungen zu treiben – ohne sich selbst und die Mitglieder des Teams zu schonen. Er hatte das Team zu einem Hochleistungsteam verschmolzen – und als einen der entscheidenden Hebel hatte er den Konflikt genutzt.

Der CEO hatte den produktiven Konflikt systematisch genutzt und sogar gezielt provoziert, um das Top-Team und die gesamte Organisation zu Höchstleistungen zu treiben – ohne sich selbst und die Mitglieder des Teams zu schonen. Er hatte das Team zu einem Hochleistungsteam verschmolzen – und als einen der entscheidenden Hebel hatte er den Konflikt genutzt.

»Erst wenn jedes Argument aus allen Perspektiven durchdiskutiert war, wenn alle ihre Emotionen offengelegt hatten und wenn auch der

Letzte wirklich von der gemeinsamen Lösung absolut überzeugt war, haben wir entschieden«, so fasste Schröder den »brutal anstrengenden« Entscheidungsmodus zusammen – aber dann habe man die Lösung auch »wie ein Mann« umgesetzt. Das produktive Ringen, der konstruktive Streit sei die entscheidende Kraft gewesen, die das Top-Team zum gemeinsamen Erfolg in der Turnaround-Phase getrieben habe. Nun aber, nach Amtsantritt eines neuen CEO, machte sich Schröder ernsthaft Sorgen: »Wir haben ein echtes Problem: Wir streiten nicht mehr miteinander!« Weitere Gespräche mit einer Reihe von Top-Team-Mitgliedern bestätigten Schröders Diagnose: Das Top-Team der Syna Systems hatte sich auf einen gefährlichen Weg begeben – von dem produktiven Konflikt zu unproduktiver Harmonie. Mit alarmierenden Konsequenzen für die Leistungsfähigkeit der gesamten Organisation.

Die »Abwärtsspirale unproduktiver Harmonie«, so formulierte es der CFO, hatte direkt nach dem Amtsantritt Freys als neuem CEO Schwung aufgenommen. Von außerhalb des Konzerns rekrutiert, hatte der neue CEO ein zutiefst anderes Verständnis von Führung und von dem Umgang mit Konflikten im Top-Team: »Der hat sich hier bei uns völlig unvorbereitet in einer Gladiatorenarena wiedergefunden – und sich ausschließlich auf eine ausgleichende Moderatorenrolle fokussiert«, so erklärte der CFO weiter, »und jetzt wird immer deutlicher: Dieses Team zerbricht an einem Mangel an Konflikten. Es ist unfassbar!«

Frey hatte die offene, mitunter auch aggressive Streitkultur im Top-Team der Syna Systems nicht als Chance, sondern als Bedrohung seiner noch ungefestigten Position begriffen. Als Konsequenz hatte er unmittelbar nach Amtsantritt einen Mechanismus eingeführt, den er bereits in seiner vorherigen Funktion genutzt hatte, um im Vorstand, wie er es formulierte, eine »sachliche, entscheidungsorientierte und emotionsfreie Zusammenarbeit« zu etablieren: sogenannte Business Committees. »Immer, wenn es wirklich an den Kern der Sache geht«, so kommentierte Schröder in unse-

Die Vergesellschaftung von Konflikten in Committees oder die Verlagerung von Konflikten in bilaterale Runden sind charakteristische Bewältigungsmechanismen, die darauf zielen, im Top-Team eine konfliktfreie Zone einzurichten.

rem Gespräch das Verhaltensmuster Freys, »weiß ich schon, wie Frey reagiert. Entweder er delegiert das Thema in irgendein Committee oder er bricht die Diskussion ab mit den Worten: ›Ihr löst das am besten bilateral‹. So kommt es nie wirklich zum Schwur.« Freys Verhaltensmuster ist in vielerlei Hinsicht typisch für ein Managementverständnis, das den Konflikt primär als Bedrohung der Ordnung im Top-Team begreift.

Die Vergesellschaftung von Konflikten in Committees oder die Verlagerung von Konflikten in bilaterale Runden sind charakteristische Bewältigungsmechanismen, die darauf zielen, im Top-Team eine konfliktfreie Zone einzurichten.

Committees als Konsensreaktor

Die in zahlreichen Unternehmen verbreiteten Committees sind in vielerlei Hinsicht eine klassische Symptomlösung: Sie sind der Versuch, die zwangsläufig in jeder Organisation angelegten Konflikte durch Strukturen frühzeitig zu entschärfen. Genau das war auch Freys Kalkül in der Syna Systems: Die Business Committees sollten Vertreter der unterschiedlichen Unternehmensbereiche für wichtige übergreifende Themen dauerhaft an einen Tisch bringen, um im Rahmen von Verhandlungslösungen kontroverse Themen zu entschärfen und dem Vorstand einstimmig eine Empfehlung zur Entscheidung vorzulegen. In den ersten drei Monaten nach Freys Amtsübernahme hatte er bereits fünf Committees konstituiert: ein Strategy-Committee, ein Project-Committee, ein IT-Committee, ein Product-Committee und schließlich ein Market-Committee.

Committees haben einen schlechten Ruf – und trotzdem findet man fast kein Unternehmen, das ohne eine ganze Reihe solcher Koordinationsgremien auszukommen scheint. Schon Abraham Lincoln wird eine Definition von Committees zugeschrieben, die diese als »eine Sackgasse« beschreibt, »in die gute Ideen gelockt werden, um sie dort in Ruhe zu erdrosseln«. Auch Manfred Kets de Vries zitiert ironisch eine verbreitete Definition: »Ein Committee ist eine Gruppe von Menschen, die individuell nichts entscheiden können, die sich aber als Gruppe treffen können, um zu entscheiden, dass nichts getan werden kann.«[120] Unsere Erfahrung in zahlreichen Klientensituationen ist eindeutig: Committees haben sich ihren schlechten Ruf in den meisten Fällen verdient.

So auch in der Syna Systems. Denn die Committees dienten, durchaus der Grundlogik von Committees entsprechend, vor allem als reine Repräsentationsorgane konkurrierender Bereichsinteressen. Die aus den verschiedenen Unternehmensbereichen in die Committees entsandten Vertreter agierten auch in der Syna Systems zuallererst als »Sprachrohr« – Kritiker sprachen auch von »Briefträgern« – ihres jeweiligen Bereichs: »Keiner hat hier mehr eine eigenständige Position aus professioneller Sicht«, so charakterisierte ein Mitglied des Product-Committees die Zusammenarbeit, »man ist streng loyal gegenüber dem eigenen Bereichsvorstand und stimmt jedes einzelne Wort ab – und wenn nicht, muss man Konsequenzen fürchten.« Der Anspruch, Committees sollten effiziente Konfliktlösungen auf dem Wege der rationalen Verhandlung erzielen, muss scheitern, wenn alle Beteiligten wie »Vertreter ohne Vertretungsmacht« agieren.

Zudem neigen die in Committees entsandten Führungskräfte zur Entschärfung von Gegensätzen und zum Kompromiss um nahezu jeden Preis: »Wir ringen monatelang mühsam um jeden Kompromiss, nur um überhaupt eine Entscheidung zu treffen. Dann legen wir unsere Committee-Empfehlung dem Vorstand zur formalen Entscheidung vor – und der gibt dann diesen faulen Kompromiss zur Umsetzung frei. Mit dieser Mutlosigkeit fahren wir die Firma irgendwann an die Wand.« Diese Sicht eines Managers aus dem Strategy-Committee der Syna Systems fasst die Symptomatik, die in Committees oft zu finden ist, treffend zusammen.

> Die Dynamik in Committees spiegelt allzu häufig den reinen Prozesscharakter managerieller Routinelösungen wider: Besser irgendeine Entscheidung als gar keine Entscheidung. Der Prozess triumphiert über die Substanz.

Die Dynamik in Committees spiegelt allzu häufig den reinen Prozesscharakter managerieller Routinelösungen wider: Besser irgendeine Entscheidung als gar keine Entscheidung. Der Prozess triumphiert über die Substanz.

In diesem Sinne lieferten die in der Syna Systems eingesetzten Committees immer wieder Beispiele für eine typische Entscheidungsdynamik: Aus Furcht vor Risiko und Unordnung – und letztlich auch vor emotionaler, persönlicher Konfrontation – versuchten die Bereichsvertreter in den Committees in aller Regel, sogenannte »Win-Lose-Situationen« in für alle Beteiligten gesichtswahrende »Win-win-Situationen« umzuwandeln. In vielen Fällen sind solche Win-win-Ergebnisse – also Entscheidungen, bei denen alle beteiligten Parteien aus der Entscheidung einen wahrgenommenen Vorteil ziehen – durchaus eine sehr tragfähige Lösung.

> Gerade in der komplexen Welt an der Unternehmensspitze ist es entscheidend, dass Top-Team und Führungskräfte bereit sind, bewusst auf Win-win-Lösungen zu verzichten, klare Prioritäten zu setzen und Trade-off-Entscheidungen zu treffen. Ein Budget kann nur einmal ausgegeben, eine Investition oder Akquisition nur einmal getätigt werden: wenn nötig, eben zugunsten eines Bereichs – und auf Kosten eines anderen.

Aber gerade in der komplexen Welt an der Unternehmensspitze ist es entscheidend, dass Top-Team und Führungskräfte bereit sind, bewusst auf Win-win-Lösungen zu verzichten, klare Prioritäten zu setzen und Trade-off-Entscheidungen zu treffen. Ein Budget kann nur einmal ausgegeben, eine Investition oder Akquisition nur einmal getätigt werden: wenn nötig, eben zugunsten eines Bereichs – und auf Kosten eines anderen.

Die Top-Team-Mitglieder der Syna Systems waren sich, das zeigten alle Gespräche, über die Wirkung der Committees denn auch weitgehend einig: »Die Wirkung der Committees für die ganze Organisation ist fatal: Wir streiten im Top-Team nicht mehr um die beste Lösung, sondern werden zum Abnick-Gremium von lauwarmen Kompromissen degradiert«, fasste der CFO sein Urteil zusammen. Ein anderes Vorstandsmitglied brachte die entstandene Vermeidungsdynamik eloquent auf den Punkt: »Bei uns geht es zu wie im Notariat! Die ganze produktive Auseinandersetzung im Team findet nicht mehr statt – wir führen diese Organisation nicht mehr über inhaltliche Akzente, sondern managen irgendwelche Themen über bürokratische Prozesse und Gremien.«

Aus dem Fall sind mehrere Lehren zu ziehen: Erstens zeigt der ursprünglich erfolgreiche Turnaround der Syna Systems die produktive Dynamik, die von einem Top-Team ausgehen kann, das sich aus der persönlichen Komfortzone heraus und in konstruktive Konflikte hinein begibt. Zweitens wird deutlich, wie schnell die individuelle Haltung gegenüber Konflikten – in unserem Beispiel die auf Moderation ausgelegte Verhaltensweise des neuen CEO – auch eine eingespielte positive Teamdynamik zum Kollabieren bringen kann. Drittens schließlich, zeigt sich an der Wirkung der Committees, welche paralysierende Dynamik Symptomlösungen entfalten können, die auf Konfliktvermeidung um jeden Preis setzen: Die Syna Systems steht heute am Markt deutlich schlechter da als unmittelbar nach dem Turnaround. Vor allem wegen ihrer unklaren Strategie, langsamer Produktinnovation und verschleppten Investitionsentscheidungen – Herausforderungen also, für die in den Committees konfliktvermeidende Lösungen gefunden werden sollten.

Die Fälle der GERADAG und der Syna Systems verdeutlichen bei aller Unterschiedlichkeit im Detail eine Kernbotschaft: Top-Manager und ihre Teams unterschätzen nicht nur die Allgegenwart und die Unausweichlichkeit, sondern vor allem den Nutzen von Konflikten für die Leistungsfähigkeit ihrer Organisation. Gerade die Unterschiede in den Perspektiven, in Kompetenzen, Grundüberzeugungen, Werten und Zielsetzungen schaffen in einer komplexen Umwelt enormen Nutzen.

Für Top-Teams ist es eine der wichtigsten Disziplinen des Gelingens, mit Konflikten in einer Weise zu arbeiten, die ihr destruktives Potenzial verringert und ihre Energie konstruktiv nutzbar macht.[121]

Aus Angst vor den Risiken unproduktiver Auseinandersetzung aber bleibt der Konflikt als Ressource viel zu häufig ungenutzt. Anstatt als Rollenmodell im Top-Team einen produk-

> Die Fälle der GERADAG und der Syna Systems verdeutlichen bei aller Unterschiedlichkeit im Detail eine Kernbotschaft: Top-Manager und ihre Teams unterschätzen nicht nur die Allgegenwart und die Unausweichlichkeit, sondern vor allem den Nutzen von Konflikten für die Leistungsfähigkeit ihrer Organisation. Gerade die Unterschiede in den Perspektiven, in Kompetenzen, Grundüberzeugungen, Werten und Zielsetzungen schaffen in einer komplexen Umwelt enormen Nutzen.

tiven Umgang mit Konflikten vorzuleben, versuchen viele Manager, an der Spitze eine konfliktfreie Zone zu errichten – und Konflikte aus der gesamten Organisation »herauszudesignen«.[122] Die von vielen Top-Teams favorisierten Lösungsmodelle sind zumeist dysfunktionale Symptomlösungen – oder wie Abraham Zaleznik pointiert formuliert, »ein Sammelsurium organisatorischer Maßnahmen und Kontrolltechniken zur Überwindung aller menschlichen Mängel«.[123] In Unternehmen aber, in denen an der Unternehmensspitze Konfliktvermeidung Gebot ist, führen Symptomlösungen in aller Regel zur Lähmung der gesamten Organisation.

Auf einen Blick
Den Konflikt nutzen

Herausforderungen

Top-Teams neigen dazu, Konflikte im Team aus Furcht vor Risiko und Instabilität systematisch zu vermeiden. Gerade in der komplexen Welt an der Unternehmensspitze aber müssen Top-Manager zu einer gemeinsamen Einstellung zu Konflikten finden, die auf vier Grundeinsichten basiert: Erstens, Konflikte sind in jedem Unternehmen allgegenwärtig. Zweitens, Gegensätze und Spannungen wirken als produktive Kraft, die es zur Entwicklung des Unternehmens zu nutzen gilt. Drittens, das Top-Team muss als Rollenmodell für eine produktive Nutzung von Konflikten in der gesamten Organisation agieren. Und viertens, das Vermeiden von Konflikten im Top-Team und Verlagerung mittels »technischer Symptomlösungen« führen auf Dauer zu einer Lähmung der gesamten Organisation.

Den Konflikt nutzen – das systematische Nutzen konkurrierender Überzeugungen und Interessen durch produktive Konfrontation im Top-Team – ist eine entscheidende Disziplin des Gelingens. Manager müssen bereit sein, persönliche und organisatorische Konfliktvermeidungsmechanismen zu überwinden, und erkennen, dass Harmonie weit größere Risiken mit sich bringen kann als der produktive Konflikt.

Elemente des Gelingens

▶ Als Team der Neigung zur Harmonie widerstehen und Konflikte als notwendige und produktive Kraft begreifen und nutzen.

▶ Im Team Zeit investieren, um von den Mitgliedern konkurrierende Perspektiven einzufordern und Interessengegensätze und Widersprüche deutlich zu machen.

▶ Im Team nicht nur auf kompromissorientierte Win-win-Entscheidungen setzen, sondern kontroverse Trade-off-Entscheidungen forcieren.

▶ Im Team dem Impuls widerstehen, durch technische Lösungen eine vermeintlich konfliktfreie Organisation konstruieren zu wollen.

▶ Mit den Teammitgliedern reflektieren, wie sie mit ihren eigenen Verhaltensmustern zur Konfliktvermeidung beitragen.

14

Die Spannung regulieren

»Jede Krise ist eine sehr produktive Phase, wenn man es schafft,
ihr den Beigeschmack der Katastrophe zu nehmen.«

Max Frisch

▶ *Fall 1:* Der CFO der AX-Bank instrumentalisiert die Krise
▶ *Fall 2:* Das Top-Team der ROXCO AG verfällt in Alarmismus

Fall 1: Der CFO der AX-Bank instrumentalisiert die Krise

»Wir haben einen Taliban im Vorstand!« Pfeiffer beugte sich über seinen Schreibtisch weit nach vorne und ließ seinem Unmut freien Lauf.
Bis gerade eben war unser Gespräch über die Herausforderungen, denen sich Pfeiffer als CEO der AX-Bank gegenüber sah, eher sachlich
verlaufen. Es war eines jener typischen Vorgespräche gewesen, in denen
wir neue Klienten darum bitten, erst einmal ihre ganz persönliche Beschreibung der Situation zu geben: »Wir sind als Vorstand einfach nicht
effektiv genug. Wir verbeißen uns in unnötige Details, führen keine Diskussion über die wirklich entscheidenden Punkte, verlieren zu schnell
den roten Faden, und dann werden Entscheidungen ›out of the blue‹
getroffen – viele Sitzungen sind einfach unerfreulich. Ich weiß, dass wir
ganz anders zusammen arbeiten müssen.«

»Ein Taliban?« Wir fragten nach. Das klang nach mehr Dramatik als
den Dysfunktionen, denen wir in Top-Teams üblicherweise begegnen.
»Exakt, Taliban!« Pfeiffer präzisierte seine Sicht des Problems: »Brandt,

unser CFO, hält den Vorstand teilweise wirklich in kollektiver Geiselhaft. Brandt ist ein herausragend guter Finanzer, keine Frage. Darum habe ich ihn ja schließlich zur AX-Bank geholt.« Pfeiffer ließ keinen Zweifel an der fachlichen Leistung Brandts: Sie hätten gemeinsam das Unternehmen wieder auf Kurs gebracht, die letzten vier Quartale seien ein Riesenerfolg gerade für Brandt und ihn selbst. Aber es gebe eben auch die andere – negative – Seite dieser Entwicklung, sagte Pfeiffer seufzend: »Mittlerweile wird Brandt zu einer echten Belastung und fast schon zu einer Gefahr für mein Team. Wissen Sie, er ist eine Art Glaubenskrieger. Mit seinen immer neuen Untergangsszenarien macht er jede sinnhafte Diskussion unmöglich. Sein Credo ›Entweder My way – oder No way‹ würgt jegliche Auseinandersetzung ab und zerstört die vernünftige Arbeit im Team!«

Ein Vorstand im permanenten Ausnahme- und Alarmzustand – so musste man Pfeiffers Beschreibung der Zusammenarbeit im Führungsteam verstehen. Dabei hatte seit Pfeiffers Amtsübernahme 2005 zunächst alles nach einer Erfolgsgeschichte ausgesehen. Der Aufsichtsrat hatte Pfeiffer in einer schwierigen Zeit von einem erfolgreichen Wettbewerber als Turnaround-Manager an Bord geholt. Die AX-Bank hatte als traditionelle Bank für Privatkunden und kleinere bis mittlere Geschäftskunden seit Jahren Marktanteile verloren. Wenig fokussiert, wenig profitabel und zu wenig innovativ – das Unternehmen schien auf dem Weg zu sein, irgendwann von einem stärkeren Wettbewerber übernommen zu werden. Gemeinsam mit seinem neuen Vorstandsteam hatte Pfeiffer seit 2006 den Turnaround vorangetrieben: Stärkung der finanziellen Basis, eine überzeugende Strategie mit Fokus auf Geschäftskunden, die am Markt gute Erfolge zeigte, eine auf die Strategie ausgerichtete neue Organisationsstruktur und, nicht zuletzt, Austausch von mehr als der Hälfte der nächsten Führungsebene. Es waren vier Jahre harte Arbeit im Krisenmodus gewesen – und vier Jahre »Stunde des CFO«.

Es war für Pfeiffer ein Glücksfall gewesen, Brandt schon im Jahr 2006 als CFO für die AX-Bank zu gewinnen. Brandt, so Pfeiffers Kal-

> Ein Vorstand im permanenten Ausnahme- und Alarmzustand – so musste man Pfeiffers Beschreibung der Zusammenarbeit im Führungsteam verstehen.

kül, würde genau dort die Akzente setzen, wo ihm als Vertriebsmann die Kompetenzen fehlten: Finanzstrategie, Kostenreduzierung und vor allem Risikomanagement. Zusätzlich, darauf hoffte Pfeiffer, würde Brandt auch im Vorstand mit seinem Stil der Zusammenarbeit eine ideale Ergänzung bilden: Er hatte Brandt aus früherer gemeinsamer Tätigkeit als leidenschaftlichen Skeptiker, scharfen Kritiker und auch als »harten Hund« kennen gelernt – Eigenschaften, die Pfeiffer an sich selbst vermisste. Und genau diesen Typus brauchte Pfeiffer als CEO jetzt an seiner Seite, um den Turnaround mit allen Konsequenzen erfolgreich zu schaffen.

Und tatsächlich hatte sich die enge Zusammenarbeit zwischen CEO und CFO als Erfolgsmodell erwiesen – ein Modell aber, das nun, nach gelungenem Turnaround und erfolgreich gemeisterter Krise, zunehmend seine Kehrseite offenbarte.

Und tatsächlich hatte sich die enge Zusammenarbeit zwischen CEO und CFO als Erfolgsmodell erwiesen – ein Modell aber, das nun, nach gelungenem Turnaround und erfolgreich gemeisterter Krise, zunehmend seine Kehrseite offenbarte.

Die Krise als »Stunde des Alpha-CFO«

»Diese Company steht am Abgrund – und könnte morgen schon über die Klippe gehen. Da können wir doch im Vorstand jetzt nicht auf Harmonie und eitel Sonnenschein machen!« Brandt enttäuschte unsere Erwartungen nicht. Pfeiffer war unserem Vorschlag gefolgt und hatte vier Wochen nach unserem »Taliban«-Gespräch einen zweitägigen Teamworkshop mit dem Vorstand angesetzt. Die Vorgespräche mit sieben der Top-Team-Mitglieder hatten im Konferenzraum des Vorstands stattgefunden. Nur Brandt hatte uns als einziger verspätet in sein Büro bitten lassen, »ab 19:30 Uhr«. Er hatte es sich hinter seinem mit Dokumenten überhäuften Schreibtisch bequem gemacht: »Turnaround hin oder her – seien wir doch mal ehrlich. Wenn wir ganz rational auf die finanziellen und strategischen Risiken sehen, sage ich: Hope is not a method! Das will hier bloß keiner wissen, unsere Führungskräfte nicht, der Vorstand nicht, und – anders als früher – sogar Pfeiffer nicht mehr. Wenn ich nicht konsequent den Vorstand zu Entscheidungen treibe, kann hier morgen das Licht ausgehen.« Brandt war unmissverständlich: Gerade in letzter Zeit habe sich bei ihm der Eindruck verdichtet, allein auf einsamem Posten zu stehen. Das in der Krise so erfolgreiche »blinde Doppelpass-Spiel« mit Pfeiffer funktioniere immer weniger: »Pfeiffer folgt jetzt wieder seinem ›Vertrieblerherz‹, konzentriert sich ganz auf seine Wachstumsgeschichte und hört nicht mehr richtig zu. Da draußen tobt der perfekte Sturm und ich als CFO muss hier versuchen, die größten Lecks dicht zu kriegen. Aber Pfeiffer will schon wieder die Angeln auswerfen – das kann so nicht funktionieren!«

Brandt verkörperte den Typus des »heroischen Alphas« im Top-Management, dessen wahre Stunde in der Krise schlägt. Er war schonungslos analytisch-rational, ergebnis- und handlungsorientiert, fokussiert auf Entscheidungen, mit sehr direkter Kommunikation, von der eigenen Verantwortung getrieben und hatte den Willen, jedes Defizit aufzudecken, bevor es sich als solches überhaupt darstellt. Kurz: Er zeigte Verhaltensweisen, die sich in Krisensituationen für viele Manager und Unternehmen als höchst wirksam erwiesen haben.

> Brandt verkörperte den Typus des »heroischen Alphas« im Top-Management, dessen wahre Stunde in der Krise schlägt. Er war schonungslos analytisch-rational, ergebnis- und handlungsorientiert, fokussiert auf Entscheidungen, mit sehr direkter Kommunikation, von der eigenen Verantwortung getrieben und hatte den Willen, jedes Defizit aufzudecken, bevor es sich als solches überhaupt darstellt. Kurz: Verhaltensweisen, die sich in Krisensituationen für viele Manager und Unternehmen als höchst wirksam erwiesen haben.

Ein solch direktiver Stil in Führung und Zusammenarbeit kann in zeitlich begrenzten Turnaround-Situationen durchaus angemessen sein, weil er in einer Notlage Klarheit vermittelt, Sicherheit gibt und schnelles Umsetzen ermöglicht. Direktive Führung ist also keineswegs grundsätzlich ungeeignet. »Was ist wirksam?« – das ist für uns die zentrale Frage. Wir erleben immer wieder, dass Führungsmannschaft und Mitarbeiterschaft Krisen nur erfolgreich überwinden, wenn es klare Vorgaben von oben sowie engmaschige Umsetzungskontrolle gibt. Daniel Goleman, renommierter amerikanischer Psychologe und Wirtschaftsautor, unterscheidet plakativ zwischen Führungsstilen in Krisensituationen und jenen in Wachstumsphasen. Vereinfacht ausgedrückt: Passt in finanziellen Unternehmenskrisen eher eine »direktive« Führung, brauchen Unternehmen für einen Wachstumsschub eher »demokratische« Führung mit erhöhter Einbindung und Teilhabe an Entscheidungen.[124] Was ist wirksam? Das hängt davon ab, in welcher Phase sich das Unternehmen befindet. Für Führungskräfte macht das die Aufgabe umso schwerer, bringt doch jeder ganz individuelle Stärken und persönliche Prägungen etwa für einen direktiven oder demokratischen Führungsstil mit. Reduzieren Top-Manager ihre Führungsfähigkeiten unreflektiert auf ihren »natürlichen« Stil, unabhängig von der Situation des Unternehmens, der Marktlage und der Top-Team-Chemie, schränkt dies meist ihren Erfolg als Führungskraft ein. Im besten Falle dagegen wissen sie ihr Repertoire während ihrer Laufbahn mit ihren vielfältigen Führungsaufgaben zu erweitern und flexibel zu akzentuieren. Manager stehen also vor der Herausforderung, ihr Verhalten in Führung und Zusammenarbeit stets an die aktuelle Situation des Unternehmens und die konkrete Führungsaufgabe anzupassen.

Denn Wirkung und Dosierung stehen nicht nur in der Medizin in einem engen Zusammenhang, auch in Organisationen sind die Grenzen zwischen Medikament und Gift durchaus fließend: Verhaltensmuster im Top-Management, die in einer Krise wirksam sind, können außerhalb von Krisenzeiten hochtoxisch wirken.

Analytische Schärfe mutiert dann zu Detailversessenheit, Ergebnisorientierung zu unerfüllbaren Ansprüchen, Handlungsorientierung zu Aktionismus, Entscheidungsfokus zum Entscheidungsmonopol, Verantwortungsbewusstsein zur Entmachtung der Kollegen, Defizitorientierung zum Alarmismus, direkte Kommunikation zu schneidender Schärfe, Sarkasmus und Aggressivität, die bis ins Persönliche gehen kann.[125]

> Wirkung und Dosierung stehen nicht nur in der Medizin in einem engen Zusammenhang, auch Organisationen sind die Grenzen zwischen Medikament und Gift durchaus fließend: Verhaltensmuster im Top-Management, die in einer Krise wirksam sind, können außerhalb von Krisenzeiten hochtoxisch wirken.

Verschärft werden diese Verhaltensmuster durch eine – manchmal bewusste, oft aber unbewusste – Tendenz, die Krise als Drama, als Bühne zur eigenen Selbstdarstellung zu nutzen.

Die Krisensituation mit ihren »Sonderrechten« stärkt die Wahrnehmung der eigenen Wirksamkeit und schwächt die Bereitschaft, sich wieder dem Managementalltag eines »Business as usual« unterzuordnen, wenn dieses eigentlich geboten wäre. All dies geschieht – und das beobachten wir bei unseren Klienten immer wieder – zumeist nicht etwa aus gern unterstellten niederen Motiven, sondern aus dem Bewusstsein einer umfassenden Verantwortung für das Unternehmen heraus. Die Krise setzt sich in den Köpfen fest – und der Befund ist eindeutig: Führung im Krisenmodus wird zum Faustischen Prinzip, sie ist »ein Teil von jener Kraft, die stets das Gute will und stets das Böse schafft«.

Der produktive Anspannungsgrad im Team an der Spitze

Der Fall der AX-Bank verdeutlicht beispielhaft eine der typischen Herausforderungen gerade von Top-Teams: angesichts einer akuten oder abgeschwächten äußeren Krisensituation einen Modus wirksamer Zusammen- und Führungsarbeit an der Unternehmensspitze zu erhalten.

Ein sichtbares Signal für diese Dramafalle, in die Top-Teams nach unserer Beobachtung immer wieder geraten, ist der Umgang mit der Krise: Denn es ist nicht die reale »Krise an sich«, die unwillkürlich unproduktives Verhalten fördert. Es ist vor allem die immer neue Aktualisierung und Dramatisierung der Krise an der Unternehmensspitze, die den entscheidenden Brandbeschleuniger bildet.

Die Krise ist ein allgegenwärtiges Phänomen. Glauben wir einschlägigen Wissen-

Ein sichtbares Signal für die Dramafalle, in die Top-Teams immer wieder geraten, ist der Umgang mit der Krise: Denn es ist nicht die reale »Krise an sich«, die unwillkürlich unproduktives Verhalten fördert. Es ist vor allem die immer neue Aktualisierung und Dramatisierung der Krise an der Unternehmensspitze, die den entscheidenden Brandbeschleuniger bildet.

schaftlern und Kommentatoren, werden Häufigkeit und Intensität von Krisensituationen auch in Zukunft weiter zunehmen. Unsere praktische Arbeit bestätigt diesen Befund: Wir treffen immer häufiger auf Top-Management-Teams, die sich in tatsächlichen oder wahrgenommenen Krisen befinden. Also steigt die Notwendigkeit einer kollektiven »Krisenreaktionskompetenz« an der Unternehmensspitze – einer gemeinsamen Fähigkeit, die eigene Wahrnehmung der Krise systematisch zu hinterfragen. Dabei, und das wird noch zu oft übersehen, ist die Entwicklung der Kompetenz zu »richtigen« geschäftlichen Entscheidungen nur ein Element. Ebenso entscheidend für Top-Teams ist das gemeinsame Entwickeln und Erhalten von wirksamen Verhaltensweisen, um die Krise produktiv zu nutzen und bewusst dem Drama zu entsagen.

> Die zentrale – »technische« – Frage für Management in der Krise ist: Welches sind die richtigen Entscheidungen? Das ist ohne Zweifel überlebenswichtig – und doch ist eine zweite Frage ebenso entscheidend, und zwar die Frage nach Führung in der Krise: Wie halten wir uns als Top-Team und unsere gesamte Organisation unter den Bedingungen einer Krise handlungsfähig? Und dann: Wann wird es Zeit, vom Krisenzustand gezielt in einen neuen Normalzustand überzugehen?

Die zentrale – »technische« – Frage für Management in der Krise ist: Welches sind die richtigen Entscheidungen? Das ist ohne Zweifel überlebenswichtig – und doch ist eine zweite Frage ebenso entscheidend, und zwar die Frage nach Führung in der Krise: Wie halten wir uns als Top-Team und unsere gesamte Organisation unter den Bedingungen einer Krise handlungsfähig? Und dann: Wann wird es Zeit, vom Krisenzustand gezielt in einen neuen Normalzustand überzugehen?

Unter den Bedingungen dauerhafter Krisen müssen Top-Teams diesen entscheidenden Erfolgsfaktor gezielt gemeinsam entwickeln: die Fähigkeit, die Spannung im Top-Team und in ihrer gesamten Organisation zu regulieren. Denn mit wenigen Ausnahmen ist es im Unternehmenskontext insbesondere das Top-Team selbst, das durch seine Verhaltensmuster den schmalen Grat zwischen produktiver Krise und unproduktiver Krise definiert. Oder etwas überspitzt gesagt: Krise ist, was das Top-Team daraus macht.

Das produktive Stressniveau als Führungsaufgabe

Das ist einfach geschrieben, aber in einer komplexen Unternehmenswirklichkeit unter krisenhaften Umweltbedingungen anspruchsvoll. Top-Teams, aber auch ganze Organisationen benötigen ein Mindest-»Stresslevel«, um sich adaptiv weiterzuentwickeln und erfolgreich zu transformieren. Unterhalb dieses Stressniveaus, in der Komfortzone, gibt es keine Entwicklung; Teams und Organisationen rutschen bei zu geringem Stressniveau leicht ab in unproduktive Einstellungen und Verhaltensweisen wie Selbstzufriedenheit, Selbstgerechtigkeit und Passivität.

Zugleich aber haben Teams und Organisationen auch ein Maximal-»Stresslevel«: jenes Niveau an Bedrohung, das gerade noch bewältigt werden kann. Oberhalb dieses Stressniveaus, in der Gefahrenzone, ist Lernen und Entwicklung nicht mehr möglich: Das Resultat gerade bei lange andauernden Krisensituationen ist nur noch Verunsicherung, Erschöpfung, Vermeidung und Lähmung.[126]

Den Anspannungsgrad im Team an der Spitze auf einem produktiven Stressniveau zu halten, ist keine leichte Aufgabe. Denn Top-Teams sind »by design« ohnehin wesentlich schwieriger in einen produktiven Modus zu bringen und dort zu halten als sonstige Teams – so lautet eine unserer Grundthesen, die wir im Kapitel »Das Top-Team-Paradox« ausführlich erläutert haben. Die Strukturen und sozialen Dynamiken an der Spitze wirken gegen eine produktive Teamarbeit. An der Unternehmensspitze ruht die Leistungsfähigkeit eines Teams in ganz besonderem Maße auf dem bewussten, gemeinsamen Entschluss, als Team zu agieren. Und gründet damit vor allem auf Disziplin – also Selbstkontrolle – aller Mitglieder, die persönlichen Verhaltensmuster konsequent darauf auszurichten. Das Team an der Unternehmensspitze ist also vor allem ein »Team by choice«.

> Teams und Organisationen haben auch einen Maximal-»Stresslevel«: jenes Niveau an Bedrohung, das gerade noch bewältigt werden kann. Oberhalb dieses Stressniveaus, in der Gefahrenzone, ist Lernen und Entwicklung nicht mehr möglich: Das Resultat gerade bei lange andauernden Krisensituationen ist nur noch Verunsicherung, Erschöpfung, Vermeidung und Lähmung.

Der Stress, der aus der Krisenwahrnehmung für alle Teammitglieder entsteht, wirkt wie ein Katalysator für schädliche Verhaltensmuster, die im Normalzustand kollektiv unter Kontrolle gehalten werden. Das Problem ist, dass Selbstkontrolle eine Ressource ist, die sich auf Dauer erschöpft.

In ihrem Bestseller *Switch* haben Chip und Dan Heath das Problem der Selbsterschöpfung anhand zahlreicher Beispiele verdeutlicht. Eine ihrer Hauptaussagen bestätigt sich immer wieder in der Arbeit mit unseren Klienten: »Forschungsergebnisse belegen, dass wir unsere Selbstkontrolle in einer Vielzahl von Situationen aufbrauchen […] Und wenn unsere Selbstkontrolle erschöpft ist, dann sind die mentalen Muskeln müde, die wir brauchen […], um unsere Impulse im Griff zu haben und angesichts von Frustration oder Versagen weiterzumachen.«[127] Durch die bewusste oder unbewusste Dramatisierung auch nach der akuten Krisensituation, durch die Schaffung immer neuer Bedrohungsszenarien der Achse Pfeiffer-Brandt wurde die rote Linie überschritten, die kontrollierbaren und produktiven Stress von unkontrollierbarem und zerstörerischem Stress trennt.

Die Herausforderung und wichtigste Aufgabe des Top-Teams in Krisensituationen ist nach unserer Erfahrung, sich selbst und das gesamte Unternehmen in eben jener produktiven Zone mit angemessenem Stressniveau zu halten (oder zügig dorthin zurück zu führen). Nur dort bleiben die Weiterentwicklung und das Erlernen neuer Praktiken möglich – denn sie ist von Zuversicht, Ermutigung, Wertschätzung, Flexibilität und Entwicklungsorientierung geprägt.

Mit der Metapher des Schnellkochtopfs bringt Ron Heifetz diese schwierige Führungsaufgabe im Dauerstress an der Unternehmensspitze auf den Punkt – aus unserer Sicht eine Aufgabe in der Verantwortung des CEO, des CFO und jedes einzelnen Teammitglieds: »Gibst du zu wenig Hitze und Druck, hast du keine Chance, die Zutaten im Topf in ein gutes Essen zu verwandeln. Gibst zu viel Hitze und Druck, fliegt der Deckel vom Topf und verteilt die Zutaten des Essens im gesamten Raum. Es hilft, sich vorzustellen, dass man die Hand am Thermostat hätte und sorgsam darauf achtet, wieviel Hitze und Druck wirksam und angemessen sind.«[128]

Der Krisenmodus als selbsterschöpfender Dauerzustand

Zugegeben: Angesichts einer fortdauernden internationalen Finanz- und Staatsschuldenkrise in einer Bank das »Ende des Krisenmodus« ausrufen zu wollen, klingt paradox. Aber die AX-Bank konnte auf vier Jahre erfolgreichen Turnaround zurückblicken. Gestärkt durch eine solide finanzielle Basis hatte man in die strategischen Wachstumsfelder investiert; das Geschäftvolumen gerade mit neuen Angeboten im Segment Geschäftskunden zeigte einen erfreulichen Aufwärtstrend. Und auch auch auf der Risiko- und Kostenseite war man substanziell vorangekommen. Die Fakten beschrieben so etwas wie eine »operative Erfolgsgeschichte«. Und dennoch: Der permanente, in vier Jahren erprobte Krisenmodus hatte sich tief in das Unternehmen hineingefressen.

> Die Fakten beschrieben so etwas wie eine »operative Erfolgsgeschichte«. Und dennoch: Der permanente, in vier Jahren erprobte Krisenmodus hatte sich tief in das Unternehmen hineingefressen.

Wie tief, wurde erst in den Interviews mit den weiteren Vorstandsmitgliedern und einigen Führungskräften der nächsten Ebene deutlich. Die bekannten Auftritte des »Taliban« Brandt waren nur eines der vielfältigen Symptome eines dysfunktionalen Top-Teams, dem es nicht gelungen war, einen produktiven Normalzustand zu entwickeln. Permanenter Notfallmodus – so konnte man die Arbeitsweise bezeichnen. »Die Welt geht unter – und das seit sechs Jahren! Wir leben in einem dramatisierten

Kriegszustand, in dem jeder sich in seinen Schützengraben zurückzieht«, brach es frustiert aus dem Vertriebschef heraus, »und unsere Direct Reports spüren ganz genau: unser Vorstand besteht eigentlich nur aus zwei Leuten, Pfeiffer und Brandt. Die bilden eine Achse, an der niemand vorbei kommt. Es gibt keine Checks and Balances und der Rest des Vorstands gehorcht.«

Der Vorstand der AX-Bank hatte sich in einen mentalen Abnutzungskrieg manövriert, und dieser wurde durch permanente Dramatisierung immer wieder aufs Neue befeuert. Fünf typische Symptome charakterisierten die Situation:

1. Führen durch Ansage Pfeiffer und Brandt praktizierten das typische Dominanzmuster von Alphas im Krisenmodus: Führen durch Ansage und Druckaufbau – nicht durch Dialog und Aushandlung: »Der Vorstand – das sind Pfeiffer und Brandt, die uns vor sich her treiben –, das ist kein Team, das auf Vertrauen in die Kompetenz aller basiert«, so fasste Gruber, der IT-Chef, im Interview das schon beschriebene, für jeden sichtbare Führungsmuster zusammen.

2. Entscheiden statt fragen Jim Collins hat in seinem Buch *How the Mighty Fall* zurecht eine niedrige »Frage-zu-Aussage-Ratio« bei CEOs als Kennzeichen von Teams »auf dem Weg nach unten« ausgemacht.[129] Dies zeigte sich klar auch in diesem Fall: Die Balance war von einer forschenden Haltung zu einer urteilend aktionistischen Haltung gekippt, ein klares Indiz dafür, dass ein Team sich auf den Kurs in Richtung Misslingen begeben hat. »Wir haben keine Diskussionen, wir haben Urteile und Befehle«, beschrieb Wegner, Chef der Produktentwicklung, das vorherrschende Kommunikationsmuster. Die Standardreaktion von Pfeiffer oder Brandt auf Vorlagen von Kollegen im Vorstand war immer gleich: »Das ist absolut inakzeptabel. Da sind noch zig Millionen zusätzlich drin, und das ist jetzt mal niedrig angesetzt. Die sollen sich da endlich mal ein bisschen reinhängen.« Spätestens auf Seite zwei der zumeist über 30-seitigen Powerpointpräsentationen im Vorstand wurde jegliche Diskussion durch klare Ansage abgeschnitten. Pfeiffer und Brandt hatten genau dieses Muster während der vier Krisenjahre perfektioniert.

Ein herausragendes Merkmal von dysfunktionalen Top-Teams ist, dass sie »aus dem Bauch heraus« urteilen und entscheiden – und dabei bedingungslose Umsetzungsdisziplin einfordern. Fragen stellen, Fakten sammeln und abwägen, alternative Entscheidungsgründe nachvollziehen – all dies tritt in den Hintergrund.

Diese einseitige Urteils- und Entscheidungsfokussierung der dominierenden Achse im Top-Team verdeutlicht genau jenes Verhaltensmuster, das der Psychologe Dietrich Dörner als »Logik des Misslingens« beschrieben hat. Ein zentrales Ergebnis seiner Modellversuche mit Teams unter Entscheidungsdruck ist, dass »schlechte« Teams deutlich mehr Entscheidungen produzieren als »gute« – vor allem aber, dass »schlechte« Teams deutlich weniger fragen als gute.[130]

3. Lagerbildung im Top-Team   In den Vorstandssitzungen bildeten Brandt und Pfeiffer, darin herrschte bei allen anderen Teammitgliedern Konsens, »eine Wand, an der man nicht vorbeikommt – da gibt es im Vorstand eine totale Zweiklassen-Gesellschaft«. Diese Kluft zwischen wenigen »Treibern« und vielen »Unbeteiligten« beobachten wir bei Top-Teams im Krisenmodus häufig. Die AX-Bank ist ein überdeutliches Beispiel. Zumeist bilden CEO und CFO eine Achse, die den Takt vorgibt und das Team dominiert – mit zwei Konsequenzen: Angesichts der Erfahrung eigener Wirkungslosigkeit und den Risiken bei Widerspruch ziehen sich die übrigen Teammitglieder in die Komfortzone des Nicht-Entscheidens zurück. Und es verändert sich damit der Themenfokus des Top-Teams: Finanz- und Kostenthemen bestimmen die Agenda. Operative Fragestellungen und Marktthemen geraten aus dem Blick – und werden später in bilateralen Runden »gelöst«.

4. Disziplinlosigkeit im Umsetzen von Entscheidungen   Wir beobachten bei Teams und Organisationen im dauerhaften Krisenmodus eine scheinbar widersprüchliche Kombination von sichtbarer Gefolg-schaft und unsichtbarer Disziplinlosigkeit. Die Kollegen nehmen Ent-scheidungen zwar offen und loyal im Vorstand an, aber lassen sie im eigenen Bereich nicht oder nicht entschlossen umsetzen. Schlimmsten-falls ziehen die Top-Team-Mitglieder die Vorstandsentscheidungen vor den eigenen Direct Reports demonstrativ in Zweifel. Das Resultat ist eine Kultur der Disziplinlosigkeit, die auch bei der AX-Bank von den Führungskräften ebenso intensiv beklagt wie gelebt wurde: »Die meis-ten Vorstandsmitglieder leben uns die Strategie ›Jasagen und dann das eigene Ding machen‹ doch vor – da machen wir Direktoren es logischer-weise genauso.«

5. Schuldzuweisungen und Zynismus Dominanz und Aktionismus, gepaart mit Disziplinlosigkeit, vermischen sich zu einem optimalen Nährboden, auf dem Schuldzuweisungen und Zynismus keimen. Denn wenn das Problem trotz aller Bemühung der dominierenden Achse wei-ter besteht, muss jemand anders oder etwas anderes schuld sein: im Zweifel die eigenen Führungskräfte. »Mir gibt es hier noch viel zu viele Manager, die glauben, sie könnten einfach so ihren Stremel weiter durchziehen. Das sind hochbezahlte Leute, und ich soll die jedesmal zum Jagen tragen?« So entrüstete sich nicht selten Pfeiffer angesichts negativer Planabweichungen: »Für jeden gibt es da draußen einen bes-seren Ersatz.«

Auch Zynismus, gepaart mit Drohungen, zählt in Krisensituationen zum Standardrepertoire, das auch Brandt gut beherrschte: »Danke an das Marketing für dieses Beispiel, wie man es nicht macht – da können wir alle von unserem Jetzt-Ex-Marketingchef lernen, wie man einen Produktlaunch gegen die Wand setzt. Wenn Ihr so weiter macht, geht es Euch genau so!« Unter hohem Druck dienen derartige Schuldzuweisun-gen nicht selten als Ventil für spontane Entlastung – aber mit immensen sozialen Kosten für das Top-Team und dem fast vorhersehbaren Risiko, dass sich in der Organisation eine Kultur der Angst ausbreitet. Das Bei-spiel zeigt auf markante Weise, wie der Umgang mit einer vermeintli-chen oder realen Krise die subtile Balance in einem Top-Team zerstören kann.

Das Top-Team auf dem Weg von der äußeren zur inneren Krise

Ein besonderes Merkmal dysfunktionaler Dynamiken an der Unternehmensspitze ist, dass die Konsequenzen weit über das Top-Team hinausreichen – wie wir im Kapitel »Den eigenen Schatten sehen« an weiteren Beispielen gezeigt haben. Führungskräfte und Mitarbeiter sind hoch anpassungsfähig und lernen vom Rollenvorbild des Vorstandsteams – im positiven wie negativen Sinn.

Auch die Führungskräfte der AX-Bank hatten gelernt. Das Ergebnis war eine kollektive angstgetriebene Überlebensstrategie der Führungsmannschaft, die auf vier Säulen ruhte – und die uns als Externen von den Direct Reports des Vorstands offen anvertraut wurde:

> Führungskräfte und Mitarbeiter sind hoch anpassungsfähig und lernen vom Rollenvorbild des Vorstandsteams – im positiven wie negativen Sinne.

1. Loyalität in den Silos »Keiner hat hier eine eigenständige Position – es geht nur um Loyalität, man stimmt jedes Wort mit seinem Vorgesetzten ab. Die Bereiche sind Silos: autoritär, hierarchisch und gegen die Nachbarbereiche abgeschottet.«

2. Arrangement mit dem Monopol »Eigentlich entscheiden wir die übergreifenden Fragen gar nicht mehr. Wir wissen, am Ende geht es schlimmstenfalls in den Vorstand, wird von Pfeiffer und Brandt entschieden und keiner wehrt sich mehr.«

3. Absichern und Wegducken »Es gibt eine krisengetriebene Null-Fehler- und Null-Toleranz-Haltung im Vorstand und keinerlei Vertrauen in die Kompetenz der nächsten Führungsebenen. Da heißt es für uns: bloß nicht auffallen.«

4. Assimilation und Gehorsam »Es regiert der Anpassungsdruck. Widerspruch gibt man nicht, das ist die Organisation nicht gewohnt. Das Wort von Pfeiffer und Brandt ist Gesetz – und es ist ja auch bequem, zwei Gallionsfiguren vorzuschieben, hinter denen man sich verstecken kann.«

Bei Analogien, gerade aus der Biologie, ist größte Vorsicht geboten – das haben wir als Sozialwissenschaftler gelernt. Und dennoch: Der Vergleich zwischen neurophysiologischen Vorgängen und den angstgetriebenen Verhaltensmustern, die wir bei den Führungskräften der AX-Bank beobachten konnten, drängt sich auf. In seinem Standardwerk über die Biologie der Angst hat der deutsche Hirnforscher Gerald Hüther die Gestaltungskraft von Angst betont – und die durch Angst ausgelöste Stressreaktion als den »großen Modellierer« beschrieben.[131] Angst und ihre Folge, der Stress, sind allgegenwärtig. Aber permanente Bedrohungen, die sich letztlich als kontrollierbar erweisen, können als positive, produktive Kraft etwas hervorbringen, was Hüther »adaptive Reorganisation« nennt. Hüther zeigt, wie aus kontrollierbaren Stressreaktionen neue angemessene Verhaltensweisen entstehen, um die zur Routine gewordenen »Krisen« abzufangen, zu neutralisieren und zu bloßen »Herausforderungen« zu entschärfen.[132] Das ist die positive Variante der Gestaltungskraft von Angst.

In unserem Beispiel hingegen können wir die zerstörerische Kraft von Angst erkennen. Hüther beschreibt in seiner Forschung diese negative Alternative: Anders als bei kontrollierbaren Bedrohungen wirkt Stress im Falle »unkontrollierbarer« Bedrohungen als destruktive Kraft – und treibt die Destabilisierung des gesamten Systems voran. Die AX-Bank illustriert damit ein Phänomen sehr deutlich, das wir aus unserer Klientenarbeit gut kennen: Ein dauerhafter Krisenmodus in der Führungsarbeit ist ein unkalkulierbares Risiko für Top-Team und Organisation. Wenn die Spitze den Führungston nicht konsequent an die Unternehmenssituation anpasst, schlägt sich übersteigerter Druck unweigerlich in unproduktiven Verhaltensmustern der Führungsmannschaft nieder und wirkt sich so auf die gesamte Organisation aus.

Das »Rad zurückzudrehen«, nachdem eine Krisensituation nachhaltig durch überzogene Führungsrhetorik ausgereizt und instrumentalisiert wurde, ist ungleich schwieriger, als rechtzeitig die Zeichen der Entspannung zu erkennen und das eigene Führungsverhalten entsprechend anzupassen. Dennoch ist auch das leichter gesagt als getan.

Alphas und die Dramafalle

Die Krise ist die Stunde der Macher. »When the going gets tough, the tough get going« – dies ist das Banner, unter dem sich zumeist CEO und CFO verbünden und eine Achse der Entschlossenen bilden. Demonstrative Entscheidungsstärke, Tatkraft und Entschlossenheit sind die Eigenschaften, die unter extremem Druck von Aufsichtsräten, aber auch oft von eigenen Führungskräften und Mitarbeitern gefordert werden. In jedem Top-Team gibt es dominierende Mitglieder, bei denen der sogenannte Action-Bias – eine »Neigung zur Überaktivität« – besondere Wirkung entfaltet:

Gerade Alphas folgen dieser kognitiven »Programmierung«, in unklaren Situationen im Zweifel zu handeln – auch wenn abzuwarten die bessere Alternative sein könnte.

> Gerade Alphas folgen der kognitiven »Programmierung«, in unklaren Situationen im Zweifel zu handeln – auch wenn abzuwarten die bessere Alternative sein könnte.

Denn genau das – sofortiges Handeln – wird ja auch von ihnen erwartet. Der Investor Warren Buffet zählt zu den wenigen Führungspersönlichkeiten, die sich explizit dem Action-Bias verweigern: »Wir werden nicht für Aktivität bezahlt, sondern dafür, das Richtige zu tun.«[133] Um dies klar zu sagen: In zeitlich eng begrenzten akuten Krisen, etwa in Katastrophenfällen, können die beschriebenen Verhaltensweisen notwendig und erfolgversprechend sein. Ihr Vorteil liegt in der hohen Entscheidungsgeschwindigkeit, der Disziplin und damit der schnellen Reaktionsfähigkeit. Aber mit der Dauer steigen die Risiken für das Top-Team und die gesamte Organisation. Daher trifft in Krisensituationen auf viele Top-Teams Rolf Dobellis zugespitzte Formulierung zu, nach der »gedankenloses Handeln« dem »sinnvollen Abwarten« vorgezogen wird.[134]

»Die Krise ist der neue Normalzustand« – diese Erkenntnis zählt spätestens seit der Finanzkrise im Gefolge der Lehman-Pleite 2008 zum Standardrepertoire des Managementdiskurses. Ausgelöst durch den Lehman-Schock gibt es fast so etwas wie eine Sonderkonjunktur des Krisendenkens, oder vielleicht besser: der Krisenrhetorik. Der Fokus richtet sich dabei zumeist auf die vermeintlich zunehmend unvorhersehbaren, risikoreichen, unbeherrschbaren Faktoren im Unternehmensumfeld. Erfolgreiches Management in der Krise, so das Standardargument, ist vor allem »richtiges« Entscheiden unter radikal erhöhter Unsicherheit und Dynamik auf den Finanz- und Kundenmärkten.[135]

Das aber ist nur eine Seite der Medaille. Das Beispiel der AX-Bank illustriert, wie die Wahrnehmung einer Krise »außerhalb« der Organisation sich zu einer faktischen Krise »innerhalb« der Organisation auswachsen kann. Hier verpassten die beiden Alphas an der Spitze den richtigen Zeitpunkt zum »Herunterschalten«.

> Das Beispiel der AX-Bank illustriert, wie die Wahrnehmung einer Krise »außerhalb« der Organisation sich zu einer faktischen Krise »innerhalb« der Organisation auswachsen kann. Hier verpassten die beiden Alphas an der Spitze den richtigen Zeitpunkt zum »Herunterschalten«.

Angesichts der Entwicklung am Markt wäre es ohne Zweifel möglich gewesen, Druck von der Organisation zu nehmen. In diesem Beispiel aber war es letztlich unerheblich, ob die Krise »außerhalb« tatsächlich existierte oder nur eine Fiktion des Top-Teams oder dominierender Mitglieder war. »Es gibt in dem Vorstand so etwas wie einen aus der Krise entstandenen Mythos des Übermenschen; man braucht das Dramatische, fordert Heroisches von den Führungskräften, nimmt sich dann aber keine Zeit, die wirklich existenziellen Fragen im Dialog zu lösen«, so brachte ein Direktor der Bank die Dramafalle auf den Punkt.

In einem von Krisen geprägten Umfeld ist es nicht möglich, von einem Krisenmodus abrupt in einen neuen Normalzustand umzuschalten. Aber das Top-Team der AX-Bank hat sich und ihre Führungskräfte einem strukturierten Entwicklungsprozess unterworfen, um die Dysfunktionen zu überwinden und die Leistungsfähigkeit der Organisation dau-

Zeichen des Misslingens	Zeichen des Gelingens
Mitglieder des Top-Teams handeln nicht abgestimmt als ein Team, sondern zerfallen in Lager oder in einen »Jeder-für-sich«-Modus.	Mitglieder des Top-Teams investieren in ihre Teamarbeit, sind eng koordiniert und sorgen für »Checks and Balances« im Team.
Mitglieder des Top-Teams nutzen Krisenrhetorik, um dauerhaft, auch nach akuter Krise, Druck in der Organisation aufzubauen.	Mitglieder des Top-Teams passen ihre Führung an die reale äußere Krisensituation an und differenzieren bewusst zwischen An- und Entspannung.
Mitglieder des Top-Teams lassen sich vom Action-Bias mitreißen und setzen auf schnelles Urteilen und Entscheiden mit Signalwirkung.	Mitglieder des Top-Teams halten Balance zwischen Aktion und Fragen – sie wollen Fakten verstehen, Entscheidungsgründe nachvollziehen und Alternativen erforschen.
Mitglieder des Top-Teams gehen auf Distanz zu Top-Team-Entscheidungen, mit mitunter zynischem Unterton.	Mitglieder des Top-Teams stehen loyal zu Entscheidungen, setzen sie diszipliniert um und fordern Disziplin ein.
Mitglieder des Top-Teams zweifeln offen an der Leistung von Kollegen und Führungskräften und lassen Misstrauen erkennen.	Mitglieder des Top-Teams binden ihre Führungskräfte eng in das Krisenmanagement ein und stellen sich ihrer Kritik.

erhaft zu erhalten. Basierend auf dem Feedback des Top-Teams und der Führungskräfte tritt der CEO heute sehr konsequent allen Anzeichen von Alarmismus, insbesondere seines CFO, entgegen. Auf Grundlage einer Reflexion der kontraproduktiven Wirkungen des permanenten Krisenzustands hat das gesamte Top-Team dabei gezielt eine Ent-Dramatisierung der Zusammenarbeit in der Organisation in Gang gesetzt: Verzicht auf jede Krisenrhetorik, sondern Fokussierung auf die Strategie, gezielter Abbau der Angstkultur durch Fehlertoleranz, Offenheit in der Entscheidungsfindung, Stärkung der Kollaboration im Top-Team und über die Bereichsgrenzen hinaus, Etablierung einer Praxis des offenen Feedbacks im Top-Team und auf den nächsten Führungsebenen. Zusammen tragen diese Elemente dazu bei, die Wirksamkeit des Top-Teams und die Leistungsfähigkeit der gesamten Organisation dauerhaft zu stärken.

Sichtbare Zeichen des Misslingens und des Gelingens für eine konstruktive Führungs- und Zusammenarbeit in der Krise haben wir in der Abbildung »Die Spannung regulieren: Verhaltensmuster im Top-Team« gegenübergestellt.

Fall 2: Das Top-Team der ROXCO AG verfällt in Alarmismus

Eine nachhaltige und destruktive Krisenreaktion in der Führungsarbeit des Top-Teams tritt in vielen Varianten auf, die Folgen in der Organisation aber sind immer ähnlich unabsehbar. Das Beispiel der AX-Bank mit dem Leitmotiv »Mein Weg oder kein Weg« illustriert die heroische Variante: die Selbstermächtigung einer dominierenden Achse innerhalb des Top-Teams. In diesem Fall wird die Krise vom CEO und insbesondere vom CFO zu einer permanenten Notfallsituation ausgeweitet und dazu genutzt, das vorhandene Machtmonopol weiter zu festigen. Aber auch das Gegenmodell existiert: die »Jeder-für-sich«-Variante im Team, mit einem Wettstreit um die härtesten Notfallmaßnahmen und damit der Selbstentmachtung als Führungsteam.

Dabei wird eines deutlich: Abhängig von der vorhandenen Grundlogik im Team – ob eine dominante Achse mit Machtmonopol: oder ein Team ohne starke Führung – ist die Reaktion in der Krise eine andere. Reißt im ersten Fall die dominante Achse CEO – CFO in der Krise alle Macht umso mehr an sich, baut ihre Machtposition aus und depotenzialisiert damit das Team, so verfällt das Team von Gleichen ohne klare

Führung durch den CEO in einen Vereinzelungsmodus und schwächt sich als handlungsfähiges Führungsteam selbst.

Das Beispiel der ROXCO AG illustriert genau dieses zweite Modell. Die ehemalige Ikone der komplexen elektronischen Bauteile hatte sich dem Industrietrend des vergangenen Jahrzehnts nicht widersetzen können: dem Aufkommen schärfster Konkurrenz aus Asien. Durch Kostensenkungsprogramme unter dem Namen »Fit4Future« war es dem Vorstand dennoch gelungen, jedes Jahr die Profitabilitätsziele gerade noch zu erreichen. Allerdings nur unter größten Anstrengungen: Jedes Jahr wiederholte sich der Ablauf. Nach dem zweiten Quartal wurde eine erhebliche negative Budgetabweichung festgestellt; im Rest des Jahres agierte man mit einem Nothaushalt. Die Krise als Dauerzustand – unter dieser Bedingung operierte das Management von ROXCO seit Jahren. Ohne erkennbare durchgreifende Erfolge – und mit einem im Team diffusen Gefühl schwindender Glaubwürdigkeit gegenüber dem eigenen Top-Management, das sich langsam, aber sicher verfestigte. Auch deshalb hatte uns Maier, der CEO, um Unterstützung und Begleitung des Teams gebeten.

Abhängig von der vorhandenen Grundlogik im Team – ob dominante Achse mit Machtmonopol oder Team ohne starke Führung – ist die Reaktion in der Krise eine andere.

»Diese Budgetlücke hat eine andere Qualität als das, was wir kennen. Diesmal können wir nicht nochmal 50 Millionen im zweiten Halbjahr rausdrehen.« Gärtner war langjähriger CFO von ROXCO, und seine Botschaft wurde von seinen Vorstandskollegen so alarmierend verstanden, wie sie gemeint war. Sonst ganz der rational-abwägende Finanzer, hatte er in dieser letzten Vorstandssitzung vor der Sommerpause bewusst so deutliche Worte gewählt. Das war jedem im Raum klar. Die Botschaft kam an – und in kurzer Diskussion fand das Vorstandsteam rasch zu der gemeinsamen Einschätzung, dass jetzt weitere drastische Einschnitte unumgänglich seien.

Wie so häufig in Krisensituationen, hatten auch hier die verabschiedeten Notfallmaßnahmen keinerlei strategische Relevanz, sondern nur ein Ziel: Sie sollten auch noch der letzten Führungskraft auf den nächsten Ebenen vor Augen führen, wie dramatisch die Situation tatsächlich war.

Wie so häufig in Krisen-situationen, hatten auch hier die verabschiedeten Notfall-maßnahmen keinerlei strategische Relevanz, sondern nur ein Ziel: Sie sollten auch noch der letzten Führungskraft vor Augen führen, wie dramatisch die Situation tatsächlich war.

Jeder sollte die Krise in der täglichen Arbeit spüren und den eigenen Anspannungsgrad nochmals konsequent hochfahren. Die zusätzlich zu den ohnehin schon laufenden Kostensenkungsaktionen neu definierten Maßnahmen trugen entsprechend demonstrativ symbolisch-krisenhafte Züge: eine drastische Reduzierung der Reisekosten »auf das absolut Nötigste«, Streichung aller Bewirtungskosten sowie Absage aller externen Trainingsmaßnahmen und Teamveranstaltungen, darunter auch das jährliche Führungskräftemeeting. Absolute Kostendisziplin war angesagt: »Ab sofort gehen alle Ausgaben von mehr als 10 000 Euro über meinen Tisch«, stellte Gärtner als CFO gegenüber seinen Kollegen klar.

Die Spitze im Alarmzustand und ihr Schatten

Damit war der Startschuss gefallen: Die Krise wurde von jedem einzelnen Teammitglied genutzt, um im eigenen Bereich noch mehr Druck aufzubauen, wenig lösungsorientiert, ungerichtet, unabgestimmt. Als ob stillschweigend ein Wettstreit um die härtesten Kosteneinsparungen zwischen den Bereichsvorständen ausgerufen worden wäre. Die Reaktion der Führungskräfte schon wenige Wochen später während unserer Interviews war eindeutig: Die Führungsmannschaft unterstützte ohne geringsten Zweifel die Notwendigkeit von Sparmaßnahmen, fand aber die Reaktionen ihres Top-Teams aktionistisch und unkoordiniert. Als sichtbare Zeichen für einen »Jeder-für-sich«-Modus beobachteten die Führungskräfte mangelndes Alignment im Top-Team, erste Schuldzuweisungen, zu-

Das unabgestimmte, fast angstgetriebene Führungshandeln in der Krise wurde als »Erosion from the Top« gedeutet. Das Beispiel der ROXCO AG zeigt zwei typische Reaktionsmuster, die wir bei Top-Teams in Krisensituationen immer wieder beobachten: unkoordinierten Aktionismus und Auflösung der Teameinheit.

nehmende Absicherungsmentalität einzelner Vorstände und unklare, teilweise widersprüchliche Information von Bereich zu Bereich.

Kurz: Das unabgestimmte, fast angstgetriebene Führungshandeln in der Krise wurde als »Erosion from the Top« gedeutet. Das Beispiel der ROXCO AG zeigt zwei typische Reaktionsmuster, die wir bei Top-Teams in Krisensituationen immer wieder beobachten: unkoordinierten Aktionismus und Auflösung der Teameinheit.

1. Unkoordinierter Aktionismus   »Wir haben doch jetzt keine überraschende Krise, das haben wir alle lange kommen sehen. Aber die Reaktion ist Hyperventilation«, erklärte eine der Führungskräfte. In dieser Notsituation brauche die Organisation ein sichtbares Führungsteam »an der Front« – selbstgewiss, mutig, entschlossen, mit offenem Visier –, war aus den Reihen des Top-Managements zu hören. Stattdessen ziehe sich der Vorstand auf bloßes Einfordern und Steuern zurück und gebe kein Vorbild für jetzt erforderliche Verhaltensweisen wie Übersicht wahren, Richtung vermitteln, Zuversicht und Vertrauen geben. Im Gegenteil: »Der Vorstand verbreitet eine diffuse Weltuntergangsstimmung, das lässt für die Zukunft nur noch Schlimmeres erwarten.« Der Alarmismus des Top-Teams wurde von den eigenen Führungskräften durchgängig gleich gedeutet: als Angst, mangelnde Übersicht und Unsicherheit.

2. Auflösung der Teameinheit   »Wir als Führungskräfte werden ganz klar auch mit dieser Krise fertig, aber an der Spitze brechen wir gerade auseinander!« Das war die einhellige Meinung der Führungskräfte. Persönliche Konflikte, Schuldzuweisungen, Absicherungsmanöver wären immer mehr zu beobachten. »Da ist viel ›jeder für sich‹ im Not- und Panikmodus – der Vorstand ist als Team nicht mehr sichtbar«, beklagte ein Vertreter des Top-Managements. Keiner stehe zum anderen. Mangelnde Koordination, Alleingänge, unterschiedliche Härte von Maßnahmen wurden als mangelnde Übersicht oder persönliche Gewinne und Verluste einzelner Teammitglieder gedeutet. »Der Vorstand hat in den letzten Jahren eine riesige Glaubwürdigkeit aufgebaut – die setzt er jetzt massiv aufs Spiel«, war die einhellige Meinung. Denn das Rollenmodell hatte sich nun in der Krise ins Gegenteil gewendet: »Null Vorbildfunktion, das strahlt negativ auf uns ab und vermittelt uns Schwäche«, hörten wir vom Top-Management. Der destruktive »Shadow of Leaders« wurde von der Organisation schonungslos erkannt und multipliziert.

Die Krise als Chance für das Führungsteam

Wenn wir also aus unseren Erfahrungen die Erfolgsfaktoren für Führungsteams in der Krise hervorheben müssten, steht unser Fazit fest. Keine Frage – will ein Top-Team die Krise nutzen, um Führungsstärke zu beweisen und als Team gestärkt daraus hervortreten, muss es seine Gesamtverantwortung für Führungskräfte und Mitarbeiter im Blick behalten, ein sinnstiftendes Zukunftsbild skizzieren und eine bereichsübergreifende vorausschauende Planung vorantreiben.

Die wichtigsten Erfolgsfaktoren für Führung in der Krise sind diese zwei: Das Team muss jeden Anschein von Alarmismus oder Aktionismus vermeiden und als Einheit handeln und geschlossen »mit einer Stimme« in die Bereiche kommunizieren. In der Krise muss das Team an der Spitze vor allem in seine Handlungsfähigkeit als Team investieren: in noch mehr offenen Dialog, größere Offenheit auch gegenüber Problemen, mehr Feedback und absolute Transparenz.

Die wichtigsten Erfolgsfaktoren aber, die jeder wirksamen Führung in der Krise zugrundeliegen, sind eben diese zwei: Erstens, das Team muss jeden Anschein von Alarmismus oder Aktionismus vermeiden. Zweitens, das Team muss als Einheit handeln und geschlossen »mit einer Stimme« in die Bereiche kommunizieren. In der Krise muss das Team an der Spitze vor allem in seine Handlungsfähigkeit als Team investieren: in noch mehr offenen Dialog, größere Offenheit auch gegenüber Problemen, mehr Feedback und absolute Transparenz.

Jede Krise stellt das Team an der Spitze vor eine Wahl: die Chance ergreifen, gemeinsam Führungsstärke beweisen und als Führungsteam wachsen – oder den Dysfunktionen im Team die Regie überlassen, den Verlust an Glaubwürdigkeit und gemeinsamer Handlungsfähigkeit riskieren und geschwächt aus der Krise hervorgehen. Wie bei der Bank reagierte auch das Top-Management der ROXCO so, wie viele Top-Teams es in der Dauerkrise tun. Besonders in Krisensituationen suchen Menschen Orientierung und Sicherheit. Führungskräfte und Mitarbeiter befragen und interpretieren nicht nur jede bewusste Entscheidung – sondern gerade die vielen kleinen Zeichen, die das Top-Team aussendet.

Krise und Drama – das ist das Spannungsfeld, in dem die Risiken und Gefahren entstehen, die wir bei der AX-Bank und der ROXCO AG gesehen haben. Will das Team die Krise nutzen, um Führungsfähigkeit zu beweisen, bleibt nur eine Option: Die Top-Team-Mitglieder müssen in einer kollektiven Anstrengung die Krisensituation im Team bewältigen und durch ihre Führungsarbeit die Organisation in einem produktiven Gleichgewicht halten. Sie müssen gemeinsam handeln, um die äußere Krise nicht zu einer Dauerkrise im Innern auszuweiten.

Und beide Fälle – so unterschiedlich sie auch sind – zeigen ein weitere typische Eigenschaft von Krisen: Unter Druck und Stress treten die unproduktiven Verhaltensweisen und tieferliegenden Konflikte in Top-Teams zutage. Krisen haben damit eine polarisierende Kraft. Sie verstärken vorhandene Dysfunktionen in der Teamarbeit und machen damit unwirksame Muster – ob dominante Achsen, Imbalancen, nur oberflächlichen Zusammenhalt oder mangelnde gemeinsame Ausrichtung – deutlich sichtbar. Genau deshalb stellt jede Krise das Top-Team neben den geschäftlichen Problemen auch immer vor grundlegende Herausforderungen in wirksamer Führungs- und Zusammenarbeit: Es gilt, die Spannung in der Führungs- und Zusammenarbeit gemeinsam so auszubalancieren, dass das Team in einem produktiven Gleichgewicht arbeiten und die Krise sich nicht auf die Zusammenarbeit an der Spitze ausweiten kann.

Auf einen Blick
Die Spannung regulieren

Unter den Bedingungen immer neuer Krisen müssen Top-Teams mehr denn je eine Krisenreaktionskompetenz entwickeln, die weit über die technische Frage nach der »richtigen« geschäftlichen Entscheidung hinausgeht. Für Top-Teams ebenso erfolgsentscheidend ist das Führungsverhalten in der Krise, damit die äußere Krise sich nicht zu einer Krise im Innern ausweitet: Wie hält das Top-Team sich und seine gesamte Organisation unter den Bedingungen einer Krise handlungsfähig? Und wann ist der richtige Zeitpunkt, vom Krisenzustand gezielt in einen neuen Normalzustand überzugehen? Das Team an der Spitze muss – seiner Vorbildrolle entsprechend – gemeinsam wirksame Verhaltensmuster in der Führung und Zusammenarbeit entwickeln, um die Krise produktiv zu nutzen und bewusst dem Drama zu entsagen. Nur dann geht das Führungsteam als Einheit gestärkt aus der Krise hervor.

Die Spannung regulieren – in der Krise und nach der akuten Notsituation – ist eine entscheidende Disziplin des Gelingens. Nur das Top-Team, das sich selbst, seine Führungskräfte und Mitarbeiter in einem produktiven Stressniveau – der »produktiven Zone« – balanciert, erhält die Leistungsfähigkeit des Unternehmens. Denn es ist nicht die reale Krise, die unwirksame Verhaltensmuster fördert, sondern der vom Top-Team vorgelebte Umgang mit der Krise.

▶ Als Top-Team der Tendenz zum Heroismus und Alarmismus widerstehen und in offene und disziplinierte Teamarbeit an der Spitze investieren.

- Im Team die eigenen Verhaltensmuster in der Krise reflektieren und den Grad der An- und Entspannung gezielt regulieren.

- Als Top-Team nicht in Aktionismus verfallen, sondern einen offenen, forschenden und faktenbasierten Entscheidungsmodus erhalten.

- Als Team konsequent zu Entscheidungen stehen und diese diszipliniert auch gegen Widerstände umsetzen.

- Als Top-Team sichtbar und zugänglich sein und die Führungskräfte aktiv in das Krisenmanagement einbinden.

Anmerkungen

1. Was das Einfache schwierig macht

1 Wir verwenden den Begriff CEO (Chief Executive Officer) in einem breiten Sinne und geschlechtsneutral. CEO ist die ursprünglich US-amerikanische Bezeichnung für das geschäftsführende Vorstandsmitglied (schweizerischer Begriff: Geschäftsführer) beziehungsweise den Vorstandsvorsitzenden oder Generaldirektor (schweizerischer Begriff: Vorsitzender oder Präsident der Geschäftsleitung) eines Unternehmens. Im Zuge der Internationalisierung von Unternehmen wird die Bezeichnung zunehmend auch von Organisationen im deutschsprachigen Raum verwendet, ohne dass sie jedoch eine handels- oder gesellschaftsrechtliche Relevanz besäße. Der Titel »CEO« wird unabhängig von Größe und Rechtsform des Unternehmens gebraucht. Der CEO vertritt die strategische Orientierung des Unternehmens und gibt damit die Ziele für das operative Geschäft vor.

2 Odo Marquard: Zeitalter der Weltfremdheit? Beitrag zur Analyse der Gegenwart, in: ders.: *Apologie des Zufälligen. Philosophische Studien*, Stuttgart 1986, S. 76–97, hier S. 80 ff.

3 Carl von Clausewitz: *Vom Kriege*, 19. Auflage, 1991 (Nachdruck), S. 261.

4 Ruth Wageman/Debra A. Nunes/James A. Burruss/J. Richard Hackman: *Senior Leadership Teams. What it Takes to Make them Great*, Boston 2008, S. 13 f.

5 Begriff entlehnt von Dietrich Dörner: Die Logik des Gelingens, Interview in: *brand eins Online*, 2002 (7), S. 2–8, hier S. 2.

2. Ein komplett anderes Spiel

6 Hartmut Rosa: *Beschleunigung. Die Veränderung der Zeitstrukturen in der Moderne*, Frankfurt a. M. 2005.

7 The IBM Institute for Business Value: Unternehmensführung in einer komplexen Welt. Global CEO Study, 2010, in: *www. ibm.com/enterpriseofthefuture*, S. 15 – 17.

8 US-Verteidigungsminister Donald Rumsfeld auf einer Pressekonferenz am 12.02.2002.

9 Nassim Nicholas Taleb: *Der Schwarze Schwan. Die Macht höchst unwahrscheinlicher Ereignisse*, München 2008.

10 Adam Kahane: *Solving Tough Problems. An Open Way of Talking, Listening, and Creating New Realities*, San Francisco 2004, S. 8 ff.

11 Dietrich Dörner: Die Logik des Gelingens, Interview in: *brand eins Online*, 2002 (7), S. 2 – 8, hier S. 8.

12 Saskia Freye: *Führungswechsel. Die Wirtschaftselite und das Ende der Deutschland AG*, Schriften aus dem Max-Planck-Institut für Gesellschaftsforschung, Frankfurt a. M. 2009, S. 59.

13 Finanzkrise kostet über 10 Billionen Dollar, in: *Handelsblatt online*, 29.08.2009. Rund 1,6 Billionen Dollar Verlust entstanden bei Banken durch Abschreibungen und Pleiten. Die Wertverluste an Wohnimmobilien in den USA und England lagen laut Notenbanken und einer Schätzung der Commerzbank insgesamt bei 4,65 Billionen. Der aus der Finanzkrise folgende Einbruch der Weltwirtschaft kostete in den Jahren 2008 und 2009 zudem rund 4,2 Billionen Dollar.

14 Russell Ackhoff: Kapitel »Systems, Messes, and Interactive Planning«, *Redesigning the Future*, New York 1974.

15 Den Begriff der »Karriere des Hörensagens« hat der deutsche Philosoph Odo Marquard schon 1986 geprägt. Odo Marquard: Das Zeitalter der Weltfremdheit? Beitrag zur Analyse der Gegenwart, in: ders.: *Apologie des Zufälligen. Philosophische Studien*, Stuttgart 1986, S. 76 – 97, hier S. 83.

16 Hartmut Rosa: *Beschleunigung. Die Veränderung der Zeitstrukturen in der Moderne*, Frankfurt a. M. 2005, S. 190 f.

17 »Decision Fatigue« ist eine besondere Form der sogenannten »Ego-Depletion«, der psychischen Selbsterschöpfung. Daniel Kahneman: *Schnelles Denken, Langsames Denken*, München 2012, S. 58.

18 Chris Argyris: Good Communication That Blocks Learning, in: *Harvard Business Review*, 1994 (July – August), S. 77 – 85, hier S. 80.

19 Col. Kevin Benson/Col. Steven Rotkoff: Goodbye, OODA Loop. A Complex World Demands a Different Kind of Decision-Making, in: *www.armedforcesjournal.com*, 2011 (10/6777464).

20 Carl von Clausewitz: *Vom Kriege*, 19. Auflage, 1991 (Nachdruck), S. 233.

21 W. Brian Arthur/Jonathan Day/Joseph Jaworski/Michael Jung/Ikujiro Nonaka/C. Otto Scharmer/Peter M. Senge: *Illuminating the Blind Spot, Leadership in the Context of Emerging Worlds*, McKinsey-Society for Organizational Learning (SoL) Leadership Project, 1999–2000, S. 6.

22 Michael Jung, ebenda, S. 5.

3. Heldendämmerung

23 In Deutschland wurde diese Perspektive schon früh von dem Bielefelder Soziologen Dirk Becker vertreten. Dirk Becker: *Postheroisches Management. Ein Vademecum*, Berlin 1994.

24 Daniel Vasella: Leading in the 21st Century, Interview in: *McKinsey Quarterly*, 2012 (3), S. 31–47, hier S. 40.

25 Saskia Freye: *Führungswechsel. Die Wirtschaftselite und das Ende der Deutschland AG*. Schriften aus dem Max-Planck-Institut für Gesellschaftsforschung, Frankfurt a. M. 2009, S. 83 (Herv. d. AH/KD).

26 Ronald A. Heifetz, Vorlesung an der John F. Kennedy School of Government, Harvard University, 2009.

27 Auf Deutsch etwa: »Führer der letzten Zuflucht« – eine Anleihe an das Konzept »Lender of Last Resort«. Als »Kreditgeber letzter Instanz« wird im Finanzwesen eine Institution bezeichnet, die als Kreditgeber oder Garant bei Schuldnern fungiert, wenn hierzu niemand anders mehr bereit ist.

28 Peter Sloterdijk: *Zorn und Zeit. Politisch-psychologischer Versuch*, Frankfurt a. M. 2006, S. 23.

29 Carlos Ghosn: Leading in the 21st Century, Interview in: *McKinsey Quarterly*, 2012 (3), S. 31–47, hier S. 40.

30 Jim Collins/ Jerry I. Porras: *Built to Last. Successful Habits of Visionary Companies*, New York 1994, S. 41.

31 Jim Collins: *Der Weg zu den Besten. Die sieben Management-Prinzipien für dauerhaften Unternehmenserfolg*, Frankfurt a. M. 2011, S. 96.

32 Josef Ackermann: Leading in the 21st Century, Interview in: *McKinsey Quarterly*, 2012 (3), S. 31–47, hier S. 43.

33 The IBM Institute for Business Value: Führen durch Vernetzung. Global CEO Study, 2012, in: *www. ibm.com/enterpriseofthefuture*, S. 55.

4. Das Top-Team-Paradox

34 Randall S. Peterson et al.: The Impact of Chief Executive Officer Personality on Top Management Team Dynamics: One Mechanism by Which Leadership Affects Organizational Performance, in: *Journal of Applied Psychology*, 2003 (Bd. 88, H. 5), S. 795–808, hier S. 796.

35 Kate Ludeman / Eddie Erlandson: *Alpha Male Syndrome*, Boston 2006, S. 14, »Data on Alphas«.

36 Stephen Toulmin: *Return to Reason*, London 2001, S. 61.

37 Saskia Freye: *Führungswechsel. Die Wirtschaftselite und das Ende der Deutschland AG*. Schriften aus dem Max-Planck-Institut für Gesellschaftsforschung, Frankfurt a. M. 2009, S. 6.

38 Jon R. Katzenbach: *Teams an der Spitze. Der Chef als Chef und Teammitglied*, Wien 1998, S. 15.

39 Immanuel Kant: *Idee zu einer allgemeinen Geschichte in weltbürgerlicher Absicht*, Vierter Satz, 1784.

5. Top-Manager sind auch nur Menschen

40 Gerhard Roth: *Fühlen, Denken, Handeln. Wie das Gehirn unser Verhalten steuert*, Frankfurt a. M. 2003, S. 433.

41 Nassim Nicholas Taleb: *Der Schwarze Schwan. Die Macht höchst unwahrscheinlicher Ereignisse*, München 2008. Daniel Kahneman: Schnelles Denken, Langsames Denken, München 2012.

42 Wir bezeichnen im Folgenden diese Wahrnehmungsverzerrungen mit ihren englischen »Originalbezeichnungen«. Dies vor allem aus zwei Gründen: Der Großteil der internationalen Forschung auf diesem Gebiet findet im englischsprachigen Raum statt und es bilden sich in den Fachveröffentlichungen entsprechend englische Fachbegriffe heraus, die international verständlich sind. Zum anderen entstehen bei dem Versuch, die Fachbegriffe ins Deutsche zu übersetzen, schwerverdauliche und missverständliche Wortungetüme wie zum Beispiel »Selbstdienlichkeitsfehler« für den »Self-Serving-Bias«. Kurz: Wir bleiben bei den englischen Begriffen: Sie sind klarer und international gebräuchlich. Der Zürcher Publizist Rolf Dobelli zählt in seinem Bestseller *Die Kunst des klaren Denkens* nicht weniger als 52 Denkfehler auf, »die man lieber anderen überlassen sollte«. Rolf Dobelli: *Die Kunst des klaren Denkens. 52 Denkfehler, die Sie besser anderen überlassen*, München 2011.

43 Jim Collins: *How the Mighty Fall. And Why Some Companies Never Give In*, London 2009, S. 44.

44 Daniel Kahneman: *Schnelles Denken, Langsames Denken*, München 2012.

45 Svenja Caspers et al.: Dissociated Neural Processing for Decisions in Managers and Non-Managers. *PLoS ONE*, 2012, 7 (8): e43537.

46 Gerhard Roth: *Fühlen, Denken, Handeln. Wie das Gehirn unser Verhalten steuert*, Frankfurt a. M. 2003, S. 434.

47 Manfred F. R. Kets de Vries: *The Hedgehog Effect. Executive Coaching and the Secrets of Building High Performance Teams*, San Francisco 2011, S. xvi.

48 Daniel Kahneman: *Schnelles Denken, Langsames Denken*, München 2012, S. 513.

6. Das Top-Team in der ›Reflexion in Aktion‹

49 Scott A. Snook: *Friendly Fire. The Accidental Shootdown of U. S. Black Hawks over Northern Iraq*, Princeton 2002, S. 220.

50 Daniel Kahneman: *Schnelles Denken, Langsames Denken*, München 2012, S. 58.

51 Gerhard Roth: *Fühlen, Denken, Handeln. Wie das Gehirn unser Verhalten steuert*, Frankfurt a. M. 2003, S. 438.

52 Die wohl bekannteste der zahlreichen Interpretationen des Fragments stammt von dem Philosophen Isaiah Berlin – zur Unterscheidung großer Denker und Philosophen. Er teilte sie in Monisten (Igel), die die bunte Vielfalt des Lebens in ein universales Prinzip der Welt einordnen, und Pluralisten (Füchse), die die Fülle möglicher Wahrheiten nebeneinander bestehen lassen. Isaiah Berlin: *Der Igel und der Fuchs. Essay über Tolstojs Geschichtsverständnis*, Frankfurt a. M. 2009.

53 Jim Collins: *Der Weg zu den Besten. Die sieben Management-Prinzipien für dauerhaften Unternehmenserfolg*, Frankfurt a. M. 2011, S. 112.

54 Dietrich Dörner: *Die Logik des Misslingens. Strategisches Denkens in komplexen Situationen*, Reinbek 2005, S. 44.

55 Peter F. Drucker: Managing Oneself, in: *Harvard Business Review*, 1999 (March–April), Reprint, S. 1–12, hier S. 3.

56 Carl von Clausewitz: *Vom Kriege*, 19. Auflage, 1991 (Nachdruck), S. 233.

57 Ronald A. Heifetz / Marty Linsky: *Leadership on the Line. Staying Alive through the Dangers of Leading*, Boston 2002, S. 51–74.

58 Daniel Vasella: Leading in the 21st Century, Interview in: *McKinsey Quarterly*, 2012 (3), S. 31–47, S. 43.

59 Jim Collins: *Der Weg zu den Besten. Die sieben Management-Prinzipien für dauerhaften Unternehmenserfolg*, Frankfurt a. M. 2011, S. 85–108.

60 Diese folgende Unterscheidung stammt von Klaus-Otto Scharmer: *Theorie U. Von der Zukunft her führen: Presencing als soziale Technik*, Heidelberg 2009.

61 Travis Bradberry/Jean Grieves: *Heartless Bosses?, in: Harvard Business Review*, 2005 (December), Reprint, S. 1.

62 Justin Kruger/David Dunning: Unskilled and Unaware of It: How Difficulties in Recognizing One's Own Incompetence Leads to Inflated Self-Assessments, in: *Journal of Personality and Social Psychology*, 1999 (Bd. 77, H. 6), S. 1121–1134.

63 Ronald A. Heifetz/Alexander Grashow/Marty Linsky: *The Practice of Adaptive Leadership. Tools and Tactics for Changing Your Organization and the World*, Boston 2009, S. 19.

64 Ebenda, S. 19.

65 Josef Ackermann: Leading in the 21st Century, Interview in: *McKinsey Quarterly*, 2012 (3), S. 31–47, hier S. 42.

7. Disziplinen des Gelingens

66 W. Brian Arthur/Jonathan Day/Joseph Jaworski/Michael Jung/Ikujiro Nonaka/C. Otto Scharmer/Peter M. Senge: *Illuminating the Blind Spot, Leadership in the Context of Emerging Worlds*, McKinsey-Society for Organizational Learning (SoL) Leadership Project, 1999–2000, S. 6.

67 Daniel Kahnemann: *Schnelles Denken, Langsames Denken*, München 2011, S. 42.

68 Clifford Geertz: *Dichte Beschreibung. Beiträge zum Verstehen kultureller Systeme*, Frankfurt a. M. 1987, S. 12 f.

69 Dietrich Dörner: Die Logik des Gelingens, Interview in: *brand eins Online*, 2002 (7), S. 2–8, hier S. 8.

8. Das Problem erkennen

70 Ronald A. Heifetz/Alexander Grashow/Marty Linsky: *The Practice of Adaptive Leadership. Tools and Tactics for Changing Your Organization and the World*, Boston 2009, S. 71.

71 Adam Kahane: *Solving Tough Problems. An Open Way of Talking, Listening, and Creating New Realities*, San Francisco 2004, S. 2.

72 Ronald A. Heifetz/Alexander Grashow/Marty Linsky: *The Practice of Adaptive Leadership. Tools and Tactics for Changing Your Organization and the World*, Boston 2009, S. 69.

73 Chris Argyris: Teaching Smart People How to Learn, in: *Harvard Business Review*, 1991 (May–June), S. 5–15, hier S. 6.

74 Yiannis Gabriel: *Organizations in Depth. The Psychoanalysis of Organizations*, London 1999, S. 281 f.

75 Charles Darwin: *The Descent of Man*, London 1871, S. 3.

76 Chris Argyris zit. n. Peter M. Senge: *Die Fünfte Disziplin. Kunst und Praxis der lernenden Organisation*, Stuttgart 1996, S. 37.

9. Den inneren Dialog verstehen

77 Leopold S. Vansina: ›Me‹ in the Problem Situation, in: Vansina, Leopold S./ Vansina-Cobbaert, Marie-Jeanne: *Psychodynamics for Consultants and Managers. From Understanding to Leading Meaningful Change*, Chichester 2008, S. 156–177.

78 Jean-François Manzoni, Leiter des INSEAD Global Leadership Centre, Präsentation auf der Jahreskonferenz der IGLC Coaches, 27.–28. April 2012.

79 Jean-François Manzoni/Jean-Louis Barsoux: *The Set-up-to-Fail Syndrome. How Good Managers Cause Great People to Fail*, Boston 2002. Ein weiteres Beispiel zur Ko-Kreation von Realität findet sich in unserem Kapitel »Den eigenen Schatten sehen«.

80 Manfred F. R. Kets de Vries: *Struggling with the Demon. Perspectives on Individual and Organizational Irrationality*, Madison 2001, S. 6–8.

81 Chris Argyris: *Reasoning, Learning and Action. Individual and Organizational*, San Francisco 1982.

82 Daniel Kahneman: *Schnelles Denken, Langsames Denken*, München 2012, S. 55 ff.

83 Dietrich Dörner: *Die Logik des Misslingens. Strategisches Denkens in komplexen Situationen*, Reinbek 2005, S. 44.

84 Jean-François Manzoni/Jean-Louis Barsoux: *The Set-up-to-Fail Syndrome. How Good Managers Cause Great People to Fail*, Boston 2002.

85 Daniel Kahneman: *Schnelles Denken, Langsames Denken*, München 2012, S. 108 f.

86 Jean-François Manzoni/Jean-Louis Barsoux: The Interpersonal Side of Taking Charge, in: *Organizational Dynamics*, 2009, 38 (2), S. 106–116, S. 106.

87 Peter M. Senge: *Die fünfte Disziplin. Kunst und Praxis der lernenden Organisation*, Stuttgart 1996, Kapitel »Mentale Modelle«, S. 213–250, hier S. 248.

10. Den eigenen Schatten sehen

88 Larry E. Senn/Jim Hart: *Winning Teams, Winning Cultures*, Long Beach 2006, S. 33–39.

89 Carolyn Aiken/Scott P. Keller: The CEO's Role in Leading Transformation, in: *McKinsey Quarterly*, 2006 (3), S. 19–25.

90 Manfred F. R. Kets de Vries/Danny Miller: *The Neurotic Organization. Diagnosing and Changing Counterproductive Styles of Management*, San Francisco 1984, S. 15–45.

91 Daniel Goleman: *Emotionale Intelligenz*, München 1997.

92 Chris Argyris: Good Communication That Blocks Learning, in: *Harvard Business Review*, 1994 (July–August), S. 77–85, hier S. 78.

93 Peter M. Senge: *Die Fünfte Disziplin. Kunst und Praxis der lernenden Organisation*, Stuttgart 1996, S. 82–83.

94 Ebenda, Kapitel »Umdenken«, S. 88–117, hier S. 104.

95 Jean-François Manzoni/Jean-Louis Barsoux: *The Set-up-to-Fail Syndrome. How Good Managers Cause Great People to Fail*, Boston 2002.

11. Die Aufgabe im Blick behalten

96 Wilfred R. Bion: *Erfahrungen in Gruppen und andere Schriften*, Stuttgart 2001 (Originalausgabe 1971), S. 106.

97 Scott A. Snook: *Friendly Fire. The Accidental Shootdown of U.S. Black Hawks over Northern Iraq*, Princeton 2002, S. 220.

98 Ronald A. Heifetz/Marty Linsky: *Leadership on the Line. Staying Alive through the Dangers of Leading*, Boston 2002, S. 154.

99 Wilfred R. Bion: *Erfahrungen in Gruppen und andere Schriften*, Stuttgart 2001 (Originalausgabe 1971), S. 106–112.

100 Dietrich Dörner: *Die Logik des Misslingens. Strategisches Denken in komplexen Situationen*, Reinbek 2005, S. 285.

101 Peter M. Senge: *Die Fünfte Disziplin. Kunst und Praxis der lernenden Organisation*, Stuttgart 1996, S. 131.

102 Ebenda, S. 134.

103 Ebenda, S. 131.

12. Die Autorität verdienen

104 Larry E. Senn / Jim Hart: *Winning Teams, Winning Cultures*, Long Beach 2006, S. 22–32.

105 Claude Lévi-Strauss: *Traurige Tropen*, Frankfurt a. M. 2012, S. 306.

106 Ebenda, S. 312.

107 Ronald A. Heifetz, Vorlesung an der John F. Kennedy School of Government, Harvard University, 2009.

108 Ronald A. Heifetz / Marty Linsky: *Leadership on the Line. Staying Alive through the Dangers of Leading*, Boston 2002, S. 20–26.

109 Daniel Vasella: Leading in the 21st Century, Interview in: *McKinsey Quarterly*, 2012 (3), S. 31–47, hier S. 43.

110 Ronald A. Heifetz / Alexander Grashow / Marty Linsky: *The Practice of Adaptive Leadership. Tools and Tactics for Changing Your Organization and the World*, Boston 2009, S. 23–29, hier S. 29.

111 Daniel Goleman: *Emotionale Intelligenz*, München 1997, S. 206.

112 Claude Lévi-Strauss: *Traurige Tropen*, Frankfurt a. M. 2012, S. 307.

13. Den Konflikt nutzen

113 Manfred F. R. Kets de Vries: *The Hedgehog Effect. Executive Coaching and the Secrets of Building High Performance Teams*, San Francisco 2011, S. 85.

114 Patrick Lencioni: *The Five Temptations of a CEO. A Leadership Fable*, San Francisco 1998, S. 117.

115 Abraham Zaleznik: Managers and Leaders. Are They Different, in: *Harvard Business Review*, 2004 (January), Reprint, S. 1–9, hier S. 3 f.

116 Abraham Zaleznik: *Führen ist besser als Managen*, Freiburg 1990, S. 37.

117 Ebenda, S. 5.

118 Marshall Goldsmith (mit Mark Reiter): *Was Sie hierher gebracht hat, wird Sie nicht weiterbringen. Wie Erfolgreiche noch erfolgreicher werden können*, München 2010, S. 172.

119 Jeff Weiss / Jonathan Hughes: Want Collaboration? Accept – and Actively Manage – Conflict, in: *Harvard Business Review*, 2005 (March), Reprint, S. 1–10, hier S. 3.

120 Manfred F. R. Kets de Vries: *The Hedgehog Effect. Executive Coaching and the Secrets of Building High Performance Teams*, San Francisco 2011, S. 7.

121 Ronald A. Heifetz/Marty Linsky: *Leadership on the Line. Staying Alive through the Dangers of Leading*, Boston 2002, S. 102.

122 Jeff Weiss/Jonathan Hughes: Want Collaboration? Accept – and Actively Manage – Conflict, in: *Harvard Business Review*, 2005 (March), Reprint, S. 1–10, hier S. 3.

123 Abraham Zaleznik: *Führen ist besser als Managen*, Freiburg 1990, S. 35.

14. Die Spannung regulieren

124 Daniel Goleman: Leadership That Gets Results, in: *Harvard Business Review*, 2000 (March–April), S. 78–90.

125 Kate Ludeman/Eddie Erlandson: *Alpha Male Syndrome*, Boston 2006, S. 153.

126 Col. Victor Braden et al.: *Crisis – A Leadership Opportunity*, Research Paper, John F. Kennedy School of Government, Harvard University, 2005, S. 5.

127 Chip Heath/Dan Heath: *Switch. Veränderungen wagen und dadurch gewinnen*, Frankfurt a. M. 2011, S. 20.

128 Ronald A. Heifetz/Alexander Grashow/Marty Linsky: *The Practice of Adaptive Leadership. Tools and Tactics for Changing Your Organization and the World*, Boston 2009, S. 29.

129 Jim Collins: *How the Mighty Fall. And Why Some Companies Never Give In*, London 2009, S. 77.

130 Dietrich Dörner: *Die Logik des Misslingens. Strategisches Denken in komplexen Situationen*, Reinbek 2005, S. 150.

131 Gerald Hüther: *Biologie der Angst. Wie aus Stress Gefühle werden*, Göttingen 2012, S. 27.

132 Ebenda, S. 80.

133 Warren Buffett, zit. nach Rolf Dobelli: *Die Kunst des klaren Denkens. 52 Denkfehler, die Sie besser anderen überlassen*, München 2011, S. 178.

134 Rolf Dobelli: *Die Kunst des klaren Denkens. 52 Denkfehler, die Sie besser anderen überlassen*, München 2011, S. 179.

135 Nassim Nicholas Taleb: *Der Schwarze Schwan. Die Macht höchst unwahrscheinlicher Ereignisse*, München 2008. Daniel Kahneman: *Schnelles Denken, Langsames Denken*, München 2012.

Literatur

Ackermann, Josef: Leading in the 21st Century, Interview in: *McKinsey Quarterly*, 2012 (3), 31–47.

Ackhoff, Russell: *Redesigning the Future*, New York 1974.

Aiken, Carolyn/Keller, Scott P.: The CEO's Role in Leading Transformation, in: *McKinsey Quarterly*, 2006 (3), 19–25.

Argyris, Chris: *Reasoning, Learning and Action. Individual and Organizational*, San Francisco 1982.

Argyris, Chris: Teaching Smart People How to Learn, in: *Harvard Business Review*, 1991 (May-June), 5–15.

Argyris, Chris: Good Communication That Blocks Learning, in: *Harvard Business Review*, 1994 (July-August), 77–85.

Arthur, Brian W./Day, Jonathan/Jaworski, Joseph/Jung, Michael/Nonaka, Ikujiro/Scharmer, C. Otto/Senge, Peter M.: *Illuminating the Blind Spot, Leadership in the Context of Emerging Worlds*, McKinsey-Society for Organizational Learning (SoL) Leadership Project, 1999–2000.

Becker, Dirk: *Postheroisches Management. Ein Vademecum*, Berlin 1994.

Benson, Kevin/Rotkoff, Steven: Goodbye, OODA Loop. A Complex World Demands a Different Kind of Decision-Making, in: *www.armedforcesjournal.com*, 2011 (10/6777464).

Berlin, Isaiah: *Der Igel und der Fuchs. Essay über Tolstojs Geschichtsverständnis*, Frankfurt a. M. 2009.

Bion, Wilfred R.: *Erfahrungen in Gruppen und andere Schriften*, Stuttgart 2001 (Original 1971).

Bradberry, Travis/Grieves, Jean: Heartless Bosses?, in: *Harvard Business Review*, 2005 (December), Reprint, 1.

Braden, Victor et al.: *Crisis – A Leadership Opportunity*, Research Paper, John F. Kennedy School of Government, Harvard University, 2005.

Caspers, Svenja, et al.: Dissociated Neural Processing for Decisions in Managers and Non-Managers. *PLoS ONE*, 2012, 7 (8): e43537.

Clausewitz, Carl von: *Vom Kriege*, 19. Auflage, 1991 (Nachdruck).

Collins, Jim: *How the Mighty Fall. And Why Some Companies Never Give In*, London 2009.

Collins, Jim: *Der Weg zu den Besten. Die sieben Management-Prinzipien für dauerhaften Unternehmenserfolg*, Frankfurt a. M. 2011.

Collins, Jim/Porras, Jerry I.: *Built to Last. Successful Habits of Visionary Companies*, New York 1994 (dt. Übersetzung vergriffen).

Darwin, Charles: *The Descent of Man*, London 1871.

Dobelli, Rolf: *Die Kunst des klaren Denkens. 52 Denkfehler, die Sie besser anderen überlassen*, München 2011.

Dörner, Dietrich: Die Logik des Gelingens, Interview in: *brand eins Online*, 2002 (7), 2–8.

Dörner, Dietrich: *Die Logik des Misslingens. Strategisches Denken in komplexen Situationen*, Reinbek 2005.

Drucker, Peter F.: Managing Oneself, in: *Harvard Business Review*, 1999 (March-April), Reprint, 1–12.

Freye, Saskia: *Führungswechsel. Die Wirtschaftselite und das Ende der Deutschland AG*. Schriften aus dem Max-Planck-Institut für Gesellschaftsforschung, Frankfurt a. M. 2009.

Gabriel, Yiannis: *Organizations in Depth. The Psychoanalysis of Organizations*, London 1999.

Geertz, Clifford: *Dichte Beschreibung. Beiträge zum Verstehen kultureller Systeme*, Frankfurt a. M. 1987.

Ghosn, Carlos: Leading in the 21st Century, Interview in: *McKinsey Quarterly*, 2012 (3), 31–47.

Goldsmith, Marshall (mit Mark Reiter): *Was Sie hierher gebracht hat, wird Sie nicht weiterbringen. Wie Erfolgreiche noch erfolgreicher werden können*, München 2010.

Goleman, Daniel: *Emotionale Intelligenz*, München 1997.

Goleman, Daniel: Leadership That Gets Results, in: *Harvard Business Review*, 2000 (March-April), 78–90.

Heath, Chip/Heath, Dan: *Switch. Veränderungen wagen und dadurch gewinnen*, Frankfurt a. M. 2011.

Heifetz, Ronald A./Linsky, Marty: *Leadership on the Line. Staying Alive through the Dangers of Leading*, Boston 2002.

Heifetz, Ronald A./Grashow, Alexander/Linsky, Marty: *The Practice of Adaptive Leadership. Tools and Tactics for Changing Your Organization and the World*, Boston 2009.

Hüther, Gerald: *Biologie der Angst. Wie aus Stress Gefühle werden*, Göttingen 2012.

Kahane, Adam: *Solving Tough Problems. An Open Way of Talking, Listening, and Creating New Realities*, San Francisco 2004.

Kahneman, Daniel: *Schnelles Denken, Langsames Denken*, München 2012.

Kant, Immanuel: *Idee zu einer allgemeinen Geschichte in weltbürgerlicher Absicht*, Vierter Satz, 1784.

Katzenbach, Jon R.: *Teams an der Spitze. Der Chef als Chef und Teammitglied*, Wien 1998.

Kets de Vries, Manfred F. R.: *Struggling with the Demon. Perspectives on Individual and Organizational Irrationality*, Madison 2001.

Kets de Vries, Manfred F. R.: *The Hedgehog Effect. Executive Coaching and the Secrets of Building High Performance Teams*, San Francisco 2011.

Kets de Vries, Manfred F. R./Miller, Danny: *The Neurotic Organization. Diagnosing and Changing Counterproductive Styles of Management*, San Francisco 1984.

Kruger, Justin/Dunning, David: Unskilled and Unaware of It: How Difficulties in Recognizing One's Own Incompetence Leads to Inflated Self-Assessments, in: *Journal of Personality and Social Psychology*, 1999 (Bd. 77, H. 6), 1121–1134.

Lencioni, Patrick: *The Five Temptations of a CEO. A Leadership Fable*, San Francisco 1998.

Lévi-Strauss, Claude: *Traurige Tropen*, Frankfurt a.M. 2012.

Ludeman, Kate/Erlandson, Eddie: *Alpha Male Syndrome*, Boston 2006.

Manzoni, Jean-François/Barsoux, Jean-Louis: *The Set-up-to-Fail Syndrome. How Good Managers Cause Great People to Fail*, Boston 2002.

Manzoni, Jean-François/Barsoux, Jean-Louis: The Interpersonal Side of Taking Charge, in: *Organizational Dynamics*, 2009, 38 (2), 106–116.

Marquard, Odo: *Apologie des Zufälligen*. Philosophische Studien, Stuttgart 1986.

Peterson, Randall S. et al.: The Impact of Chief Executive Officer Personality on Top Management Team Dynamics: One Mechanism by Which Leadership Affects Organizational Performance, in: *Journal of Applied Psychology*, 2003 (Bd. 88, H. 5), 795–808.

Rosa, Hartmut: Beschleunigung. *Die Veränderung der Zeitstrukturen in der Moderne*, Frankfurt a.M. 2005.

Roth, Gerhard: *Fühlen, Denken, Handeln. Wie das Gehirn unser Verhalten steuert*, Frankfurt a.M. 2003.

Scharmer, Klaus-Otto: *Theorie U. Von der Zukunft her führen: Presencing als soziale Technik*, Heidelberg 2009.

Senge, Peter M.: *Die Fünfte Disziplin. Kunst und Praxis der lernenden Organisation*, Stuttgart 1996.

Senn, Larry E./Hart, Jim: *Winning Teams, Winning Cultures*, Long Beach 2006.

Sloterdijk, Peter: *Zorn und Zeit. Politisch-psychologischer Versuch*, Frankfurt a. M. 2006.

Snook, Scott A.: *Friendly Fire. The Accidental Shootdown of U. S. Black Hawks over Northern Iraq*, Princeton 2002.

Taleb, Nassim Nicholas: *Der Schwarze Schwan. Die Macht höchst unwahrscheinlicher Ereignisse*, München 2008.

The IBM Institute for Business Value: Unternehmensführung in einer komplexen Welt. Global CEO Study, 2010, in: *www. ibm.com/enterpriseofthefuture*.

The IBM Institute for Business Value: Führen durch Vernetzung. Global CEO Study, 2012, in: *www. ibm.com/enterpriseofthefuture*.

Toulmin, Stephen: *Return to Reason*, London 2001.

Vansina, Leopold / Vansina-Cobbaert, Marie-Jeanne: *Psychodynamics for Consultants and Managers. From Understanding to Leading Meaningful Change*, Chichester 2008.

Vasella, Daniel: *Leading in the 21st Century*, Interview in: *McKinsey Quarterly*, 2012 (3), 31–47.

Wageman, Ruth / Nunes, Debra A. / Burruss, James A. / Hackman, J. Richard: *Senior Leadership Teams. What it Takes to Make them Great*, Boston 2008.

Weiss, Jeff / Hughes, Jonathan: Want Collaboration? Accept – and Actively Manage – Conflict, in: *Harvard Business Review*, 2005 (March), Reprint, 1–10.

Zaleznik, Abraham: Managers and Leaders. Are They Different, in: *Harvard Business Review*, 2004 (January), Reprint, 1–9.

Zaleznik, Abraham: *Führen ist besser als Managen*, Freiburg 1990.

Register

Abhängigkeit vom CEO 199–203
Action-Bias 59 f., 109, 188, 275
Aktionismus 163, 281
Alpha 40–44, 128-130, 138 f.
 – Begriff 40 f.
 – im Top-Team 43 f.
Alpha-Persönlichkeit 16
Alpha-Syndrom 208 f.
Angst 274
Attributionsfehler, fundamentaler 57
Authority-Bias 59, 232
Autorität 211–214
 – verdienen 90 f., 205–227
Autoritätsfehler 59
Awareness 83

Basic Assumption Group 186
Berater, ehemalige 172–177
Beschreibung, dichte 86-88
Bestätigungsfehler 57
Bewusstsein 55, 68
Biases (siehe auch unter »Wahrneh-
   mungsfehler«) 55
Buddhismus 72

Calvinismus 72
»Can-do«-Kultur 163, 168
CEO
 – Ablösung des 33 f.

 – heroischer 16, 32–35, 199
Challengen 49, 75, 77
Commitees 254-257
Confirmation-Bias 57 f., 132

Debatte 74, 77
Dialog
 – gemeinsamer 141-143
 – innerer 89, 131 f., 135–143
Diskussion 75, 77
Doom Loop 164
Downloading 74, 77

Emotionale Intelligenz 76-78, 159, 219
Empirie, Ebene der 86–88
Entscheidungsinfarkt 28
Entscheidungsprozess, typischer 25 f.,
   29
Erfahrung 22
Erfolg 85
Erfolgsillusion, kollektive 111
Erzählungstrugschluss 58
Espoused Theory-of-Action 28, 106

Finanzkrise, globale 22 f., 53, 276
Führung 213–216
Führungsdienstleistungen verweigern
   205–219
Führungsstile 264

Gelingen 85
– Disziplinen des -s (Überblick)
  88–92

Halo-Effekt 146
Harmonie, unproduktive 253

Igeltyp 70
Intuition 22
Irrationalität
– im Management 55, 62
– individuelle 17
– normale 16, 53 f., 64, 136–138

»Jeder für sich«-Modus 196–199,
  278, 280
Jesuiten 72
Joint Management Attention 20, 49

Kampf-/Flucht-Modus 90, 187, 190 f.
Kernherausforderung 19, 78
Kernthesen 12
Komplexität
– Dimensionen der 21–25
– dynamische 20, 22 f., 25, 98
– generative 21 f., 25, 98
– soziale 23–25, 25, 98
– zunehmende 19, 25
Kompromisse 111, 121, 252
Konflikt 91, 229 f., 237–241, 244,
  252
– offener 230–232, 235
– produktiver 233 f., 252
– nutzen 251, 257–259
– vermeiden 235, 237, 242, 244
– verweigern 228–250
Konkurrenz, Logik der 155
Krise 262–278, 281
– als Chance 281 f.

– instrumentalisieren 260–278
– Management der 265 f.
Krisenmodus 269–272
– dauerhafter 274, 279 f.
Krisenreaktionskompetenz 91
Krisenrhetorik 276, 278
Krisensituation 263–265
– Reaktionsmuster in einer 281

Leader 213
Leadership-Review 79
Lerndilemma 103

Matrixorganisation 116 f., 119–121,
  216, 237–241, 244
Mentales Modell 136 f.
Misstrauen 153, 169 f.
Mitarbeiterbefragungen 160

Narrative Fallacy 58 f., 103
Neurotische Züge 158
Nicht-Unterscheiden 110–112
Nicht-Wissen 109 f.
Nicht-Wissen-Wollen 110

»Off Task« 184
OODA-Loop 26
Overconfidence-Effekt 56

Practical Drift 66, 185
Pragmatismus 66, 108
Problem
– adaptive Dimension 79, 89,
  97–101, 109, 122–124
– technische Dimension 79, 89, 98,
  100 f., 109, 123 f.
Problemdefinition 101
Probleme
– komplexe 20, 22, 25, 29, 98

– komplizierte 22, 25, 29
Problemlösungsspezialist 121–124
Problemsituation, das »Ich« in der
131

Reflexion in Aktion 69–74, 141, 158,
203
Reflexiver Dialog 74-76, 79 f.
Rivalität im Top-Team143–150

Schatten, eigener 89 f., 152–179
Schattenwirkungen, unbeabsichtigte
160–162
Schuldzuweisungen 162 f., 191, 272
Selbstdienlichkeitsfehler 56 f.
Selbstdisziplin 67
Selbsttäuschung 191
Selbstüberschätzungseffekt 55 f.
Self-Serving-Bias 56 f.
»Set-up-to-Fail«-Dynamik 145 f., 165
»Shadow of Leader« 157, 160, 231
Silomentalität 162
Spannung regulieren 260–285
Stakeholder 19, 59, 98, 111–114, 119
Stimmungslage, negative 218
Stoiker 72
Stressniveau, produktives 267–269
Stressphasen, Verhalten in 189 f.
Symptomlösungen 192–196, 241 f.
System 1, automatisches 60–62, 68,
138
System 2, willentliches 62, 68, 73, 75,
138

Tatmensch 59
Team an der Spitze, echtes 13
Team, Definition 45
Theory in Action 28, 106
Theory-in-Use 28, 106
Top-Team
– Besonderheiten 45–50
– menschliche Dynamik in -s 15
– organisatorische Statik von -s 14 f.
– Verhaltensdynamik im 39
Top-Team-Paradox 16, 39–52
Trade-off-Entscheidung 27, 182 f.

Umsetzungsdisziplin, mangelnde 163
Unbewusstes 54
Ungleichgewicht, produktives
217–219
Unternehmen, visionäre 36

Vereinzelungsmodus 196–199
Vermeidungsmuster 90, 185–187,
196
Verzielung 246–248
Vorbildrolle 158–160, 177
– negative 163

Wahrnehmungsfehler 55, 132, 209
– typische 55–60
Work Group 186

Zusammenarbeit, Verregelung der
244–246
Zynismus 272

Jörg Knoblauch, Jürgen Kurz
**Die besten Mitarbeiter
finden und halten**
Die ABC-Strategie nutzen

2013. 235 Seiten, gebunden

Auch als E-Book erhältlich

Arbeiten mit den Besten

Gute Unternehmensführung kann man auf zwei Fragen reduzieren: Wie finde ich gute Mitarbeiter? Und: Wie halte ich diese? Die Autoren zeigen, wie mit einem neunstufigen Mitarbeiterauswahlprozess der Anteil von Top-Mitarbeitern von 30 auf 90 Prozent erhöht werden kann. Dafür müssen Unternehmen beispielsweise immaterielle und materielle Anreize optimal kombinieren. In dieser aktualisierten und komplett bearbeiteten Neuauflage geben die Autoren wertvolle Tipps zum Umgang mit sozialen Netzwerken.